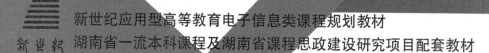

新世纪应用型高等教育电子信息类课程规划教材
湖南省一流本科课程及湖南省课程思政建设研究项目配套教材

基于CDIO工程教育理念的单片机原理及应用

主　编　梅孝安　兰娅勋
副主编　黄大勇　钱　坤　冯　伟
　　　　刘文俭　肖海玲
参　编　李宏民　魏　勇　李春来
　　　　田　芳　田　芃　易立华
　　　　闵　力　郭　勇　周　平

U0245023

大连理工大学出版社

图书在版编目(CIP)数据

基于 CDIO 工程教育理念的单片机原理及应用 / 梅孝安,兰娅勋主编. -- 大连:大连理工大学出版社,2021.8(2024.7 重印)

新世纪应用型高等教育电子信息类课程规划教材

ISBN 978-7-5685-3094-1

Ⅰ.①基… Ⅱ.①梅… ②兰… Ⅲ.①单片微型计算机-高等学校-教材 Ⅳ.①TP368.1

中国版本图书馆 CIP 数据核字(2021)第 138883 号

大连理工大学出版社出版

地址:大连市软件园路 80 号 邮政编码:116023
发行:0411-84708842 邮购:0411-84708943 传真:0411-84701466
E-mail:dutp@dutp.cn URL:https://www.dutp.cn
丹东新东方彩色包装印刷有限公司印刷 大连理工大学出版社发行

幅面尺寸:185mm×260mm 印张:20 字数:512 千字
2021 年 8 月第 1 版 2024 年 7 月第 2 次印刷

责任编辑:孙兴乐 责任校对:齐 欣
封面设计:对岸书影

ISBN 978-7-5685-3094-1 定 价:55.00 元

前　言

单片机原理及应用课程是电子科学与技术、微电子科学与工程、电子信息工程、计算机科学与技术、电气工程及自动化、光电信息科学与工程等专业的必修专业课程，是一门集技术、工程开发与应用、语言编程于一体的实践性很强的应用性课程。通过本课程的理论学习与实践训练，使学生获得具有单片机应用系统开发以及电子产品的软件、硬件设计的综合能力，为后续专业课程的学习打下坚实基础。现阶段，部分学生觉得单片机原理及应用课程内容学起来有一定难度，主要难点在程序设计和实际应用方面，这是因为本课程内容多、难度大，且涉及电子技术、微机原理等课程的硬件电路及理论基础知识，同时还需要掌握汇编语言或高级语言软件编程基础知识。

2015 年，教育部、国家发展和改革委员会、财政部联合出台了《关于引导部分地方普通本科高校向应用型转变的指导意见》，给地方本科高校转型发展指明了方向，培养具有鲜明特色的技术技能型人才将成为地方本科高校转型的发展目标。2018年，全国部分理工类地方本科院校联盟(简称"G12 联盟")，为加强专业间的交流与合作，聚集各高校本科教育教学改革成果，实现应用型课程教材建设资源共享，提升联盟高校本科人才培养的质量，成立了 G12 联盟高校应用型课程教材建设委员会。受 G12 联盟高校应用型课程教材建设委员会的委托，编者编写了本教材。

本教材针对地方高校培养具有鲜明特色的技术技能型人才的目标，把 CDIO 工程教育理念融入其中，根据相关知识点，设置了多个 CDIO 项目实例。这些项目实例内容新颖，贴近生活，能激发学生学习单片机技术的兴趣。教材中的每个 CDIO 项目实例都从构思(Conceive)、设计(Design)、实现(Implement)和运作(Operate)四个方面进行了详细的讲解。本教材符合

新世纪

CDIO 教育模式倡导的以工程为背景,以项目为载体,以培养学生的工程实践能力、创新能力、团队沟通能力和合作能力为目标,集知识、能力及素质于一体的工程化的新型人才培养模式。

为响应教育部全面推进高等学校课程思政建设工作的要求,本教材挖掘了单片机原理及应用课程的思政元素,逐步培养学生正确的思政意识,树立肩负建设国家重任的思想,从而实现全员、全过程、全方位育人。学生树立爱国主义情感,能够积极学习单片机技术,立志成为社会主义事业建设者和接班人。

本教材提供各章节涉及的仿真程序、电子课件等资料,可通过扫描封底二维码下载使用,实现了教材的数字化、信息化、立体化,增强了学生学习的自主性与自由性,将课堂教学与课下学习紧密结合,力图为广大读者提供更为全面且多样化的教材配套服务。

本教材由湖南理工学院梅孝安,广州科技职业技术大学兰娅勋任主编;由南阳理工学院黄大勇,湖南理工学院钱坤,攀枝花学院冯伟,四川警察学院刘文俭,广州科技职业技术大学肖海玲任副主编;湖南理工学院李宏民、魏勇、李春来、田芳、田芃、易立华、闵力,成都工业学院郭勇,常熟理工学院周平参与了编写。全书由梅孝安统稿并定稿。湖南理工学院教务处和物理与电子科学学院非常重视本教材的编写,并在教材的编写过程中给予了大力支持,在此表示衷心的感谢。本教材获得了湖南省普通高等学校精品在线开放课程建设项目(湘教通〔2019〕266号)、湖南省课程思政建设研究项目(湘教通〔2020〕233 号)和湖南省一流本科课程项目(湘教通〔2021〕28 号)的资助。

在编写本教材的过程中,编者参考、引用和改编了国内外出版物中的相关资料以及网络资源,在此表示深深的谢意! 相关著作权人看到本教材后,请与出版社联系,出版社将按照相关法律的规定支付稿酬。

鉴于编者的经验和水平,书中难免有不足之处,恳请读者批评指正,以便我们进一步修改完善。

编　者

2021 年 8 月

所有意见和建议请发往:dutpbk@163.com

欢迎访问高教数字化服务平台:https://www.dutp.cn/hep/

联系电话:0411-84708445　84708462

目　录

第1章

单片机概述

【本章要点】 单片机是单片微型计算机（Single Chip Microcomputer）的简称，是微型计算机的一个重要分支，它将中央处理器（CPU）、随机存储器（RAM）、只读存储器（ROM）、中断系统、定时器/计数器、串行口和 I/O 接口等主要计算机部件集成在一块大规模集成电路芯片上。单片机以其易开发、性价比高、体积小、使用灵活等特点而深受工程技术人员的青睐，被广泛应用在电子产品、家用电器和自动化控制系统等各个方面。本章首先讨论单片机与微型计算机的关系，接着介绍单片机的历史与发展概况，然后介绍单片机的特点、应用和目前常用的单片机，最后讨论计算机常用的数制、补码以及 BCD 码和 ASCII 码。

【思政目标】 在讲解单片机的历史与发展概况时，结合当下中美贸易战，核心之争为科技之争。让学生认识到"落后就会挨打"，从而培养学生树立爱国主义情感，能够积极学习单片机技术，立志成为社会主义事业建设者和接班人。

1.1 微型计算机与单片微型计算机

1.1.1 微型计算机的基本硬件结构

微型计算机一般由微处理器、存储器、I/O 接口电路等组成，相互之间通过三组总线（BUS）即地址总线（Address Bus）、数据总线（Data Bus）和控制总线（Control Bus）来连接。微型计算机的基本结构大致如图 1-1-1 所示。

1. 微处理器

微处理器 MPU（Micro Processor Unit）常称为中央处理单元 CPU（Central Processor Unit），其主要由运算器、控制器以及相关的寄存器阵列组成，是计算机最重要的核心部件。运算器相当于计算机的心脏，用于算术运算和逻辑运算等操作；控制器相当于计算机的神经系统，用于控制计算机进行各种操作以及协调各部件之间的相互联系，是计算机的指挥系统；寄存器主要用于临时存放计算机运行过程中的中间结果及相关的临时数据。

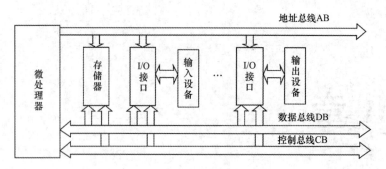

图 1-1-1　微型计算机的基本结构图

2. 存储器

存储器的主要功能是存放程序和数据。无论是程序还是数据,在存储器中都是用二进制数"1"或"0"组成的代码来表示的。存储器分为随机存储器 RAM 和只读存储器 ROM 两大类。

随机存储器 RAM 可进行读出/写入操作,RAM 是易失性存储,断电后所存信息立即消失,用来存放可随时修改的数据,因此也称之为数据存储器。

只读存储器 ROM 中信息一经写入,存储单元里的内容就不会轻易改变,即使在断电后也不会消失,正常工作时只能读出。ROM 一般用来存放程序、常数及数据表,因此又称为程序存储器。

3. 输入/输出接口(I/O 接口)

输入/输出接口(I/O 接口)是 CPU 与外部设备进行信息交换的部件。I/O 接口的主要功能是完成外设与 CPU 的连接,需要协调与处理好数据的传送速度、电平格式和数据包的格式,并将 I/O 设备的状态信息反馈给 CPU 等。如 A/D 转换接口,其作用是把外部的模拟信号转换为数字信号,并传送给 CPU。

4. 总线(Bus)

总线是将 CPU、存储器和 I/O 接口等相对独立的功能部件连接起来,并传送信息的公共通道。总线是一组传输线的集合,根据传递信息种类,分为数据总线、地址总线和控制总线。

(1)数据总线 DB(Data Bus)是用于实现 CPU、存储器及 I/O 接口之间数据信息交换的双向通信总线。数据总线的宽度决定了微型计算机的位数,如 8051 单片机的 DB 为 8 根,用 $D_0 \sim D_7$ 表示。

(2)地址总线 AB(Address Bus)是 CPU 用于给存储器或 I/O 接口发送地址信息的单向通信总线,以选择相应的存储单元或寄存器。地址总线的宽度(根数)决定了 CPU 的寻址范围(CPU 所能访问的存储单元的个数)。例如,8051 单片机的 AB 有 16 根,用 $A_0 \sim A_{15}$ 表示,则它的寻址范围为 $2^{16} = 64$ K,其地址范围为 0000H~0FFFFH。

(3)控制总线 CB(Control Bus)是传输各种控制信号的双向总线,其中有的用于传送从 CPU 发出的信息,如读信号、写信号,有的是其他部件发给 CPU 的信息,如中断请求信号、复位信号等。

1.1.2　微型计算机的软件

计算机要能够脱离人的直接控制而自动地操作与运算,还必须要有软件。软件是指操作和管理计算机的各种程序,而程序是由一条条指令组成的。软件是计算机的灵魂,没有软件的计算机是没有用的。

1. 指令

控制计算机进行各种操作的命令称为指令。

例如：MOV A，♯66 ；该指令的功能是把十进制数 66 传送到累加器 A，这是一条数据传送类指令。

又如：ADD A，♯68H ；该指令的功能是将累加器 A 的内容与十六进制数 68H 相加，相加的结果存放在累加器 A 中，这是一条加法指令。

2. 程序

为了计算一个数学公式，或者要控制一个生产过程，需要事先制定计算机的计算步骤或操作步骤。计算步骤或操作步骤是由一条条指令来实现的。这种由一系列指令组成的有序集合称为程序。编制程序的过程称为程序设计。

例如，计算 12＋34＋56＝? 编制的程序如下：

MOV A，♯12 ；将 12 送入累加器 A 中。

ADD A，♯34 ；A 的内容 12 与数 34 相加，其和 46 送回 A。

ADD A，♯56 ；A 的内容 46 与数 56 相加，运算结果 102 保存在 A 中。

为了使机器能自动进行计算，必须要预先用相应的输入设备和程序将上述程序输入到程序存储器中。计算机启动后，在控制器的控制下，CPU 按照顺序依次取出程序的每条指令，加以译码和执行。

程序中的加法操作是在运算器中进行的。运算结果可以保存在 A 中，也可以通过输出设备从计算机中输出。

3. 机器语言、汇编语言和高级语言

机器语言是计算机唯一能识别并运行的语言，由一系列 0、1 数字组成。汇编语言是符号化的机器的语言，各种不同计算机的 CPU 支持的汇编语言有所不同。用汇编指令编制的程序称为汇编语言程序。这种程序占用存储器单元较少，执行速度较快，能够准确掌握执行时间，可实现精准控制，因此特别适用于实时控制系统。使用汇编语言编程，必须对所用处理器的结构和指令系统比较清楚才能编写出汇编语言程序，汇编语言程序不能通用于其他类型的机器，而且不易阅读与理解，这是汇编语言的不足之处。

高级语言是面向任务的语言，常用的高级语言有 BASIC 语言、Python 语言和 C 语言等。用高级语言编写程序主要着眼于算法，而不必了解计算机的硬件结构和指令系统，因此易学易用。高级语言是独立于机器的，一般地，同一个高级语言程序可在多种类的机器中使用。高级语言适用于科学计算、数据处理等各方面。

由于计算机只能存放和处理二进制信息，所以无论高级语言程序还是汇编语言程序，都必须转换成二进制代码后才能由计算机执行，这个任务由特定的软件(编译系统)来完成。二进制代码形式的指令又称为机器指令或机器码、目标码。由二进制代码构成的程序又称机器语言程序，也叫目标程序。

1.1.3 微型计算机的基本工作过程

与一般数字系统不同，计算机是由硬件、软件紧密结合，共同来完成工作任务的。下面以计算机执行第 N 条指令的工作过程来说明其工作过程。

1. 取指令的过程

(1)CPU 通过程序计数器 PC 和地址总线 AB 选中第 N 条指令在程序存储器中的存储单元；

(2)CPU 通过控制总线 CB 向程序存储器发出读的控制信号；

(3)程序存储器将本条指令的内容送到数据总线 DB 上，CPU 读入指令代码内容。

2.执行指令的过程

(1)CPU 译码，分析该指令要进行哪一类的操作，以及所操作的数据所在的单元地址；

(2)CPU 根据译码结果发出相应的控制信号；

(3)执行规定动作后，PC 加 1，进入下一条指令执行过程。

1.1.4　微型计算机与单片机

计算机发展与应用首先是为了满足科学计算需要，随着计算机技术及通信技术的发展，人们的工作、学习和生活都离不开计算机。虽然通用的计算机运行速度快，存储容量大，并具有多媒体等丰富的功能，但是在很多场合，人们需要体积小、价格低、性能稳定的微型计算机。例如微波炉和洗衣机需要什么样的计算机来控制呢？显而易见，谁也不会想把通用的微型计算机装入微波炉或洗衣机中。目前很多家电设备中都是使用单片微型计算机(Single Chip Micro-computer)来控制的。

单片机是微型计算机的一个重要分支，其特点是把 CPU、存储器和 I/O 接口电路集成在一块超大规模的集成电路芯片上。一片单片机芯片接上少量的外围电路，就可以执行一台计算机的基本任务。单片机具有体积小、价格便宜、可靠性高和使用方便等优点，每年使用量达几十亿片，在各个领域得到了极其广泛的应用。

单片机由于具有容易嵌入各种应用电子系统的特点，故又称为嵌入式计算机。

1.2　单片机的历史与发展概况

美国 Intel 公司在 20 世纪 70 年代初开发生产的 4 位微型计算机 4004 和 8 位微型计算机 8008 是单片机时代的开始，集成度为 2 000 只晶体管/片的 4 位微处理器 Intel 4004，配有 RAM、ROM 和移位寄存器，构成了第一台 MCS-4 微处理器。Intel 4004 的推出拉开了单片机研制的序幕，在其后的几十年间，单片机经历了四次更新换代，其发展速度更是达到了每三、四年就要更新换代一次，由于其集成度和处理能力突飞猛进，单片机已经全面渗透到了生产和生活的诸多领域。如图 1-2-1 所示为 MCS-4 系列单片机。

图 1-2-1　MCS-4 系列单片机

1976 年 Intel 公司首先推出 MCS-48 系列单片微型计算机，它集成了 8 位 CPU、1KB 程序存储器、64B 随机存储器、27 个 I/O 引脚和 8 位定时器/计数器，MCS-48 已成为真正意义上的单片机(图 1-2-2)，获得了广泛的应用，为单片机的发展奠定了基础。这一代单片机的主要特征是为单片机配置了完善的外部并行总线(AB、DB、CB)和具有多机识别功能的串行通信接口

(UART),规范了功能单元的特殊功能寄存器(SFR)控制模式及适应控制器特点的布尔处理系统和指令系统,为发展具有良好兼容性的新一代单片机奠定了良好的基础。在 MCS-48 单片机成功应用于各种电子设备和工业生产的环境下,许多半导体公司和计算机公司争相研制和发展自己的单片机系列,如 Motorola 公司的 6801、6802,Rockwell 公司的 6501、6502,日本的 NEC 公司、日立公司及 EPSON 公司也相继推出了各自的单片机。8 位单片机系列因其性价比的巨大优势,在工业控制、电子产品等诸多应用领域占有较大的比重。目前单片机的品种很多,但其中较具典型性、应用广泛的是 Intel 公司的 MCS-51 系列单片机,它具有品种全、兼容性强、应用简单等特点。

图 1-2-2 MCS-48 单片机(8748)

从 20 世纪 80 年代开始,各个公司开始推出 16 位单片机。1983 年 Intel 公司推出了 MCS-96 系列单片机,其集成度达到 12 万个晶体管,工作频率提升到 12 MHz,片内含 16 位 CPU、8 KB ROM、232B RAM、5 个 8 位并行 I/O 接口、4 个全双工串行口、4 个 16 位定时器/计数器、8 级中断处理系统。飞利浦公司推出了与 80C51 兼容的 16 位单片机 80C51XA,美国国家半导体公司推出了 HPC16040,NEC 公司推出了 783XX 系列等。16 位单片机把单片机的功能又推向了一个新的阶段,其在高速复杂的控制系统中的良好表现使其在工业控制、智能仪表等应用领域得到了长足的发展。

近年来,各个计算机生产厂家已进入更高性能的 32 位单片机研制、生产阶段,但是由于控制领域对 32 位单片机的需求并不迫切,所以 32 位单片机的应用并不多。单片机的发展虽然按先后经历了 4 位、8 位、16 位到 32 位的阶段,但从实际使用情况看,并没有出现高性能单片机一家独大的局面,4 位、8 位、16 位单片机在各个领域仍在广泛应用,特别是 8 位单片机在中、小规模的电子设计等应用场合仍占主流地位。

1.3 单片机的特点

单片机已广泛地应用于军事、工业、家用电器、智能玩具、便携式智能仪表和机器人制作等领域,使产品功能、精度和质量大幅度提升,且电路简单,故障率低,可靠性高,成本低廉。

1. 种类众多

世界上有众多生产单片机的厂商,其产品从普通的单片机到专有定制产品应有尽有,种类齐全,能满足开发人员的各类设计需求,且产品具有较好的兼容性,适合于各类电子产品和控制系统使用。

2. 性价比高

单片机的集成度已达到百万级以上,并广泛采用 RISC 流水线和 DSP 等技术,使得其寻址能力达到了 1 MB 以上,片内 ROM 容量达到 62 MB,RAM 容量达到 2 MB,运行速度和效率非常高,再加上单片机应用广泛,市场需求量大,各大公司的商业竞争使得其价格十分低廉,性能价格比极高。

3. 集成度和可靠性高

单片机把各种功能部件集成在一块芯片上,内部采用总线结构,减少了各芯片之间的连线,集成度很高。其芯片按照工业测控环境要求设计,抗噪声性能强,单片机程序指令、常数及表格等固化在 ROM 中不易被破坏,不易受病毒攻击,提高了单片机的可靠性与抗干扰能力,运作时系统稳定可靠。

4. 存储器 ROM 和 RAM 严格区分

单片机的程序存储器 ROM 只存放程序、固定常数及数据表格。数据存储器 RAM 用作工作区及存放用户临时数据。在使用单片机控制系统时,把开发成功的程序固化在 ROM 中,而把少量的随机数据存放在 RAM 中。小容量的数据存储器能以高速 RAM 形式集成在单片机内,以加速单片机的执行速度。

5. 采用面向控制的指令系统

为满足控制的需要,单片机有极强的逻辑控制能力,特别是具有很强的位处理能力。单片机的指令系统均有极丰富的条件,具有分支转移能力、I/O 接口的逻辑操作及位处理能力,非常适用于专门的控制功能,且硬件资源丰富,能充分满足工业控制的各种要求。

6. I/O 引脚通常是多功能的

由于单片机芯片上引脚数目有限,为了解决实际引脚数和需要的信号线之间的矛盾,采用了引脚功能复用的方法,引脚处于何种功能,可由指令来设置或由机器状态来区分。

7. 外部扩展能力强

当单片机内部的功能部分不能满足应用需求时,可在外部进行扩展(如扩展 ROM、RAM、I/O 接口、定时器/计数器、中断系统等),给设计与应用带来极大的方便和灵活性。

8. 简便易学

大多数单片机采用 C 语言进行编程,且提供大量的函数,这为学习和设计单片机的人员提供了便利,单片机初学者只需把编辑、调试通过的软件程序直接在线写入单片机,即可开发单片机系列中的各种封装的器件,这样大幅降低了单片机开发的门槛。

1.4　单片机的应用

由于单片机具有价格低廉、性能优异、体积小和使用简单等优点,使得其在工业控制、电子制造、农业生产、家电设备甚至军事领域都有广泛的应用,单片机的应用结合软硬件,适合多学科交叉应用,适合现场恶劣环境,应用领域广泛且意义重大。

1. 智能仪器仪表

智能仪器仪表是单片机应用最多最活跃的领域之一。在各类仪器仪表中引入单片机,使仪器仪表智能化,提高测试的自动化程度和精度,简化仪器仪表的硬件结构,提高其性能价格比。结合不同类型的传感器,可实现诸如电压、功率、频率、湿度、温度、流量、速度、厚度、角度、长度、硬度、压力等物理量的测量。采用单片机控制,使得仪器仪表数字化、智能化、微型化,且功能比起采用电子或数字电路更加强大。常见的应用单片机的精密测量设备有功率计、示波器和各种分析仪器等。

2. 机电一体化产品

机电一体化产品是指集机械技术、微电子技术和计算机技术于一体,使其产品具有智能化特征的电子产品,它是机械工业发展的方向。用单片机可以构成形式多样的控制系统和数据采集系统,如工厂流水线的智能化管理、电梯智能化控制、各种报警系统、与计算机联网构成二级控制系统等。单片机作为机电产品的控制器,可以充分发挥其体积小、控制能力强和安装使用方便的特点,提升机器的自动化和智能化程度。

3. 商用产品和家用电器

目前国内外各种商用产品和家用电器已经普遍用单片机代替传统的控制电路。例如,自动售货机、电子收款机、电子秤、洗衣机、电冰箱、空调机、微波炉、电饭煲、收音机、录像机、电风扇及许多高级电子玩具都配上了单片机。

4. 计算机和通信网络

单片机普遍具备通信接口,可以很方便地与计算机进行数据通信,为计算机网络和通信设备间的应用提供了极好的物质条件。现在的通信设备基本上都实现了单片机智能控制,如手机、固定电话、程控交换机、无线对讲机、列车无线通信系统等。

5. 医疗设备

单片机在医用设备中的用途亦相当广泛,如医用呼吸机、各种分析仪、监护仪、超声诊断设备及病床呼叫系统等。

6. 办公自动化领域

单片机大量应用在现代办公自动化领域的通信和信息产品中,如绘图仪、复印机、电话、传真机等。一台 PC 可能嵌入了 10 个单片机,分别控制键盘、鼠标、显示器、CD-ROM、声卡、打印机、软/硬盘驱动器和调制解调器等。

7. 汽车电子与航空航天电子系统

通常在这些电子系统中的集中显示系统、动力监测控制系统、自动驾驶系统、通信系统以及运行监视器(黑匣子)等,都需要单片机来构成冗余的网络系统。例如,一台 BMW-7 系列宝马轿车就用了 63 个单片机。

8. 在军事方面

在国防军事和尖端武器等领域,单片机因其可靠性高和能适应恶劣环境的特点,广泛应用于飞机、大炮、坦克、军舰、导弹、火箭、雷达等系统。

单片机的应用正从根本上改变着传统的控制系统设计思想和设计方法,以前由模拟电路或数字电路实现的控制功能,体积大、成本高、精度低,现在只需在单片机外围接上相应的接口电路,由人写入程序就可以实现同样的功能,这样产品的体积变小,成本降低,精度也更高了。

1.5　常用单片机简介

1. MCS-51 单片机

MCS-51 单片机是所有兼容 Intel 8051 指令系统单片机的统称。8051 系列单片机最早由 Intel 公司推出,后来 Intel 公司以专利转让的形式把 8051 的内核转让给许多半导体芯片厂商,这些厂商在保持与 8051 单片机兼容的基础上改善了 8051 的许多特点,提高了运行速度,放宽了电源电压的动态范围,降低了产品的价格。

MCS-51 系列单片机的 CPU 结构与通用微机的 CPU 结构有所不同。通用微机的 CPU 内部有一定数量的通用或专用寄存器,而 MCS-51 系列单片机则在数据 RAM 区开辟了一个工作寄存器区,该区共分 4 组,每组 8 个寄存器,共计可提供 32 个工作寄存器,相当于通用微机 CPU 中的通用寄存器。除此之外,MCS-51 系列单片机还有颇具特色的 21 个特殊功能寄存器(SFR)。要理解 MCS-51 系列单片机的工作,就必须对特殊功能寄存器(SFR)的工作原理有清楚的了解。SFR 使仅具有 40 条引脚的单片机系统的功能有了很大的扩展,由于这些 SFR 的作用,大多数引脚在程序控制下,都可实现第二功能,从而使得有限的引脚能衍生出更多的功能;而且,利用 SFR 可完成对定时器、串行口、中断逻辑的控制,这就使得单片机可以把定时器/计数器、串行口、中断逻辑等集成在一个芯片上。

目前市场比较有代表性的 51 单片机有 Atmel 公司生产的 AT89 系列单片机,其中 AT89C51/52 十分活跃;STC 系列单片机,其完全兼容传统 8051 单片机,是宏晶科技推出的新一代超强抗干扰、高速、低功耗的单片机,应用日趋广泛。如图 1-5-1 所示。

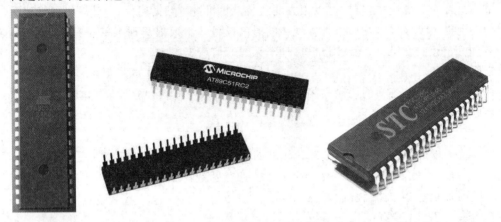

图 1-5-1 常用的 MCS-51 系列单片机

2. AVR 单片机

AVR 单片机是美国 Atmel 公司推出的增强型内置 Flash 高速 8 位单片机,其具有精简指令集(RISC)和内载的 Flash,其显著的特点为高性能、高速度和低功耗,共有 118 条指令,使得 AVR 单片机具有高达 1MIPS/MHz 的高速运行处理能力。

精简指令集(RISC)结构是 20 世纪 90 年代开发出来的一种综合了半导体集成技术和提高软件性能的新结构,是为了提高 CPU 运行的速度而设计的芯片体系。它的关键技术在于采用流水线操作(pipelining)和等长指令体系结构,使一条指令可以在一个单独操作中完成,从而实现在一个时钟周期里完成一条或多条指令。同时 RISC 体系还采用了通用快速寄存器组的结构,大量使用寄存器之间的操作,简化了 CPU 中处理器、控制器和其他功能单元的设计。因此,RISC 的特点就是通过简化 CPU 的指令功能,使指令的平均执行时间减少,从而提高 CPU 的性能和速度。RISC 体系所具有的优势,使得它在高端系统得到了广泛的应用。

常用的 AVR 单片机有 ATMEGA8、ATMEGA16 等,其广泛应用于计算机外部设备、工业实时控制、通信设备和家用电器等各个领域。如图 1-5-2 所示。

3. PIC 单片机

PIC 系列单片机是美国微芯公司(Microchip)的产品。CPU 采用 RISC 结构,分别有 33 条、35 条、58 条指令(视单片机的级别而定),属精简指令集。采用 Harvard 双总线结构,运行速度快(指令周期约 160~200 ns),它能使程序存储器的访问和数据存储器的访问并行处理。PIC 单片机的 I/O 接口是双向的,其输出电路为 CMOS 互补推挽输出电路,端口驱动能力大。PIC 系列单片机具有速度高、价格低以及大电流 LCD 驱动能力的特点,在家电控制、电子通信系统和智能仪器等领域广泛应用。常用芯片有 PIC16Fxxx 系列,如图 1-5-3 所示。

图 1-5-2　常用的 AVR 系列单片机

图 1-5-3　常用的 PIC 系列单片机

4. MSP430 单片机

MSP430 系列单片机是由美国 TI 公司开发的 16 位单片机,单片机集成了模拟电路、数字电路和微处理器,其最大特点为超低功耗,非常适合于功率要求低的场合。MSP430 单片机超低的功耗有两方面原因,首先其电源电压采用的是 1.8~3.6 V 电压,可使其在 1 MHz 的时钟条件下运行时,芯片的电流值最低在 165 μA 左右,RAM 保持模式下最低只有 0.1 μA;其次在 MSP430 内部有两个不同的时钟系统,由系统时钟产生 CPU 和各功能所需的时钟,这些时钟在指令的控制下打开和关闭,实现对总体功耗的控制。MSP430 系列单片机有多个系列和型号,分别由一些基本功能模块按不同的应用目标组合而成,典型应用有流量计、智能仪表、医疗设备和保安系统等方面,由于其较高的性能价格比,应用范围非常广泛。如图 1-5-4 所示。

图 1-5-4　常用的 MSP430 系列单片机

5. Motorola 单片机

Motorola 是世界上最大的单片机厂商,品种全、选择余地大、新产品多,在 8 位机方面有 68HC05 和升级产品 68HC08。68HC05 有 30 多个系列,200 多个品种,产量已超过 20 亿片。8 位增强型单片机 68HC11 也有 30 多个品种,年产量在 1 亿片以上,升级产品有 68HC12。16 位机 68HC16 和 32 位单片机的 683xx 系列也有几十个品种。Motorola 单片机的特点是高频噪声低、抗干扰能力强,更适合于工控领域及恶劣的环境,现在改名为"飞思卡尔"单片机。如图 1-5-5 所示。

图 1-5-5   常用的 Motorola 系列单片机

6. 其他类型单片机

其他类型单片机还有凌阳单片机、NEC 单片机、富士通单片机、三星单片机、华帮单片机、ZILOG 单片机、东芝单片机和 SST 单片机等。

1.6　单片机中的数与编码

1.6.1　数制

数制是人们利用符号进行计数的科学方法。数制有很多种,在计算机的设计与使用中常用到的有十进制、二进制和十六进制。

1. 十进制

十进制数由 0、1、2、3、4、5、6、7、8、9 十个数字组成,按照"逢十进一"的原则计数。

2. 二进制

因为十进制数所用数字较多,如果用电路来表示,则电路会很复杂;而二进制数只有 2 个数码,即 0 和 1,在电子电路中很容易实现。例如,可以用高电平表示 1,用低电平表示 0。

采用二进制,就可以方便地利用电路进行计数工作,因此,计算机中常用的数制是二进制。二进制采用"逢二进一"的原则,各位的权值为 2 的幂。n 位二进制正整数可以按权展开。例如,二进制数 1101 按权的展开式为:

$$1101B = 1 \times 2^3 + 1 \times 2^2 + 0 \times 2^1 + 1 \times 2^0 = 8 + 4 + 0 + 1 = 13$$

即二进制数 1101B 在数值上等于十进制数 13。

3. 十六进制

十六进制中,包括:0、1、2、3、4、5、6、7、8、9、A、B、C、D、E、F 十六个基本数字,采用"逢十六进一"的运算法则,各位的权值为 16 的幂。例如,十六进制数 0A3EH 按权的展开式为:

$$0A3EH = 0 \times 16^3 + 10 \times 16^2 + 3 \times 16^1 + 14 \times 16^0 = 0 + 2560 + 48 + 14 = 2622$$

即十六进制数 0A3EH 在数值上等于十进制数 2622。

为了区别,在数字后面加一个英文字母表示其数制。其中"D"(Decimal)表示该数为十进制,通常可省略,如 97D 和 97 都表示十进制数;"B"(Binary)表示该数为二进制,如 1011B 表示该数为二进制;"H"(Hexadecimal)表示该数为十六进制,如十六进制数"7A"记为"7AH",

同时,以字母开头的十六进制数,在编写程序时必须加上前级 0,以示区别于一般的字符串,如十六进制数"FF"记为"0FFH"。对于八进制的数而言,用字母 Q 作为后缀(Octal 的缩写为字母 O,为区别数字 0 故写成 Q)。

1.6.2　常用数制的转换

1. 各种进制数转换成十进制数

各种进制数转换成十进制数的方法是:将各进制数先按权展成多项式,再利用十进制运算法则求和,即可得到该数对应的十进制数。

【例 1-1】　将数 1001.101B, 246.12Q, 2D07.AH 转换为十进制数。

$$1001.101B = 1 \times 2^3 + 0 \times 2^2 + 0 \times 2^1 + 1 \times 2^0 + 1 \times 2^{-1} + 0 \times 2^{-2} + 1 \times 2^{-3}$$
$$= 8 + 1 + 0.5 + 0.125 = 9.625$$
$$246.12Q = 2 \times 8^2 + 4 \times 8^1 + 6 \times 8^0 + 1 \times 8^{-1} + 2 \times 8^{-2}$$
$$= 128 + 32 + 6 + 0.125 + 0.03125 = 166.15625$$
$$2D07.AH = 2 \times 16^3 + 13 \times 16^2 + 0 \times 16^1 + 7 \times 16^0 + 10 \times 16^{-1}$$
$$= 8192 + 3328 + 7 + 0.625 = 11527.625$$

2. 十进制数转换为二、八、十六进制数

任一十进制数 N 转换成 q 进制数,先将整数部分与小数部分分为两部分,并分别进行转换,然后再用小数点将这两部分连接起来。

(1)整数部分转换

整数部分转换步骤为:

第 1 步:用 q 去除 N 的整数部分,得到商和余数,记余数为 q 进制整数的最低位数码 K_0;

第 2 步:再用 q 去除得到的商,求出新的商和余数,余数又作为 q 进制整数的次低位数码 K_1;

第 3 步:再用 q 去除得到的新商,再求出相应的商和余数,余数作为 q 进制整数的下一位数码 K_i;

第 4 步:重复第 3 步,直至商为零,整数转换结束。此时,余数作为转换后 q 进制整数的最高位数码 K_{n-1}。

(2)小数部分转换

小数部分转换步骤为:

第 1 步:用 q 去乘 N 的纯小数部分,记下乘积的整数部分,作为 q 进制小数的第 1 个数码 K_{-1};

第 2 步:再用 q 去乘上次积的纯小数部分,得到新乘积的整数部分,记为 q 进制小数的次位数码 K_{-i};

第 3 步:重复第 2 步,直至乘积的小数部分为零,或者达到所需要的精度位数为止。此时,乘积的整数位作为 q 进制小数位的数码 K_{-m}。

【例 1-2】　将 168.686 转换为二、八、十六进制数。

首先进行整数部分的转换,其过程如下:

```
2|168
2|84   余数 0,K₀＝0
2|42   余数 0,K₁＝0
2|21   余数 0,K₂＝0
2|10   余数 1,K₃＝1
 2|5   余数 0,K₄＝0    8|168
 2|2   余数 1,K₅＝1    8|21 余数 0,K₀＝0    16|168
 2|1   余数 0,K₆＝0    8|2  余数 5,K₁＝516   16|10 余数 8,K₀＝8
  0    余数 1,K₇＝1     0  余数 2,K₂＝2      0  余数 10,K₁＝A
     168＝10101000B       168＝250Q              168＝A8H
```

再进行小数部分的转换,其过程如下:

$0.686 \times 2 = 1.372\ K_{-1} = 1$	$0.686 \times 8 = 5.488\ K_{-1} = 5$	$0.686 \times 16 = 10.976\ K_{-1} = A$
$0.372 \times 2 = 0.744\ K_{-2} = 0$	$0.488 \times 8 = 3.904\ K_{-2} = 3$	$0.976 \times 16 = 15.616\ K_{-2} = F$
$0.744 \times 2 = 1.488\ K_{-3} = 1$	$0.904 \times 8 = 7.232\ K_{-3} = 7$	$0.616 \times 16 = 9.856\ K_{-3} = 9$
$0.488 \times 2 = 0.976\ K_{-4} = 0$	$0.232 \times 8 = 1.856\ K_{-4} = 1$	$0.856 \times 16 = 13.696\ K_{-4} = D$
$0.976 \times 2 = 1.952\ K_{-5} = 1$	$0.856 \times 8 = 6.848\ K_{-5} = 6$	$0.696 \times 16 = 11.136\ K_{-5} = B$
$0.686 \approx 0.10101B$	$0.686 \approx 0.53716Q$	$0.686 \approx 0.AF9DBH$

故得:

$$168.686 \approx 10101000.10101B$$

$$168.686 \approx 250.53716Q$$

$$168.686 \approx A8.AF9DBH$$

　　二进制表示的数愈精确,所需的数位就愈多,不利于书写和记忆,而且容易出错。若用同样数位表示数,则八、十六进制数所表示数的精度较高。在汇编语言编程中常用八进制或十六进制数作为二进制数的缩码,来书写和记忆二进制数,便于人—机信息交换。在 MCS-51 系列单片机编程中,通常采用十六进制数。

　　3. 二进制数与八进制数、十六进制数之间的相互转换

　　由于 $2^3 = 8$,故可采用"合 3 为 1"的原则,即从小数点开始分别向左、右两边各以 3 位为 1 组进行二—八换算;若不足 3 位的以 0 补足,便可将二进制数转换为八进制数。

　　由于 $2^4 = 16$,故可采用"合 4 为 1"的原则,从小数点开始分别向左、右两边各以 4 位为 1 组进行二—十六换算;若不足 4 位以 0 补足,便可将二进制数转换为十六进制数。

　　【例 1-3】　将 1101000101011.001111B 转换成十六进制数。

　　解　根据"合 4 为 1"的原则,可将该二进制数书写为:

```
0001  1010  0010  1011  .  0011  1100
  1     A     2     B   .    3     C
```

其结果为 1101000101011.001111B＝1A2B.3CH。

　　反之,采用"1 分为 4"的原则,每位十六进制数用 4 位二进制数表示,便可将十六进制数转换为二进制数。

　　【例 1-4】　将 4D5E.6FH 转换成二进制数。

　　解　根据"1 分为 4"的原则,可将该十六进制数书写为:

4	D	5	E	.	6	F
0100	1101	0101	1110	.	0110	1111

其结果为 4D5E.6FH=010010101011110.01101111B。

1.6.3 有符号数的表示

1. 无符号数与有符号数

在字长为 8 位的微型计算机中,一个字节数据用 8 位二进制数表示。如果处理的是无符号数,8 位二进制数的 8 位数都表示数值,从 00000000B 到 11111111B,表示的数值从 0 到 255,所以 8 位二进制数表示的无符号数范围是 0~255,共 256 个数。

如果计算机处理的是有符号数,符号+/-要用 1 位二进制数表示,这时 8 位数符的最高位 D_7 表示符号,其他 7 位表示数值,如图 1-6-1 所示。$D_7=1$ 表示负数,$D_7=0$ 表示正数。

D_7	D_6	D_5	D_4	D_3	D_2	D_1	D_0
0	0	0	0	1	0	1	1

符号　　　　　数值部分

图 1-6-1　数值位和符号位

有符号数在计算机中可以分别用原码、反码或补码三种方法表示。因为补码表示方法使用较普遍,我们重点讨论补码的使用。

2. 原码和反码

原码:正数的符号位用"0"表示,负数的符号位用"1"表示,而数值位保持不变。8 位二进制原码表示的数的范围是-127~+127,±0 的表示不同,[+0]原码=00000000B,[-0]原码=10000000B。

反码:正数的反码与原码相同。负数的反码,其符号位也用"1"表示,数值位由其绝对值按位求反而得。8 位二进制反码表示的数的范围也是-127~+127,±0 也有不同的表示,[+0]原码=00000000B,[-0]原码=11111111B。

3. 8 位二进制补码

在日常生活中有许多"补"数的事例。如钟表,假设标准时间为 6 点整,而某钟表却指在 9 点,若要把表拨准,可以有两种拨法,一种是倒拨 3 小时,即 9-3=6;另一种是顺拨 9 小时,即 9+9=6。尽管将表针倒拨或顺拨不同的时数,但却得到相同的结果,即 9-3 与 9+9 是等价的。这是因为钟表采用 12 小时进位,超过 12 就从头算起,即:9+9=12+6=6,该 12 称之为模(mod)。

模(mod)为一个系统的量程或此系统所能表示的最大数,它会自然丢掉,如:9-3=9+9=12+6→6 (mod 12 自然丢掉)。这种情况下通常称+9 是-3 在模为 12 时的补数。于是,引入补数后使减法运算变为加法运算。例如:11-7=11+5→4 (mod 12),+5 是-7 在模为 12 时的补数,-7 与+5 的效果是一样的。

一般情况下,任一整数 X,在模为 K 时的补数可用下式表示:

$$[X]_{补数}=X+K(\bmod K)= X \qquad 0 \leqslant X < K$$
$$[X]_{补数}=X+K(\bmod K)= K-|X| \qquad -K \leqslant X \leqslant 0$$

从上可见:正数的补码与其原码相同,即[X]补码=[X]原码;零的补码为零,[+0]补码=[-0]补码=000…00;负数才有求补码的问题。

对于 8 位二进制数的补码,具有以下性质:

①正数补码的符号位 $D_7=0$,负数补码的符号位 $D_7=1$。

②正数的补码表示与原码相同。

③对负数的绝对值求反加 1,即可得到负数的补码;对负数补码求反加 1,恢复为该数的绝对值。

④$[+0]_{补码}=[-0]_{补码}=0000\ 0000B$。

⑤8 位二进制补码表示的数的范围为:$-128\sim+127$。

⑥采用补码后,可以将减法运算转换成加法运算。

【例 1-5】 求 $X=5$ 和 $X=-5$ 的补码。

解 ①$[5]_{补码}=0000\ 0101B$

②$X=-5=-00000101B<0$

$|X|=0000\ 0101B$

$|-5|_{补码}=|X|_{取反}+1=1111\ 1010+1=1111\ 1011B$

【例 1-6】 已知$[X]_{补码}=1111\ 1101B$,求 X 的值。

解 因为补码 1111 1101B 的 $D_7=1$,所以是负数。

$|X|=0000\ 0010+1=0000\ 0011B$,故 $X=-0000\ 0011B=-3$。

综上所述可归纳为:

①正数的原码、反码、补码就是该数本身;

②负数的原码其符号位为 1,数值位不变;

③负数的反码其符号位为 1,数值位逐位求反;

④负数的补码其符号位为 1,数值位逐位求反并在末位加 1。

1.6.4 BCD 码和 ASCII 码

1. BCD 码(Binary Coded Decimal)

二进制数以其物理易实现和运算简单的优点在计算机中得到了广泛应用,但人们日常习惯的还是十进制。为了既满足人们的习惯,又能让计算机接受,便引入了 BCD 码。它用二进制数码按照不同规律编码来表示十进制数,这样的十进制数的二进制编码,既具有二进制的形式,又具有十进制的特点,便于传递处理。

1 位十进制数有 0~9 共 10 个不同数码,需要由 4 位二进制数来表示。4 位二进制数有 16 种组合,取其 10 种组合分别代表 10 个十进制数码。最常用的方法是 8421BCD 码,其中 8、4、2、1 分别为 4 位二进制数的位权值。表 1-6-1 给出了十进制数和 8421BCD 码的对应关系。

表 1-6-1   十进制数和 8421BCD 码的对应关系

十进制数	8421BCD 码	十进制数	8421BCD 码
0	0000	8	1000
1	0001	9	1001
2	0010	10	0001 0000
3	0011	11	0001 0001
4	0100	12	0001 0010
5	0101	13	0001 0011
6	0110	14	0001 0100
7	0111	15	0001 0101

若想让计算机直接用十进制的规律进行运算,则将数据用 BCD 码来存储和运算即可。例如:

4+3 即:$(0100)_{BCD} + (0011)_{BCD} = (0111)_{BCD} = 7$

15+12 即:$(00010101)_{BCD} + (00010010)_{BCD} = (00100111)_{BCD} = 27$

但是,8421BCD 码可表示数的范围为 0000～1111(十进制的 0～15),而十进制数为 0000 ～1001(0～9)。所以在运算时,必须注意以下两点:

①当两个 BCD 数相加结果大于 1001(大于十进制数 9)时,为使其符合十进制运算和进位规律,需对 BCD 码的二进制运算结果加 0110(加 6)调整。

例如:$4+8 = (0100)_{BCD} + (1000)_{BCD} = (1100)_{BCD} > 1001$,调整后,其结果为: $(1100)_{BCD} + (0110)_{BCD} = (00010010)_{BCD} = 12$。

②当两个 BCD 数相加结果在本位上并不大于 1001,但有低位进位发生,使得两个 BCD 数与进位一起相加,其结果大于 1001,这时也要做加 0110(加 6)调整。

2. ASCII 码

计算机除了要处理数字量之外,还要处理文字、符号等信息,这些信息也必须采用二进制数码表示。计算机处理文字和符号信息时经常使用 ASCII 码,它的全称是:美国标准信息交换码(American Standard Code for Information Interchange),ASCII 码由 7 位二进制数码构成,共有 128 个字符。ASCII 码主要用于微机、外设通信,以及人机对话等方面。例如,当按下微机的某一键时,键盘中的单片机便会将所按的键码转换成 ASCII 码输入微机。

在计算机通信领域,信息发送和接受过程中经常需要进行信息检验以避免出错,ASCII 码只用到 7 位二进制数,8 位信息的最高位 D_7 可以用作奇/偶校验位。在串行通信中,发送端与接收端必须事先协议校验方式。采用奇校验时,发送信息每个字节中"1"的个数必须是奇数,校验位 D_7 的状态与其余 7 位信息中"1"的个数有关,若其余 7 位信息中"1"的个数为偶数,则 D_7 位置 1,反之 D_7 位清零。如果接收端接收信息时,经校验发现"1"的个数为偶数,说明信息在传送过程中出现错误,需要进行相应的出错处理。若采用偶校验方式时,8 位信息中"1"的个数一定是偶数。奇/偶校验方法简单易行,在计算机通信中得到了广泛的应用。

本章小结

微型计算机由中央处理单元 CPU、存储器、I/O 接口电路等组成。计算机要能够脱离人的直接控制而自动地操作与运算,还必须要有软件。软件是指操作和管理计算机的各种程序,程序是由一条条指令组成的。单片机是微型计算机的一个重要分支,它的结构特点是把 CPU、存储器和输入/输出接口电路集成在一块超大规模的集成电路芯片上。一块单片机芯片接上少量的外围电路,就可以执行一台计算机的基本任务。

常用的单片机有 MCS-51 系列单片机、AVR 系列单片机、PIC 系列单片机、MSP430 系列单片机、Motorola 单片机及其他类型的单片机。MCS-51 单片机是所有兼容 Intel 8051 指令系统单片机的统称。目前市场比较有代表性的 51 单片机有 Atmel 公司生产的 AT89 系列单片机和宏晶科技公司生产的 STC 系列单片机。

在计算机的设计与使用中常用到的数制有十进制、二进制和十六进制。计算机既处理无符号数也处理有符号数,有符号数在计算机中主要用补码表示。十进制数又称 BCD 码,是计算机用二进制数处理十进制数的一种方法,最常用的是 8421BCD 码。计算机处理文字和符号信息时经常使用 ASCII 码。ASCII 码用 7 位二进制数表示,8 位信息的最高位 D_7 可以用作奇偶校验位。

学习本章以后,应达到以下教学要求:

(1)了解微型计算机的基本构成和工作原理。

(2)熟悉单片机的结构特点,了解单片机的分类及应用概况。

(3)熟悉计算机中的数与编码,掌握计算机中常用的数制——十进制、二进制、十六进制,及各数制之间的转换;熟悉计算机中带符号的数的表示方法,掌握补码的概念及其运算规则。

(4)掌握 8421BCD 码的表示方法及其运算规则。

(5)了解 ASCII 码。

思考与练习题

1-1 微型计算机主要由哪几部分组成? 各部分有何功能?

1-2 什么叫微处理器? 什么叫微型计算机? 什么是单片机?

1-3 为什么微型计算机要采用二进制?

1-4 十六进制数有什么特点? 为什么它不能被微型计算机直接执行?

1-5 将下列各二进制数转换为十进制数。

(1)11011110B (2)01011010B

(3)10101011B (4)10111111B

1-6 将上题中各二进制数转换为十六进制数。

1-7 将下列各数转换为十六进制数。

(1)224D (2)142D

(3)01010011BCD (4)00111001BCD

1-8 什么叫原码、反码及补码?

1-9 已知原码如下,请写出其补码。

(1)$[X]_{原码}$＝01011101 (2)$[X]_{原码}$＝11011011

(3)$[X]_{原码}$＝00111100 (4)$[X]_{原码}$＝11111110

1-10 当计算机把下列数看成无符号数时,它们相对应的十进制数为多少? 若把它们看成是补码,那么它们相应的十进制数是多少?

(1)10001110 (2)10110000

(3)00010001 (4)01110101

第 2 章

MCS-51 单片机的体系结构

【本章要点】 要想掌握 MCS-51 单片机的使用方法,必须先要对其硬件结构、工作原理等基本知识有全面的了解和牢固的掌握。51 单片机内部由运算器、控制器、存储器和 I/O 接口等基本功能部件组成。本章首先介绍 51 单片机的经典外形和引脚功能,接着介绍单片机内部结构及 CPU,然后着重讲解单片机的存储器结构和时钟时序,最后详细讲解单片机并行 I/O 接口的结构和功能。

【思政目标】 在讲解单片机并行 I/O 接口的结构和功能时,引导学生详细分析单片机四个 I/O 接口结构的差异,学会深入研究内部电路。引导学生抛开问题表面迷雾,深入问题内部,挖掘问题根源,从本质上解决问题。

2.1 外形及引脚功能

通用的 MCS-51 单片机一共有 40 个功能引脚,其封装形式分为 40DIP 和 44PLCC 两种。实物外形如图 2-1-1 所示。其中,DIP 封装比较常用。

(a)双列直插式封装 40DIP

(b) 方形贴片式封装44PLCC

图 2-1-1 单片机实物外形图

MCS-51 系列单片机的引脚配置如图 2-1-2 所示。按引脚功能分为电源、晶振、控制信号和输入/输出四类。

1. 电源引脚

Vcc(40 脚):接 5 V 电源正端。

Vss(20 脚):接 5 V 电源地端。

2. 晶振引脚

XTAL1(19 脚):片内振荡电路的输入端,接外部晶振和微调电容的一端,在片内它是振荡器倒相放大器的输入,若使用外部 TTL 时钟,则该引脚必须接地。

XTAL2(18 脚):片内振荡电路的输出端,接外部晶振和微调电容的另一端,在片内它是振荡器倒相放大器的输出,若使用外部 TTL 时钟,则该引脚为外部时钟的输入端。

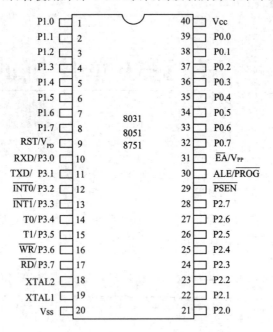

图 2-1-2　MCS-51 系列单片机的引脚配置图

3. 控制信号引脚

(1)RST/V_{PD}(9 脚)

RST:复位信号输入端,高电平有效。单片机正常工作时,RST 保持两个机器周期的高电平就会使单片机复位;上电时,由于振荡器需要一定的起振时间,RST 上的高电平必须保持 10 ms 以上才能保证系统有效复位。

单片机复位电路主要有两种形式:上电自动复位和手动复位。

①上电自动复位。单片机在加电时,通过电容的充放电实现系统复位,如图 2-1-3(a)所示。上电时 RST 引脚高电平持续的时间要在 10 ms 以上,决定于复位电路的时间常数 RC 之积,大约是 0.55RC。

②手动复位。使用按键,如图 2-1-3(b)所示。当键被按下时,RST 端出现两个机器周期以上的高电平,单片机进入复位状态。

V_{PD}:备用电源输入端,以保持内部 RAM 中的数据不丢失。当 V_{CC} 的电压降低到低电平规定的值或掉电时,接入电源。

(2)ALE/$\overline{PROG}$(30 引脚)

ALE:地址锁存信号,每个机器周期输出两个正脉冲,如图 2-1-4 所示。在访问外部存储器时,下降沿或低电平用于控制外接的地址锁存器,锁存从 P0 口输出的低 8 位地址。

单片机工作时,在不访问外部存储器时,可以将 ALE 作为时钟信号使用,也可以通过此脚的输出信号判断单片机是否起振。

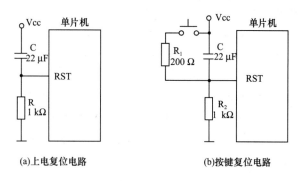

(a)上电复位电路　　　　　　　　(b)按键复位电路

图 2-1-3　单片机复位电路

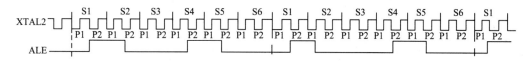

图 2-1-4　单片机 ALE 引脚信号

$\overline{\text{PROG}}$:片内程序存储器的编程脉冲输入端,低电平有效。

(3)$\overline{\text{PSEN}}$(29 引脚)

片外程序存储器读选通信号输出端,在访问片外程序存储器时,每个机器周期输出两个负脉冲,低电平有效。在访问片外数据存储器时,该信号不出现。

(4)$\overline{\text{EA}}$/V_{PP}(31 引脚)

$\overline{\text{EA}}$:程序存储器选择输入端。其接低电平时,单片机使用片外程序存储器;其接高电平时,单片机使用片内程序存储器。由于目前的单片机绝大多数都具有片内程序存储器,故此引脚一般接高电平。

V_{PP}:片内程序存储器编程电压输入端。

4. 输入/输出引脚

51 单片机共有 32 个 I/O 口,分成 P0、P1、P2 和 P3 共四组端口。每组端口都有 8 个引脚,用于传送数据、地址或控制信号。四组端口的结构和使用有一定的共性,但为了完成不同的功能,每个端口的结构又各有特点,用途也有很大的差别。

(1)P0 口(P0.0～P0.7)(39～32 引脚):该端口为漏极开路的 8 位准双向口,它为外部低 8 位地址线和 8 位数据线复用端口,驱动能力为 8 个 LSTTL 负载,每个口可独立控制。当 CPU 以总线方式访问片外存储器时,P0 口分时地输出低 8 位地址和输入/输出数据。P0 口也可作为一般 I/O 口使用。因为 51 单片机 P0 口内部没有上拉电阻,为高阻状态,所以不能正常地输出高电平。在使用时必须外接上拉电阻,所以称为准双向口。

(2)P1 口(P1.0～P1.7)(1～8 引脚):它是一个 8 位准双向 I/O 口,每个口可独立控制,内部带上拉电阻,可直接输出高电平,其驱动能力为 4 个 LSTTL 负载。对于增强型单片机 89C52,P1.0 和 P1.1 引脚具有第二功能。

(3)P2 口(P2.0～P2.7)(21～28 引脚):它是一个内部带上拉电阻的 8 位准双向 I/O 口,当 CPU 以总线方式访问片外存储器时,P2 口输出高 8 位地址。作为通用 I/O 口使用时,P2 口的驱动能力为 4 个 LSTTL 负载。

(4)P3 口(P3.0～P3.7)(10～17 引脚):为内部带上拉电阻的 8 位准双向 I/O 口,可作为一般 I/O 口使用。此外,每个引脚都具有第二功能。

5. 单片机的总线结构

总线是指从任意一个源点到任意一个终点的传输数字信息的通道。MCS-51 单片机内部有总线控制器,其总线结构为三总线,即数据总线、地址总线和控制总线。单片机系统的总线主要用于扩展外部数据存储器和程序存储器。

MCS-51 单片机的总线结构如图 2-1-5 所示。P2 口和 P0 口构成了 16 位地址总线;P0 口为 8 位数据总线;$\overline{WR}$、ALE、$\overline{PSEN}$、$\overline{EA}$、RST 等引脚构成控制总线。由于 P0 口要分时输出地址低 8 位和传输数据,在传输数据之前,必须要把输出的低 8 位地址先锁存起来以免丢失,因此需要在 P0 口外接一个地址锁存器。

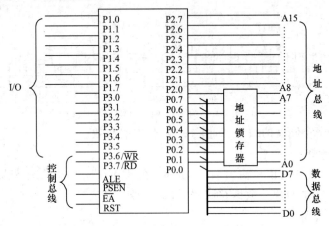

图 2-1-5　MCS-51 单片机的总线结构图

2.2　内部结构及 CPU

2.2.1　内部结构

平常使用的 MCS-51 单片机分为普通型和增强型两种。普通型的称为 89C51,增强型的称为 89C52。二者都以 8051 单片机为内核,集成的外部资源有差别。如图 2-2-1 所示为 89C51 单片机的内部结构。

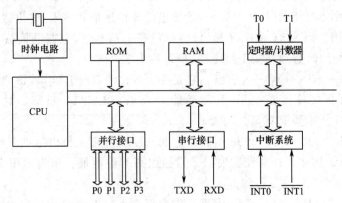

图 2-2-1　89C51 单片机的内部结构图

从图 2-2-1 中可以看到,89C51 单片机结构主要包括片内振荡器和时钟产生电路、1 个 8 位的 CPU、片内 256 B 的数据存储器(含特殊功能寄存器 SFR)、片内 4 KB 的程序存储器(Flash ROM)、4 个并行可编程 I/O 接口、外接 2 个中断源的中断系统、2 个 16 位定时器/计数器、1 个全双工的串行 I/O 接口。

以上几部分通过内部数据总线相互连接。振荡器和时钟产生电路需要外接石英晶体和微调电容,常用的振荡频率为 12 MHz,最高允许振荡频率为 24 MHz,也可以直接接入外部时钟源;数据存储器用于存放可读写的数据,如运算的中间结果、最终结果、要显示的数据等;程序存储器用于存放二进制目标代码、程序执行需要使用的原始数据等;中断系统管理 5 个中断源,其中 3 个为内部中断源,2 个为外部中断源,可根据中断事件来控制单片机的程序运行;16 位定时器/计数器既可以工作于定时方式以产生一定的时间间隔,也可以工作于计数方式对外部事件进行计数,系统根据计数或定时的结果实现计算机控制。

增强型单片机 89C52 的片内 ROM 容量为 8 KB,片内 RAM 容量为 256 B,3 个 16 位的定时器/计数器,中断源包括 4 个内部中断源和 2 个外部中断源,其他方面和通用型单片机基本相同。

2.2.2　8051CPU

CPU 即中央处理器,是单片机的最核心部件,它完成各种运算和控制操作,主要由运算器和控制器两部分组成。

1. 运算器

运算器以算术逻辑单元 ALU(Arithmetic Logic Unit)为核心,加上累加器 ACC、暂存寄存器 TMP 和程序状态字寄存器 PSW 等组成。ALU 主要用于完成二进制数据的算术和逻辑运算,并通过对运算结果的判断影响程序状态字寄存器 PSW 中有关位的状态。

(1)算术逻辑运算部件 ALU

ALU 可以对 4 位、8 位和 16 位数据进行操作,包括:

①算术运算:加、减、乘、除、加 1、减 1、BCD 码数的十进制调整及比较等。

②逻辑运算:与、或、异或、求补及循环移位等。

(2)累加器 ACC

ACC 在指令中使用得非常多,如加、减、乘、除等算术运算指令,与、或、异或、循环移位等逻辑运算指令等。

ACC 也作为通用寄存器使用,可以按位操作。

(3)寄存器 B

寄存器 B 主要做专门应用,它在乘、除运算中用来存放一个操作数,并且存放运算后的部分结果。

此外,寄存器 B 也可作为通用寄存器使用,可以按位操作。

(4)程序状态字寄存器 PSW

PSW 用于设定 CPU 的状态和反映指令执行后的状态,相当于其他微处理器中的标志寄存器,其内容格式如图 2-2-2 所示。

	D7	D6	D5	D4	D3	D2	D1	D0
PSW(D0H)	CY	AC	F0	RS1	RS0	$\overline{OV}$	—	P

图 2-2-2　PSW 内容格式图

①CY(PSW.7)：进位标志位。在执行加法(或减法)运算指令时,如果运算结果最高位(位 7)向前有进位(或借位),则 CY 位由硬件自动置 1；如果运算结果最高位无进位(或借位),则 CY 清 0。CY 也是 89C51 在进行位操作(布尔操作)时的位累加器,在指令中可用 C 代替 CY。

②AC(PSW.6)：半进位标志位,也称辅助进位标志。当执行加法(或减法)操作时,如果运算结果(和或差)的低半字节(位 3)向高半字节有半进位(或借位),则 AC 位将被硬件自动置 1,否则 AC 被自动清 0。

③F0(PSW.5)：用户标志位。用户可以根据自己的需要对 F0 位赋予一定的含义,作为程序运行结果的状态标志。由用户通过指令置位或清 0。

④RS1、RS0(PSW.4、PSW.3)：工作寄存器组选择控制位。这两位的值决定 CPU 选择哪一组工作寄存器为当前工作寄存器组。用户通过程序改变 RS1 和 RS0 的值,可以切换当前选用的工作寄存器组。在单片机的数据存储器中共有四组工作寄存器,它们和 RS1、RS0 组合值的对应关系如表 2-2-1 所示。在单片机上电复位时,RS1RS0=00,系统自动选择第 0 组为当前工作寄存器组。

表 2-2-1　　　工作寄存器组选择关系

RS1	RS0	工作寄存器组
0	0	0
0	1	1
1	0	2
1	1	3

⑤OV(PSW.2)：溢出标志位。在单片机中,负数一律用补码表示,8 位二进制补码表示的数值范围是 $-128 \sim +127$。在进行补码运算时,如果运算结果超出了 $-128 \sim +127$,则称之为溢出,此时 OV 位由硬件自动置 1；无溢出时,OV 被自动清 0。

⑥PSW.1：为保留位。89C51 中未用,89C52 中为用户标志位 F1。

⑦P(PSW.0)：奇偶校验标志位。每条指令执行完后,该位始终跟踪指示累加器 A 中 1 的个数。若 A 中有奇数个 1,则硬件自动将 P 置 1,否则将 P 清 0。主要用于校验串行通信中的数据传送是否出错。

(5)布尔处理器

布尔处理器专门负责进行位操作。例如,位置 1、清 0、取反、位数据传送、位逻辑与、位逻辑或等。

在位运算中,使用 PSW 寄存器中的进位标志位 CY 作为位累加器。

2. 控制器

控制器部分包括程序计数器 PC、指令寄存器 IR、指令译码器 ID、堆栈、堆栈指针 SP、数据指针寄存器 DPTR、缓冲器以及定时与控制电路等。控制电路指挥、协调单片机各部分正常工作。

(1)程序计数器 PC

PC 是一个具有自加 1 功能的 16 位计数器,其内容始终是 CPU 将要执行的下一条指令的地址。在单片机从程序存储器中读取指令的过程中,当一条指令按 PC 所指向的地址取出之后,PC 的值会自动增加变为下一条指令的地址,程序顺序向下执行。如果在程序中强行修改 PC 的值,能够改变程序执行的顺序。

(2)指令寄存器 IR 和指令译码器 ID

IR 用于存放从 Flash ROM 中读取的指令。

ID 负责将指令译码,产生一定序列的控制信号,完成指令所规定的操作。

(3)堆栈

堆栈是在 RAM 中专门开辟的一个区域,用于 CPU 在执行程序过程中存入和调出一些重要数据。堆栈一端的地址是固定的,称为栈底;另一端的地址是动态变化的,称为栈顶。

对堆栈的操作包括数据进栈和数据出栈。进栈和出栈都是在栈顶进行,因此对堆栈数据的存取遵照"先进后出、后进先出"的原则。

(4)堆栈指针 SP

堆栈指针 SP 中的数据始终为堆栈栈顶单元的地址。SP 具有自动加 1、自动减 1 功能。当数据进栈时,SP 先自动加 1,然后 CPU 将数据存入;当数据出栈时,CPU 先将数据送出,然后 SP 自动减 1。堆栈数据的入栈和出栈过程如图 2-2-3 所示。

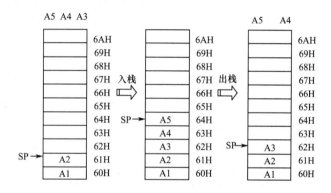

图 2-2-3　堆栈数据的入栈和出栈过程

单片机复位时 SP 的初值为 07H,因此堆栈实际上从 08H 单元开始存放数据。也可在程序中修改 SP 的数值,从而改变堆栈在 RAM 中的位置。

(5)数据指针寄存器 DPTR

DPTR 是单片机中的一个 16 位寄存器,主要用来存放 16 位数据存储器的地址,以便对片外 64 KB 的数据 RAM 区进行读写操作。也用于存放数据,作为一般寄存器使用。

DPTR 由高位字节 DPH 和低位字节 DPL 组成,可以作为一个 16 位寄存器使用,也可以将 DPH 和 DPL 单独看成 2 个 8 位寄存器使用。

2.3　存储器结构

与存储有关的几个重要概念:位(bit)、字节(Byte)、字长、容量、存储单元及其地址。字节(Byte)是计算机处理或存储数据的最常用基本单位,Byte 常简写成 B。存储器的容量是指在一块芯片中所能存储的信息位数。存储器的容量,更多的是用字节数表示,如 RAM 芯片 2832 的存储容量常表示为 4 KB。一个字节所占用的存储空间称为一个存储单元。存储单元所处的物理空间位置,用地址码标识,每个存储单元都有一个唯一的地址。

　　单片机的存储器结构特点是:将程序存储器和数据存储器分开,并有各自的寻址机构和寻址方式,这种结构称为哈佛结构。我们使用的 PC 机是将 ROM 和 RAM 统一编址的,称为诺依曼结构。MCS-51 单片机的存储器在物理上有四个相互独立的存储空间:片内程序存储器、片外程序存储器、片内数据存储器、片外数据存储器。这四个存储空间又在逻辑上分为三类:片内、外统一编址的 64 KB 程序存储空间,256 B 的片内数据存储空间,最大可扩展 64 KB 的片外数据存储空间。

2.3.1　程序存储器

　　基本型单片机 89C51 片内有 4 KB 的 Flash ROM,地址为 0000H～0FFFH。由于片内、外程序存储器是统一编址的,最大地址空间只能到 64 KB,所以片外最多可以扩展 60 KB 的程序存储器,地址为 1000H～FFFFH。

　　增强型单片机 89C52 片内有 8 KB 的 Flash ROM,地址为 0000H～1FFFH,片外最多可以扩展 56 KB 的程序存储器,地址为 2000H～FFFFH。

　　如果单片机既有片内程序存储器,同时又扩展了片外程序存储器,如图 2-3-1 所示,那么,单片机在刚开始执行指令时,是先从片内程序存储器取指令,还是先从片外程序存储器取指令呢?这主要取决于程序存储器选择引脚 $\overline{\text{EA}}$ 的电平状态。

　　(1)当 $\overline{\text{EA}}$＝1 时

　　程序计数器 PC 在 0000H～0FFFH 范围内,从片内 ROM 中取出指令送给 CPU 执行。当指令地址超出 0FFFH 后,自动转向片外程序存储器,通过 P0、P2 口来读取指令。

　　注意:此情况下片外 ROM 中的 0000H～0FFFH 单元是无用的,片外程序在刻录时一定要从 1000H 单元开始。

　　(2)当 $\overline{\text{EA}}$＝0 时

　　片内 ROM 不起作用,CPU 直接从片外 ROM 中读取指令,地址从 0000H 开始。

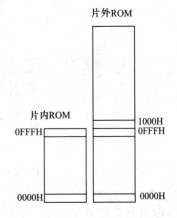

图 2-3-1　51 单片机的程序存储器结构图

　　程序存储器在使用时,单片机指定了部分空间为专用区域,用于作为系统复位时的引导地址和中断程序的入口地址。其中 03H 为外部中断 0 的入口地址,13H 为外部中断 1 的入口地址,0BH 为定时器 0 中断程序的入口地址,1BH 为定时器 1 中断程序的入口地址,23H 为串行口中断程序的入口地址。具体单元分配如表 2-3-1 所示。单片机复位以后,PC 的内容为 0000H,所以 CPU 总是从这一初始入口地址开始执行程序。

表 2-3-1　51 单片机 ROM 中专用存储区域

存储单元	应　用
0000H～0002H	复位后引导程序地址
0003H～000AH	外部中断 0 矢量区
000BH～0012H	定时器 0 中断矢量区
0013H～001AH	外部中断 1 矢量区
001BH～0022H	定时器 1 中断矢量区
0023H～002AH	串行口中断矢量区
002BH～0032H	定时器 2 中断矢量区(增强型单片机)

各部分程序的代码在存放时必须遵守表 2-3-1 中的空间分配,否则程序将不能被正确执行。中断服务程序入口地址常放一条转移指令,如果中断程序少于 8 B,可直接放在相应的入口地址开始的几个单元中。

2.3.2　数据存储器

1.片内数据存储器结构

89C51 单片机的片内数据存储器按照寻址方式可以分为两个部分:低 128 B 数据区、高 128 B 特殊功能寄存器,如图 2-3-2(a)所示。

89C52 单片机的片内数据存储器按照寻址方式可以分为三个部分:低 128 B 数据区、高 128 B 数据区、特殊功能寄存器,如图 2-3-2(b)所示。

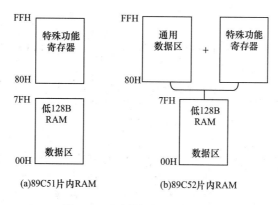

图 2-3-2　片内数据存储器结构图

(1)低 128 B 数据区

低 128 B 数据区地址范围为 00H～7FH,又划分为工作寄存器区、位寻址区和通用数据区三个区域,如图 2-3-3 所示。

①工作寄存器区。地址范围为 00H～1FH,共 32 个字节。分 4 个组:第 0 组、第 1 组、第 2 组和第 3 组。这四组工作寄存器的物理地址不同,但每组的 8 个工作寄存器名都叫 R0,R1,R2,…,R7。在使用时,只能同时使用一组工作寄存器。使用过程中,可以通过修改程序状态字 PSW 中的 RS1 和 RS0 位来更换工作寄存器组。

使用 C51 语言编程时,可以在定义函数时选择寄存器组。

②位寻址区。地址范围为 20H～2FH,共 16 个字节。这 16 个字节一共有 128 位,每一位都可以单独进行位操作。为了使用方便,给每一位编了一个位地址:00H～7FH。

对于位寻址区,既可以单独按位操作,也可以按字节操作。

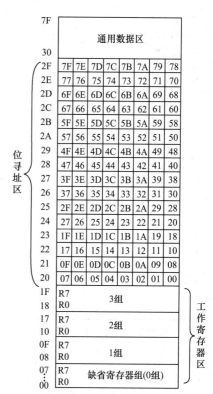

图 2-3-3　低 128 B 数据区结构

③通用数据区。地址范围为 30H~7FH,共 80 个字节。主要用于存放数据、程序运行的中间结果等,也可以将堆栈区设置到这里。

（2）高 128 B RAM

对于 89C52 单片机,其地址范围为 80H~FFH,128 B,用途与低 128 B 中的通用数据区完全一样,用于存放数据、程序运行中间结果和作为堆栈使用等。对于 89C51 单片机则不能访问,不能使用。

（3）特殊功能寄存器（SFR）

特殊功能寄存器是控制单片机工作的专用寄存器。它们散布于高 128 B RAM 中,主要功能包括:

①控制单片机各个部件的运行。

②反映各部件的运行状态。

③存放数据或地址。

基本型 89C51 单片机特殊功能寄存器总数为 21 个,其中可位寻址的有 11 个。特殊功能寄存器的复位值及地址分配情况如表 2-3-2 所示。

表 2-3-2　　　　　　　　基本型单片机特殊功能寄存器一览表

字节地址	名称	复位值	位地址							
			D7	D6	D5	D4	D3	D2	D1	D0
F0H	B	00H	F7	F6	F5	F4	F3	F2	F1	F0
E0H	ACC	00H	E7	E6	E5	E4	E3	E2	E1	E0
D0H	PSW	00H	D7	D6	D5	D4	D3	D2	D1	D0
B8H	IP	×××00000B	—	—	—	BC	BB	BA	B9	B8
B0H	P3	FFH	B7	B6	B5	B4	B3	B2	B1	B0
A8H	IE	0××00000B	AF	—	—	AC	AB	AA	A9	A8
A0H	P2	FFH	A7	A6	A5	A4	A3	A2	A1	A0
99H	SBUF	不确定	不可位寻址							
98H	SCON	00H	9F	9E	9D	9C	9B	9A	99	98
90H	P1	FFH	97	96	95	94	93	92	91	90
8DH	TH1	00H	不可位寻址							
8CH	TH0	00H	不可位寻址							
8BH	TL1	00H	不可位寻址							
8AH	TL0	00H	不可位寻址							
89H	TMOD	00H	不可位寻址							
88H	TCON	00H	8F	8E	8D	8C	8B	8A	89	88
87H	PCON	0×××0000B	不可位寻址							
83H	DPH	00H	不可位寻址							
82H	DPL	00H	不可位寻址							
81H	SP	07H	不可位寻址							
80H	P0	FFH	87	86	85	84	83	82	81	80

2. 片外数据存储器

当单片机片内 RAM 不够用时可以外扩,最大扩展容量为 64 KB,地址范围为 0000H~FFFFH。

对片外 RAM 的访问一般采用总线操作方式。在进行读/写操作时,硬件会自动产生相应的读/写控制信号和 $\overline{\text{WR}}$，作用于片外 RAM 实现读/写操作。片外 RAM 可以作为通用数据区使用，用于存放大量的中间数据，但一般不能作为系统堆栈使用。

2.4　时钟及 CPU 时序

2.4.1　单片机时钟

数字电路离不开时钟信号，在时钟的同步下各逻辑单元之间才能够有序地工作。单片机也属于数字电路，因此也必须要有时钟信号。

1. 时钟电路

MCS-51 单片机的时钟信号可以由两种方式产生：一是内部方式，二是外部方式。

（1）内部方式

MCS-51 单片机内部有一个用于构成振荡器的高增益反相放大器，即片内振荡器和分频器，能够产生单片机工作的各种时钟信号，引脚 XTAL1 和 XTAL2 分别是反相放大器的输入端和输出端，由这个放大器与作为反馈元件的片外晶体或陶瓷谐振器一起，就构成了内部自激振荡器并产生振荡时钟脉冲。晶振实物及单片机振荡电路如图 2-4-1 所示。电容 C1、C2 起快速起振作用，数值通常取 15～30 pF。

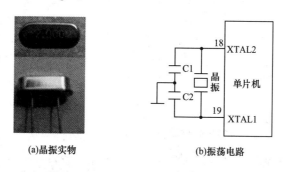

图 2-4-1　晶振实物及单片机振荡电路图

（2）外部方式

外部方式就是把外部的时钟信号接到 XTAL1 或 XTAL2 引脚上供单片机使用，主要用于多电路的时钟同步。不同工艺生产的单片机，外部时钟信号的接法不同，可参照图 2-4-2。

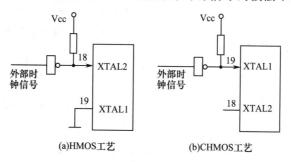

图 2-4-2　外部时钟信号接法

2. 时钟信号

在单片机系统中，时钟信号包括振荡信号、状态周期信号、机器周期信号和指令周期信号。

(1)状态周期与节拍

时钟信号:晶振的振荡周期是单片机系统最小的时序单位,我们把振荡脉冲二分频后的信号称为时钟信号,作为基本的时序信号。每个时钟信号包含两个振荡脉冲。

状态周期 S:也就是时钟周期,是计算机中最基本的时间单位。在一个时钟周期内,CPU完成一个最基本的动作。

节拍 P:时钟信号的前、后半个周期称为相位 1(P1)和相位 2(P2),也称为节拍 1、节拍 2,如图 2-4-3 所示。

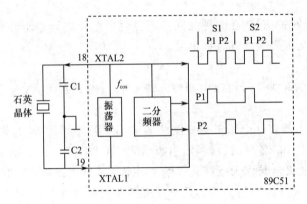

图 2-4-3　时钟信号示意图

(2)机器周期(T_{CY})

机器周期是指 CPU 访问一次存储器所需要的时间。

1 个机器周期(T_{CY})=6 个时钟周期(状态周期)=12 个振荡周期。

设单片机的振荡频率 f_{osc} 为 12 MHz,则机器周期为 1 μs。

(3)指令周期

完成一条指令所需要的时间称为指令周期。它是时序中的最大单位。

MCS-51 单片机不同的指令有不同的指令周期,分为单机器周期、双机器周期和 4 机器周期三种。其中多数为单周期指令,4 周期指令只有乘、除两条指令。指令周期数决定了指令的运算速度,周期数越少,执行速度越快。

振荡周期、时钟周期、机器周期和指令周期等几个时序概念间的关系,如图 2-4-4 所示。

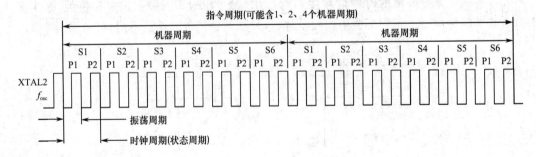

图 2-4-4　MCS-51 单片机中时钟信号

2.4.2　CPU 时序

CPU 时序即 CPU 的操作时序,包括取指令和执行指令两个阶段。单片机的指令从执行时间上分为单机器周期、双机器周期和 4 机器周期指令；从代码长度上分为单字节、双字节和三字节指令。单周期指令的操作时序如图 2-4-5 所示。

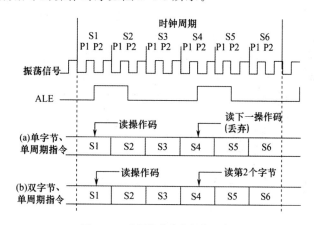

图 2-4-5　单周期指令的操作时序图

从图 2-4-5 中可以看到，在每个机器周期之内，地址锁存信号两次有效，第一次出现在 S1P2 和 S2P1 期间，第二次出现在 S4P2 和 S5P1 期间。指令从 S1P2 开始读取，如果是双字节指令，会在 S4P2 状态读第 2 个字节；如果是单字节指令，在 S4 状态仍然读指令，但随后丢弃，程序计数器 PC 的值也不会加 1。有关单片机的时序此处不做更多介绍，感兴趣的读者可以参阅相关资料。

2.5　低功耗工作方式

单片机系统使用电池供电时，为了降低电池的功耗，需要在程序不运行时以低功耗方式工作。MCS-51 单片机的低功耗方式有待机方式和掉电方式两种，由电源控制寄存器 PCON 来控制。寄存器 PCON 的内容格式如图 2-5-1 所示。

	D7	D6	D5	D4	D3	D2	D1	D0
PCON(87H)	SMOD	—	—	—	GF1	GF0	PD	IDL

图 2-5-1　寄存器 PCON 的内容格式图

其中：

SMOD：波特率加倍位。SMOD＝1 时波特率加倍，在串行通信时使用。

PD：掉电方式位。PD＝1 时掉电。

IDL：待机方式位。IDL＝1 时待机。

GF1：通用标志位。

GF0：通用标志位。

1. 待机方式

写一个字节数据到 PCON 使 IDL 置 1，单片机即进入待机方式。

在待机方式下，振荡器仍然工作，并向中断系统、串行口和定时器/计数器电路提供时钟，但向 CPU 提供时钟的电路被阻断，因此 CPU 不能工作，与 CPU 有关的全部通用寄存器也都被"冻结"在原状态。

终止待机方式的方法有两种：

（1）通过硬件复位。系统复位会使 IDL 位清 0，单片机即退出待机状态。

（2）通过中断方法。待机期间任何一个允许的中断被触发，IDL 都会被硬件置 0，从而结束待机方式。

2. 掉电保护方式

当 CPU 执行一条置 PCON 寄存器的 PD 为 1 的指令后，系统进入掉电工作方式。在这种工作方式下，内部振荡器停止工作。由于没有振荡时钟，因此，所有的功能部件都停止工作。但内部 RAM 区和特殊功能寄存器区的内容被保留，而端口的输出状态值都被存在对应的 SFR 中。

退出掉电方式的唯一方法是通过硬件复位。

2.6　并行 I/O 接口的结构和功能

MCS-51 单片机有四个 8 位并行 I/O 端口，名称分别为 P0、P1、P2 和 P3，这四个端口都被称为 8 位准双向口，共占 32 条 I/O 引脚，每一条 I/O 引脚都能独立地用作输入或输出。每个端口具有一个 8 位的数据锁存器，就是特殊功能寄存器 P0～P3。此外，每一条 I/O 引脚内部都有一个输出驱动器和输入缓冲器。作输出时，数据可以锁存；作输入时，数据可以缓冲。这四个 I/O 口的功能特点不一样，使用时的方法也有所不同。

2.6.1　P0 口的结构与应用

P0 口是三态双向 I/O 口，既可以作为一般的输入/输出端口使用，也可以作为系统扩展时的低 8 位地址总线和 8 位数据总线使用。图 2-6-1 所示为 P0 口中一位的结构。

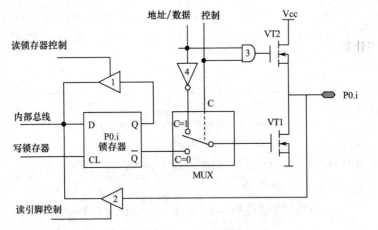

图 2-6-1　P0 口一位结构图

在 P0 口内部有一个二选一的开关 MUX，开关的位置由控制信号 C 的状态决定。当 C＝0 时，MUX 开关打向下方，输出驱动电路和端口锁存器连接，此时 P0 口作为一般双向 I/O 口使用；当 C＝1 时，MUX 开关打向上方，输出驱动电路和内部地址/数据总线连接，此时 P0 口作为系统外部扩展总线分时输出低 8 位地址信息和 8 位数据信号。

1. P0 口作为一般 I/O 口使用

P0 口作为一般 I/O 口使用时分为输出和输入两种方式。

（1）P0 口输出

当 CPU 执行端口写入指令时（如赋值语句 P0＝0x3f），系统自动产生一个"写入"脉冲加在 D 锁存器的 CL 端，与内部总线相连的 D 端的数据取反后出现在反相端 $\overline{Q}$ 上，在经过输出级 VT1 时信号又被再次反相后出现在引脚上，所以引脚上的数据正好是写到内部总线上的数据，这就是数据输出过程，如图 2-6-2 所示。

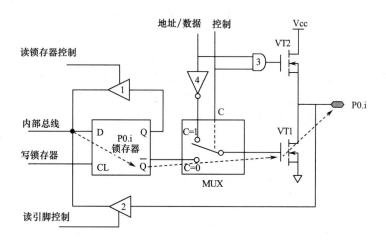

图 2-6-2　P0 口 I/O 操作时的数据输出过程

P0 口输出时必须注意的是：场效应管 VT1 要想正常工作，其漏极必须要有工作电源。从图 2-6-2 中可以看到，VT1 的漏极通过场效应管 VT2 与电源 Vcc 相连。因为此时 C＝0，与门 3 的输出端为低电平，场效应管 VT2 截止，所以 VT1 的漏极与 Vcc 之间相当于是断开的，当 VT1 截止时 P0.i 引脚上并不能输出高电平。

因此，要想让数据顺利输出，就必须在 VT1 的漏极即 I/O 引脚和 Vcc 之间跨接一个上拉电阻，如图 2-6-3 所示，这样引脚上才能够顺利输出高电平。在实际设计 PCB 电路板时端口上拉电阻一般采用排阻。如图 2-6-4 所示为排阻及其在电路板上应用的实物。排阻有不同阻值，此处一般选用 10 kΩ。

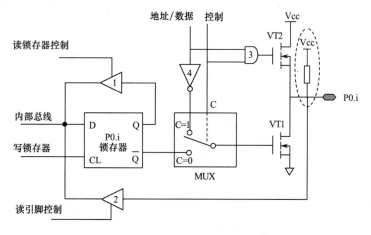

图 2-6-3　P0.i 引脚外接上拉电阻的结构图

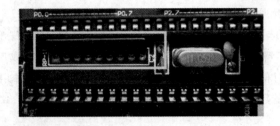

图 2-6-4   排阻及其在电路板上应用的实物图

（2）P0 口输入

单片机的 I/O 口在输入时,又分为读引脚数据和读锁存器数值两种情况。

①读引脚数据。当需要把引脚上的数据读入到单片机内部时,需要执行一条数据传送语句,如 ACC＝P0。这时,系统会自动产生一个"读引脚"脉冲把三态缓冲器 2 打开,引脚上的数据经过缓冲器 2 读入到内部总线,如图 2-6-5 中虚线所示。

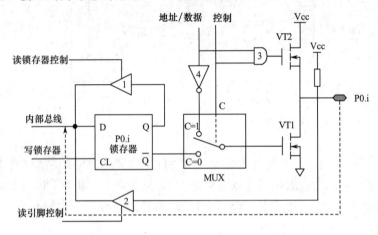

图 2-6-5   P0.i 引脚数据输入路线图

P0 口读引脚时必须注意的是:在读入引脚数据时,如果引脚数据为 1,而 VT1 正好处于导通状态,就会将引脚上的高电平拉成低电平,从而导致输入到内部总线的数据为 0,产生误读现象。因此,要保证能够正确读入引脚数据,无论 VT1 之前处于哪种状态,一律在执行读操作前强制 VT1 截止即可。方法是向端口锁存器写入数据 1,如图 2-6-6 所示。这就是把 MCS-51 单片机的 I/O 口称为准双向口的原因。

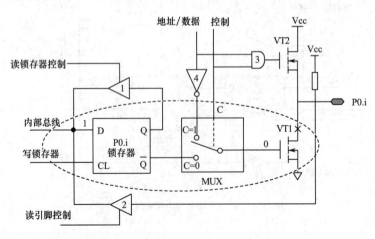

图 2-6-6   强制 VT1 截止操作示意图

②读锁存器数值。MCS-51 系列单片机可以直接对端口进行操作,譬如对端口进行数学运算和逻辑运算,此类语句诸如:P0++,P0−−,P0＝P0＋5,P0＝～P0,P0＝P0｜0x0f 等。此时执行的操作过程分为"读—修改—写"三步,即先把端口锁存器的数据读入 CPU,然后在 ALU 中进行运算,最后再把运算结果写入端口锁存器。锁存器对于单片机的 P1、P2、P3 口都有类似的操作。

在读入端口锁存器的数据时,图 2-6-6 中左上角的"读锁存器"脉冲使三态缓冲器 1 打开,锁存器 Q 端的数据通过三态缓冲器 1 进入内部总线。

综上所述,P0 口作为一般 I/O 口使用时必须注意两点:

• 作为输出口时,引脚必须外接上拉电阻;
• 作为输入口时,在读入引脚数据前,必须先向端口锁存器写入 1。

2. P0 口作为地址/数据总线使用

当单片机和外部存储器进行数据通信时,一般采用总线操作方式,体现在编程上就是使用直接对存储单元进行读写的语句。如果使用指针定义的宏来访问外部数据存储器,则对应的 C 语言程序语句如:XBYTE[0x7fff]＝0x32,buff ＝XBYTE [0x3ff]。

此时,内部硬件自动使控制信号 C＝1,MUX 开关打向上方,端口输出通过反相器 4 和内部"地址/数据"线连接,P0 口作为地址总线和数据总线的复用口,分时输出地址和传输数据。具体过程如下:

(1)总线输出地址/数据

当单片机对外部存储器进行写操作时,P0 口先输出低 8 位地址信息,然后跟着输出 8 位数据。输出 1 时,VT2 导通,VT1 截止,引脚输出高电平;输出 0 时,VT2 截止,VT1 导通,引脚输出低电平,如图 2-6-7 所示。

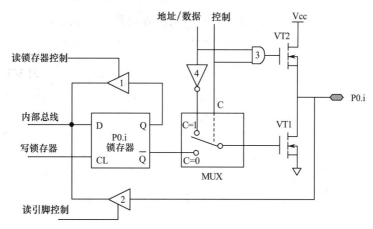

图 2-6-7　P0 口总线输出示意图

在 P0 总线输出数据 1 时,因为 VT2 是导通的,所以不需要外部上拉电阻。

(2)总线输入数据

当 P0 口作总线输入数据时,为了能够正确读入引脚数据,CPU 会自动从地址/数据线输出 1 使 VT1 截止,VT2 导通。同时产生"读引脚"脉冲使三态缓冲器 2 打开,引脚上的数据进入内部总线。

2.6.2 P1 口的结构与应用

P1 口一位结构如图 2-6-8 所示。P1 口的输出驱动部分与 P0 口不同,由场效应管 VT 与内部上拉电阻组成,可以直接驱动负载,不需要外接上拉电阻。实质上,这个上拉电阻是两个场效应管 FET 并在一起:一个 FET 为负载管,其阻值固定;另一个 FET 可工作在导通或截止两种状态,使其总电阻值变化近似为 0 或阻值很大。当阻值近似为 0 时,可将引脚快速上拉至高电平;当阻值很大时,P1 口为高阻输入状态。

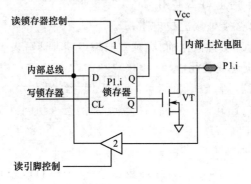

图 2-6-8   P1 口一位结构图

P1 口也是一个准双向口,每一位都可以独立进行输入或输出,在输入引脚数据时,也应先向端口锁存器写 1 使 VT 截止。输入数据的过程和 P0 口一样。

2.6.3 P2 口的结构与应用

P2 口的一位结构与 P0 口类似,如图 2-6-9 所示。其内部也有 MUX 开关,但驱动部分又与 P1 口类似,只是比 P1 口多了一个转换控制部分。P2 口是一个双功能口,一是可以作为通用 I/O 口使用,其用法和 P1 口相同;二是在以总线方式访问外部存储器时作为高 8 位地址口,此状态由系统自动控制切换,此时的 P2 口输出高 8 位地址信息,直到完成指令操作。

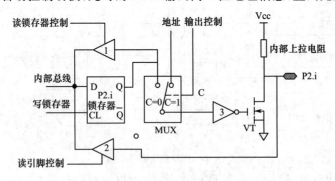

图 2-6-9   P2 口一位结构图

2.6.4 P3 口的结构与应用

P3 口是一个多功能端口,其一位的结构如图 2-6-10 所示。

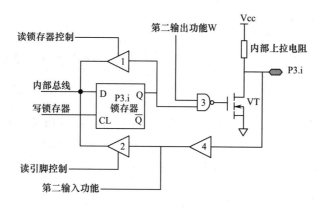

图 2-6-10 P3 口一位结构图

P3 口比 P1 口多了与非门 3 和缓冲器 4。因此 P3 口除了具有 P1 口的准双向通用 I/O 功能外,各引脚还可以使用独有的第二功能。

P3 口作为通用 I/O 口使用时,与非门 3 的 W 信号自动为 1,缓冲器 4 常开,其数据输入/输出方法与 P1 口相同。

P3 口用作第二功能时,D 锁存器自动输出高电平 1。第二功能输出时,信号 W 经过与非门 3 和场效应管 VT 传送到引脚 P3.i;输入时,信号 W 自动输出 1 使 VT 截止,同时三态缓冲器 2 不导通,引脚上输入的第二功能信号经缓冲器 4 直接送给 CPU 进行处理。

P3 口各个引脚的第二功能互不相同,如表 2-6-1 所示。

表 2-6-1　　　　P3 口各引脚第二功能定义

引脚	第二功能
P3.0	RXD:串行口输入
P3.1	TXD:串行口输出
P3.2	$\overline{INT0}$:外部中断 0 请求输入
P3.3	$\overline{INT1}$:外部中断 1 请求输入
P3.4	T0:定时器/计数器 0 外部计数脉冲输入
P3.5	T1:定时器/计数器 1 外部计数脉冲输入
P3.6	$\overline{WR}$:外部数据存储器写控制信号输出
P3.7	$\overline{RD}$:外部数据存储器读控制信号输出

本章小结

1. 51 单片机的外形、内部结构及功能

51 系列单片机芯片通常采用 40DIP 外形封装,典型产品如 AT89C51 等。

51 系列单片机的 40 个引脚,由主电源引脚、时钟引脚、专用控制端口和 32 个 I/O 引脚组成。

51 单片机芯片内部由运算器、控制器、存储器、I/O 接口、定时器/计数器、串行口和中断系统等组成。运算器和部分控制器件概括地用 CPU 表示。

程序计数器 PC 中存放的内容:CPU 将要执行的下一条指令的地址,每读取指令的一个字节,PC 的内容自动加 1,故称为程序计数器。

2. 51 单片机的存储器

（1）基本概念

存储器是计算机的重要组成部分,用于存储计算机赖以运行的程序和计算机处理的对象——数据。

51 系列单片机的存储器有随机存取存储器 RAM 和只读存储器 ROM 两类。随机存取存储器 RAM 又称读写存储器,适宜存放原始数据、中间结果及最后的运算结果,因此又被称作数据存储器。只读存储器 ROM 在计算机运行时只能执行读操作,掉电后存放的数据不会丢失,适宜存放程序、常数、表格等,因此又称为程序存储器。

（2）程序存储器

常用的 AT89C51 单片机芯片内部有 4 KB 的程序存储器,程序存储器低端的一些地址被固定用作特定程序的入口地址。51 单片机中用程序计数器 PC 来引导程序的执行顺序,改变PC 的内容就可以改变程序执行的顺序。

（3）数据存储器

51 单片机片内 RAM 有 256 字节,分成 2 个区域,其中低 128 字节,00H～7FH 范围是实际可用的片内 RAM,片内 RAM 的高 128 字节,80H～FFH 范围称为特殊功能寄存器区或专用寄存器区（SFR）。

51 单片机片内 RAM 的低 128 字节分成工作寄存器区、位寻址区和数据缓冲区三部分。专用寄存器区中离散地布置了 18 个专用寄存器,共占用 21 个字节。除 21 个寄存器字节之外,SFR 的其余单元是不能访问和使用的。

SFR 中的程序状态字 PSW 主要起标志寄存器的作用,它的各位保存了许多程序执行后的状态信息,可供 CPU 硬件或软件查询使用。

51 单片机的堆栈设置在数据缓冲区中,具体位置没有固定,而是由堆栈指针寄存器 SP 指定。SP 中的内容就是堆栈指针指向的堆栈存储单元的地址。SP 的复位初值为 07H。所以,51 单片机默认的堆栈区从片内 RAM 的 08H 单元开始。

3. 51 单片机的最小系统

51 单片机的最小系统由单片机芯片、时钟电路和复位电路以及电源等组成。

51 单片机的时钟电路常采用内部振荡方式和外部振荡方式两种电路形式。内部振荡方式用于独立的单片机应用系统,外部振荡方式常用于多片单片机系统。

基本时序单位:晶振频率 f_{osc}、晶振周期 T_{osc}、时钟周期（T_t）或状态周期（S）、机器周期 T_{cy}。$1T_t = 2T_{osc}$,$1T_{cy} = 6T_t = 12 T_{osc}$。

一条指令的执行时间称为指令周期,指令周期的长短以机器周期为单位衡量。51 单片机指令系统,按指令的执行时间分类,有单周期指令、双周期指令和四周期指令 3 种。

4. 51 单片机的复位

复位使单片机从初始状态开始运行。在复位引脚 RST 输入宽度为 2 个机器周期以上的高电平,单片机就会执行复位操作,实用系统的复位高电平时间一般取 10～15 ms。上电复位在单片机系统每次通电时执行;手动复位在系统出现操作错误或程序运行出错时使用。

单片机冷启动后,片内 RAM 为随机值,而运行中的复位操作不改变片内 RAM 区中的内容。单片机的复位操作使程序计数器 PC=0000H,程序从 0000H 地址单元开始执行。SFR 中的 21 个特殊功能寄存器复位后的状态是确定的,从而保证单片机从初始状态开始运行。

5. 并行 I/O 的结构和功能

51 单片机有 4 个 8 位双向并行 IO 端口:P0、P1、P2 和 P3。每个端口都可以并行操作,其各条 I/O 线也可单独地使用,对相应地址单元执行读写指令,就实现了从相应端口的输入/输出操作。

4 个并行端口 P0、P1、P2 和 P3 还具有各自不同的结构特点和功能。其中:P1 口仅作通用输入输出接口使用,其工作有输出、输入和端口操作 3 种工作方式。

P0、P2 和 P3 口在作通用输入输出接口使用时,与 P1 口相同有 3 种工作方式。P3 口与 P1 口相比较增加了第二功能输入输出端;P0 口主要作地址数据分时复用总线;P2 口常用作高 8 位地址口。

学习本章以后,应达到以下教学要求:

(1)认识 51 单片机的引脚名称,了解其基本功能。

(2)了解 51 单片机芯片内部的逻辑结构。

(3)了解存储器的结构,熟悉数据存储器 RAM 和程序存储器 ROM 的结构。

(4)熟悉 51 单片机芯片内部程序存储器的配置。认识程序计数器 PC,初步了解程序计数器的功能。

(5)了解 4 个并行端口 P0、P1、P2 和 P3 的结构,熟悉并行 I/O 端口作通用输入输出接口使用时的 3 种工作方式,熟悉 P0、P1、P2 和 P3 口各自的特点。

(6)熟悉 51 单片机最小系统的组成;掌握常用的基本时序单位及其换算关系;熟悉特殊功能寄存器复位后的状态。

思考与练习题

2-1 简述 51 单片机各引脚的名称和作用,试根据其功能分类。

2-2 根据简化的结构框图,51 单片机内部包含哪些逻辑功能部件?

2-3 什么是 ALU? 简述 51 系列单片机 ALU 和布尔处理器的功能。

2-4 试画出 51 系列单片机程序存储器 ROM 的配置图,分析 ROM 的编址,讨论 EA 引脚的连接电平与访问 ROM 空间的关系。

2-5 51 单片机程序存储器低端的一些地址有专门的用途,被固定用作哪些程序的入口地址?

2-6 程序计数器的符号是什么?51 系列单片机的程序计数器有几位?其意义是什么?试总结程序计数器的作用。

2-7 试画出 51 系列单片机数据存储器 RAM 的配置图,分析 RAM 的编址特点,讨论访问片内片外 RAM 时如何区别?

2-8 51 系列单片机片内 RAM 有多少单元?分成几个区域?各区域占用哪些单元?有哪些用途?

2-9 仔细研究 51 系列单片机的位寻址区,试想如何区分位地址与字节地址?除位寻址区以外还有哪些单元可以位寻址?

2-10 51 系列单片机有哪些特殊功能寄存器?分成几大类?试分析各类寄存器的功能特点。

2-11 何谓程序状态字?它的符号是什么?它各位的含义是什么?为 1、为 0 各代表什么?

各在何种场合有用？

2-12　51 单片机的堆栈设在哪个区域？如何设定的？堆栈的容量有限制吗？

2-13　试结合 P0、P1、P2、P3 口一位的具体电路，分析 P0、P1、P2、P3 口作通用 I/O 口时的工作过程，分析 P0、P1、P2、P3 口各自功能的异同。

2-14　在什么情况下读回端口数据时，应读锁存器内容，而不宜读引脚电平？

2-15　某 STC89C52 单片机如采用 12 MHz 晶振，它的晶振频率和时钟周期、机器周期、指令周期各是什么值？

2-16　什么叫复位？51 单片机在什么条件下产生复位操作？有哪几种复位方法？系统复位的主要作用是什么？是如何实现的？

2-17　51 单片机复位后默认的当前工作寄存器组是哪个？它们的地址是什么？如何改变当前工作寄存器组？

第3章

MCS-51 单片机的指令系统

【本章要点】　本章首先介绍有关指令和程序的基本概念,并以此为基础说明 51 单片机汇编语言的特点和格式,接着介绍 51 单片机的 7 种寻址方式,这 7 种寻址方式用于说明指令操作数的访问过程和方法,然后重点讲解 51 单片机 6 大类共 111 条指令的格式,并通过大量的例题说明这些指令的使用方法,最后讲解 51 单片机的伪指令及完整的汇编程序。

【思政目标】　在讲解 MCS-51 单片机 111 条指令的格式时,强调编写的指令必须严格遵守指令的格式,从而引入法治意识。引导学生做人如同程序设计一样要遵守规矩,遵守法律,遵守法规,这样才能正常有序地生活和工作。

3.1　概　述

3.1.1　汇编语言指令

指令是能被计算机识别并执行的命令,计算机执行一条指令,就能够完成某一种操作。计算机要完成各种各样的复杂操作,就需要各种与之配套的指令,一种计算机所能执行的指令的集合就叫指令系统。指令系统由一组符号和一组规则来构成。根据规则,用符号或符号串可以写出指令。一般而言,51 单片机的指令系统指的是它的汇编语言指令系统。

51 单片机汇编语言指令的书写格式如下:

[标号:]＜操作码＞[操作数][;注释]

例如,一条数据传送指令:

MOV A,68H　　;将 68H 存储单元的内容送到累加器 A 中

其中:MOV 是操作码,A 和 68H 是操作数,分号后面的是注释。

1. 操作码

操作码是由助记符表示的字符串,它规定了指令的操作功能。操作码是指令的核心,不可或缺。

2. 操作数

操作数是指参加操作的数据或数据的地址。51 单片机的指令系统中指令的操作数可以是 0～3 个,不同功能的指令,其操作数的个数和作用有所不同。例如,传送类指令多数有两个操作数,紧跟在操作码后面的第一操作数常称为目的操作数,表示操作结果存放的地址;后面

的第二操作数称为源操作数,给出操作数或操作数的来源地址。

3. 标号

标号代表了其后面的指令的首地址。标号由 1～8 个字符组成,第一个字符必须是字母,其余字符可以是字母、数字或其他特定符号。标号放在操作码前面,与操作码之间必须用“:”隔开。标号起标记作用,在指令中是可选项,一般用在一段功能程序的第 1 条指令前面。

4. 注释

注释是为了便于阅读该条指令所做的说明,注释项是可选项。

5. 其他

由指令格式可见,操作码与操作数之间必须用空格分隔;操作数与操作数之间必须用“,”分开;注释与指令之间必须用“;”分开。操作码和操作数有对应的二进制代码,指令代码在程序存储器 ROM 中由若干字节组成。不同的指令字节数不一定相同,51 单片机的指令系统中有单字节、双字节和 3 字节指令。

3.1.2 指令系统的特点

51 单片机的指令系统具有简明、整齐和易于掌握的特点。MCS-51 指令系统有 111 条指令,按操作性质可以分成数据传送(29 条)、算术运算(24 条)、逻辑运算和循环操作(24 条)、程序转移(12 条)、调用与返回(5 条)和位操作(17 条)6 个大类。

51 单片机指令系统中的指令长度和指令周期都较短。单字节指令有 49 条,双字节指令有 46 条,最长的是三字节指令,只有 16 条;单机器周期指令 64 条,双机器周期指令 45 条,只有乘、除两条指令需要 4 个机器周期;在采用 12 MHz 晶振的情况下,执行时间分别是 1 微秒、2 微秒和 4 微秒,因此 51 单片机指令系统在存贮空间和执行时间方面具有较高的效率,编成的程序占用内存单元少,执行速度也很快。

51 单片机的硬件结构中设置了一个位处理器,在指令系统中安排了相应的位处理指令子集,使它能够充分满足位处理方面的需要,非常适合于实时控制方面的用途,这是 51 单片机的重要特色。

3.1.3 注释符号

在具体介绍指令系统前,我们先介绍一些特殊符号的意义,这些符号用于表示指令中的操作数或用于注释,对今后程序的阅读和编写也是必不可少的,具体如表 3-1-1 所示。

表 3-1-1　　　　　　指令及其注释中的符号的用法说明表

符号	说明
Rn	当前工作寄存器组中的任一寄存器 R0～R7(n=0～7)
Ri	当前工作寄存器组中的 R0 和 R1(i=0、1)
@	寄存器间接寻址或变址寻址符号
(Ri)	由 Ri 间接寻址指向的地址单元
((Ri))	由 Ri 间接寻址指向的地址单元中的内容
(XXH)	某片内 RAM 单元中的内容
direct	片内 RAM 单元(包括 SFR)的直接地址
#data	8 位数据
#data16	16 位数据
addr16	16 位地址
addr11	11 位地址

3.2 寻址方式

单片机的大部分指令在执行时都需要用到操作数。寻址就是寻找指令中的操作数所在的地址,而寻找的方法就叫寻址方式。51 单片机的指令系统有立即寻址、直接寻址、寄存器寻址、寄存器间接寻址、变址寻址、相对寻址和位寻址等七种寻址方式。

3.2.1 立即寻址

在指令中直接给出操作数的寻址方式叫作立即寻址。该操作数简称为立即数,可以立即参与指令所规定的操作。立即数以♯号开始,有 8 位和 16 位两种形式。

例:

```
MOV A, ♯20H          ; ♯20H→A
MOV DPTR, ♯1234H     ; ♯1234H→DPTR
MOV 55H, ♯56H        ; ♯56H→片内 RAM 55H 单元
```

3.2.2 直接寻址

指令中直接给出操作数所在地址的寻址方式称为直接寻址。直接寻址可以访问内部 RAM 的低 128 字节和特殊功能寄存器。

例:

```
MOV A, 20H           ; (20H)→A
MOV 55H, 56H         ; (56H)→片内 RAM 55H 单元
```

【例 3-1】 设(20H)=34H,比较指令 MOV A, 20H 与指令 MOV A, ♯20H 执行后的结果。

MOV A, 20H ;(20H)→A,即内部 RAM 20H 单元的内容♯34H 送入累加器 A。指令执行后 A=(20H)=34H,20H 是操作数的直接地址。

MOV A, ♯20H ;♯20H→A,指令执行后 A=20H,♯20H 是立即数。

3.2.3 寄存器寻址

在指令中利用寄存器给出操作数的寻址方式叫作寄存器寻址。可以用作寄存器寻址的寄存器包括:A、B、DPTR 等特殊功能寄存器和工作寄存器 R0～R7。

例如:

```
MOV R3, A            ; A→R3
INC R1               ; R1+1→R1
```

指令中给出的操作数是一个寄存器名称,寄存器中存放的内容才是被操作的对象。以指令 MOV A, R0 为例,设 R0=30H,则指令执行完毕后,累加器 A 的内容为 30H。

R0～R7 指的是当前工作寄存器组中的寄存器,默认的是 0 组。必要时,可以在这条指令前,通过 PSW 设定当前工作寄存器组。

分析指令 MOV 60H, A ;A→60H。由于 A 累加器的单元地址为 E0H,因此,这条指令又可以写成:MOV 60H, 0E0H。

对比两条指令的形式可知,采用寄存器寻址比较容易阅读理解,而且寄存器寻址指令字节

数较少,执行时间较短。因此,虽然特殊功能寄存器也有物理地址,但使用时,一般宜选择寄存器寻址指令,而不采用直接寻址指令。

3.2.4 寄存器间接寻址

在前面介绍的寄存器寻址方式中,寄存器中存放的是操作数,而在寄存器间接寻址方式中,寄存器中存放的则是操作数的地址,即操作数是通过寄存器指向的地址单元间接得到的,这便是寄存器间接寻址名称的由来。

例如指令:MOV A,@R0 ;((R0))→A

这条指令的意义是:将 R0 指向的地址单元中的内容送到累加器 A 中。假如 R0=56H,那么是将 56H 地址单元中的数据送到累加器 A 中。其过程如图 3-2-1 所示。第 1 步根据 R0 的内容确定操作数在内存中的地址 56H,第 2 步将 56H 的内容 22H 送至 A。

51 单片机中 R0、R1、DPTR、SP 是能够用作寄存器间接寻址的寄存器。

寄存器间接寻址指令不能用于寻址特殊功能寄存器区(SFR),Ri 间接寻址用于对片内 RAM 的寻址范围为 00H~7FH,共 128 字节。

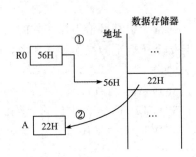

图 3-2-1 寄存器间接寻址示意图

DPTR 是 16 位的寄存器,所以用 DPTR 间接寻址的寻址范围可以覆盖 64K 空间。DPTR 和堆栈指针 SP 间接寻址的具体用法,将在后面详细介绍。

3.2.5 变址寻址

变址寻址是以数据指针 DPTR 或程序计数器 PC 作为基本地址寄存器,以累加器 A 的内容作为地址变量,将两寄存器的内容相加形成 16 位地址,即操作数的实际地址。变址寻址方式只能访问程序存储器 ROM,访问的范围为 64 KB。这种访问只能从 ROM 中读取数据而不能写入,因此变址寻址只有读指令,没有写指令。变址寻址方式多用于查表操作。

例如:
MOVC A,@A+ DPTR   ;((DPTR +A))→A
MOVC A,@A+PC   ;((PC+A))→A
JMP @A+DPTR   ;DPTR + A→PC

前两条是读程序存储器指令,后一条是无条件转移指令。

设 DPTR = 2000H,A = 10H。指令 MOVC A,@ A + DPTR 的执行过程如图 3-2-2 所示。第 1 步,DPTR 与 A 相加得到 2010H,第 2 步,定位程序存储器 2010H 单元,第 3 步,从程序存储器的 2010H 单元取出数据 F2H 送至 A。

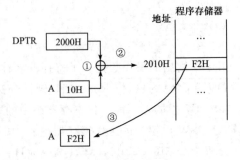

图 3-2-2 变址寻址示意图

3.2.6　相对寻址

相对寻址方式是为了程序的相对转移而设计的,用于访问程序存储器。其操作是以 PC 的当前值为基址,加上指令中给出的偏移量 rel 后形成实际的转移地址,从而实现程序的转移。一般将相对转移指令的首地址称为源地址,转移后的地址称为目的地址。转移的目的地址的计算,如下表达式:

目的地址 ＝ 源地址 ＋ 相对转移指令字节数 ＋ 偏移量 rel

偏移量 rel 的值为以补码表示的单字节有符号数,所以相对转移的地址值范围为 $-128\sim$ $+127$。这里所说的 PC 当前值是执行完相对转移指令后的 PC 值,也就是上述表达式前两项的和。

51 单片机中有两类相对转移指令,即双字节相对转移指令(如 SJMP rel,JC rel),又称为短转移指令;以及三字节相对转移指令(如 CJNE A, ♯0FFH, rel),又称为长转移指令。

设 PC＝2000H,执行指令 SJMP　20H 后,PC 内容的变化如图 3-2-3 所示。

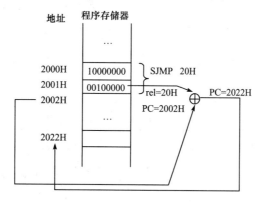

图 3-2-3　相对寻址示意图

3.2.7　位寻址

51 单片机有很强的位操作功能。为了便于位操作,给片内 RAM 20H～2FH 单元 16 个字节和 11 个专用寄存器的各位赋予了位地址,对位地址的寻址称为位寻址。

在位寻址指令中,位地址用 bit 表示,以区别字节地址 direct。但在指令码中,bit 用实际的物理地址代替后,系统区别它们的根据是位寻址指令的操作码,它和字节寻址指令是不同的。例如,指令"SETB bit"的功能就是把 bit 位地址的内容置 1。

在使用中,字节地址和位地址都是用十六进制数表示的,因此容易引起混淆,必须结合指令的具体形式做判断。例如:

MOV A, 20H　　　　　　　;(20H)→A
MOV C, 20H　　　　　　　;(20H)→C

在第一条指令中,由于目标寄存器是累加器 A,因此指令中的 20H 是字节地址 direct;第二条指令中由于目标寄存器是位累加器 C(PSW.7),因此其中的 20H 属于位地址 bit,是片内 RAM 的 24H 单元中的最低位 D_0。两条指令的含义和执行效果是完全不同的。

为了增强程序的可读性,单片机指令系统中对于位地址提供了多种表示方法,主要有以下四种:

（1）直接使用物理的位地址。例如：

MOV C，7EH　　　　　　　　；（7EH）→C

其中，7EH 为位地址的物理形式。假设（7EH）＝1，指令执行完毕后，CY＝1。

（2）采用第几字节单元第几位的表示法。例如，上面的 7EH 位地址实际上指的是 2FH 单元的第六位。因此上面的指令可以表示为：

MOV C，2FH.6　　　　　　　；（2FH.6）→C

（3）可以位寻址的特殊功能寄存器采用寄存器名加位数的命名法。例如，累加器 A 中的最高位可以表示为 ACC.7，把 ACC.7 位的值送到位累加器的指令是：

MOV C，ACC.7　　　　　　　；（ACC.7）→C

（4）除了上述三种形式外，还可以用 bit 伪指令定义位字符名称。

例如：使用伪指令：KEY bit P1.0，定义后所有的 P1.0 都可以用 KEY 代替。

3.2.8　寻址方式与寻址空间

表 3-2-1 给出了操作数的寻址方式及其寻址空间。其中立即寻址对应的是程序存储器 ROM，直接寻址对应的是片内 RAM 和特殊功能寄存器。寄存器寻址对应的是工作寄存器 R0～R7、A、B、DPTR，寄存器间接寻址对应的是片内 RAM 和片外 RAM，变址寻址和相对寻址对应的是程序存储器 ROM，位寻址对应的是片内 RAM 20H～2FH 字节单元和部分特殊功能寄存器。

表 3-2-1　　　　　　　　　　操作数的寻址方式及其寻址空间

寻址方式	寻址空间
立即寻址	程序存储器 ROM
直接寻址	片内 RAM 128B、特殊功能寄存器 SFR
寄存器寻址	工作寄存器 R0～R7、A、B、DPTR
寄存器间接寻址	片内 RAM 128B，片外 RAM
变址寻址	程序存储器 ROM（@A+PC，@A+DPTR）
相对寻址	程序存储器 ROM 256B（PC＋偏移量）
位寻址	片内 RAM 20H～2FH 字节单元、部分 SFR

3.3　数据传送类指令

数据传送类指令共有 29 条，是指令系统中数量多、使用非常频繁的指令。数据传送指令可以分成普通传送指令（MOV）和特殊传送指令（非 MOV）两大类。

3.3.1　普通传送指令

1. 以累加器 A 为目的操作数的指令

MOV A，Rn　　　　　　　　；工作寄存器 Rn（R0～R7）的内容→A

MOV A，direct　　　　　　　；直接地址 direct 中的内容（direct）→A

MOV A，@Ri　　　　　　　　；间接地址（Ri）中的内容（（Ri））→A

MOV A，♯data　　　　　　　；立即数♯data→A

【例 3-2】 已知 R0＝20H，（20H）＝12H，写出下面指令执行后的结果。

MOV A，20H	；(20H)→A，A=12H
MOV A，♯33H	；♯33H→A，A=33H
MOV A，R0	；R0→A，A=20H
MOV A，@R0	；((R0))→A 即(20H)→A，A=12H

2. 以寄存器 Rn 为目的操作数的指令

MOV Rn，A	；累加器 A 中内容→Rn
MOV Rn，direct	；直接地址 direct 中的内容→Rn
MOV Rn，♯data	；立即数♯data→Rn

【例 3-3】 已知 A=23H，R5=45H，(70H)=0CDH，写出下面指令执行后的结果。

MOV R5，A	；A→R5，R5=23H
MOV R5，70H	；(70H)→R5，R5=0CDH
MOV R5，♯1BH	；1BH→R5，R5=1BH

3. 以直接地址 direct 为目的操作数的指令

MOV direct，A	；A→direct
MOV direct，Rn	；Rn→direct
MOV direct，direct	；(源 direct)→目的 direct
MOV direct，@Ri	；((Ri))→direct
MOV direct，♯data	；♯data→direct

【例 3-4】 设 A=25H，(20H)=12H，(21H)=11H，R0=13H，(13H)=37H。执行下列程序段，分析每条指令的执行结果。

MOV 20H，♯10H	；♯10H→20H，(20H)=10H
MOV 21H，20H	；(20H)→21H，(21H)=12H
MOV 20H，A	：A→20H，(20H)=25H
MOV 21H，R0	；R0→21H，(21H)=13H
MOV 20H，@R0	；((R0))→20H，(20H)=37H

4. 以间接地址(Ri)为目的操作数的指令

MOV @Ri，A	；A→(Ri)
MOV @Ri，direct	；(direct)→(Ri)
MOV @Ri，♯data	；♯data→(Ri)

【例 3-5】 已知 R0=20，单片机依次执行下列指令后，分析累加器 A、寄存器 R1 以及 20H、21H 和 28H 地址单元中的内容。

MOV A，♯18H	；♯18H→A，A=18H
MOV R1，♯28H	；♯28H→R1，R1=28H
MOV @R0，♯38H	；♯38H→(R0)=20H，(20H)=38H
MOV 21H，♯48H	；♯48H→21H，(21H)=48H
MOV @R1，21H	；(21H)→(R1)=28H，(28H)=48H

5. 16 位数据传送指令

MOV DPTR，♯data16　　；dataH→DPH，dataL→DPL

指令执行的操作是将 16 位的立即数♯data 传送到 16 位寄存器 DPTR 中。其中高 8 位的数据 dataH 送入 DPH，低 8 位的数据 dataL 送入 DPL。

例如：

MOV DPTR，♯1000H　　；dataH→DPH，dataL→DPL
　　　　　　　　　　　　；DPH=10H，DPL=00H

　　MOV DPTR，♯2345H　　　　　　；DPH＝23H，DPL＝45H

3.3.2　特殊传送指令

　　特殊传送指令(共 13 条)有四种,它们分别是:访问片外 RAM 的指令(4 条)、访问 ROM 的指令(2 条)、数据交换指令(5 条)和堆栈操作指令(2 条)。

1.访问片外 RAM 的指令

　　在 51 单片机指令系统中,这 4 条指令操作单片机 CPU 对片外 RAM 或者片外 I/O 接口的访问。

　　MOVX A，@Ri　　　　　　；((Ri))→A,读操作

　　MOVX A，@DPTR　　　　　；((DPTR))→A,读操作

　　MOVX @Ri，A　　　　　　；A→(Ri),写操作

　　MOVX @DPTR，A　　　　　；A→(DPTR),写操作

　　上述四条指令中采用了两种指针对片外 RAM 进行间接寻址,8 位的工作寄存器 Ri 和 16 位的数据指针 DPTR,其中 Ri 寻址片外 RAM 00H～0FFH 单元共 256 B 范围,DPTR 寻址片外 RAM 的 0000H～0FFFFH 单元共 64 KB 范围。

　　【例 3-6】　将片外 RAM120 单元的内容传送到片外 120H 单元。

　　分析:首先分析执行过程。由于两个操作数所在的地址都是片外 RAM 的单元地址,片外 RAM 的单元之间没有直接传送数据的指令,因此必须首先将其中一个单元(120＝78H)的内容读入累加器 A 中,再通过 I/O 接口把数据写入另外一个单元(0120H),其过程如图 3-3-1 所示。

　　读写的程序段为:

　　MOV DPTR，♯0120H

　　MOV R0，♯78H

　　MOVX A，@R0　　　　　　；片外(78H)→A

　　MOVX @DPTR，A　　　　　；A→片外 0120H 单元

　　【例 3-7】　试编写程序,将片内 RAM120 单元的内容送到片外 RAM120H 单元。

　　分析:这是片内与片外两个 RAM 单元内容的操作,也需要通过 A 传递数据,其执行过程如图 3-3-2 所示。可以写出程序段为:

　　MOV DPTR，♯0120H

　　MOV A，78H

　　MOVX @DPTR，A

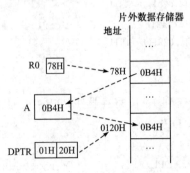

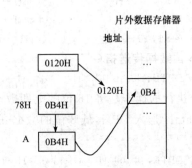

图 3-3-1　例 3-6 程序执行示意图　　　　　　图 3-3-2　例 3-7 程序执行示意图

2. 访问 ROM 的指令

MOVC A，@A＋PC　　　　　；先 PC＋1→PC，后((A＋PC))→A

MOVC A，@A＋DPTR　　　　；先 PC＋1→PC，后((A＋DPTR))→A

这两条指令也称为查表指令。编程时，预先在程序存储器 ROM 中建立起数据表格，以后程序运行时利用这两条指令进行查表。这两条指令都为单字节指令，不同的是，第一条指令的基址为程序计数器 PC 的当前值，偏移量为 A 中内容；而第二条指令中，16 位数据指针 DPTR 和累加器 A 既可以作基本地址也可以作偏移量寄存器，使用比较灵活。可以看出第一条指令查找范围为 256B，故称为近程查表；而第二条指令查找范围可达整个 ROM 的 64 KB，故称为远程查表。

3. 数据交换指令

XCH A，Rn　　　　　　　　；A 与 Rn 内容互换

XCH A，direct　　　　　　　；A 与 direct 内容互换

XCH A，@Ri　　　　　　　　；A 与 (Ri) 内容互换

XCHD A，@Ri　　　　　　　；$A_{3\sim0}$ 与 $(Ri)_{3\sim0}$ 内容互换

SWAP A　　　　　　　　　　；$A_{3\sim0}$ 与 $A_{7\sim4}$ 内容互换

上述五条指令中，进行的操作是累加器 A 与工作寄存器 Rn(Rn＝R0～R7)、直接地址 direct 和间接地址@Ri(Ri＝R0、R1)所寻址的单元内容，以及自身半字节的内容进行互换。其中，前三条为字节的交换，而后面两条进行的是半字节的交换，XCHD 完成低半字节的交换而高半字节不变，SWAP 完成累加器 A 低半字节与高半字节的交换。其中，累加器 A 与直接地址 direct 的内容互换指令为双字节指令，其余都为单字节指令。

【例 3-8】　初始时，A＝34H，(30H)＝11H。执行下列程序段后，分析其执行结果。

XCH A，30H　　　　　　　；A＝11H，(30H)＝34H

MOV R1，♯30H　　　　　；R1＝30H

XCH A，@R1　　　　　　　；A＝34H，(30H)＝11H

XCHD A，@R1　　　　　　；A＝31H，(30H)＝14H

【例 3-9】　设片内(20H)＝6AH，(50H)＝0CFH，要求完成片内 RAM20H 单元与 50H 单元的内容互换。

分析　由于参与字节交换的两个数据中，必须有一个在 A 中，而题目要求交换的两个数据分别在片内两个 RAM 单元，因此在交换之前必须要进行数据的移动，将其中一个操作数取到 A 中，另外一个操作数可以用 (Ri) 间址访问。在 A 与 (Ri) 的内容交换完毕后，再将 A 中的数据送至原来取数的 RAM 单元。

MOV A，20H　　　　　　　；A＝6AH

MOV R0，♯50H　　　　　；R0＝50H

XCH A，@R0　　　　　　　；A＝0CFH，(50H)＝6AH

MOV 20H，A　　　　　　　；(20H)＝0CFH

4. 堆栈操作指令

PUSH direct　　　　　　　；先 SP＋1→SP，后(direct)→(SP)

POP direct　　　　　　　　；先((SP))→direct，后 SP－1→SP

上述两条指令中，PUSH 为入栈指令，POP 为出栈指令，用于保护和恢复现场。它们都是双字节指令，且都不影响标志位。

入栈操作时，栈指针 SP 首先上移一个单元，指向栈顶的上一个单元，接着将直接地址 direct 单元内容压入当前 SP 指向的单元中。出栈操作时,首先将栈指针 SP 所指向的单元的内容弹出到直接地址 direct 中,然后 SP 下移一个单元,指向新的栈顶。

　　需要说明:①堆栈指令仅用于片内 RAM128B 或专用寄存器的操作;②堆栈操作必须遵循"先进后出"或者"后进先出"的原则,否则堆栈中的数据会出现混乱。在执行调子和中断程序时,由其他指令进行的入栈和出栈操作,后面会详细讲解。

　　【例 3-10】　分析下列程序段的操作过程和结果。

```
MOV SP, #18H        ; SP=18H
MOV A, #30H         ; A=30H
MOV DPTR, #1000H    ; DPH=10H, DPL=00H
PUSH A              ; SP+1→SP=19H,(19H)=30H
PUSH DPH            ; SP+1→SP=1AH,(1AH)=10H
PUSH DPL            ; SP+1→SP=1BH,(1BH)=00H
...
POP DPL             ; ((SP))→DPL, DPL=00H, SP-1→SP=1AH
POP DPH             ; ((SP))→DPH, DPH=10H, SP-1→SP=19H
POP A               ; ((SP))→A, A=30H, SP-1→SP=18H
```

本程序的作用是保护 A 和 DPTR,一定要注意顺序:后进先出。

　　【例 3-11】　分析下列程序段的操作过程和结果。

```
MOV  SP, #18H       ; SP=18H
MOV  30H, #40H      ;(30H)=40H
MOV  40H, #50H      ;(40H)=50H
PUSH  30H           ;SP+1→SP=19H,(19H)=40H
PUSH  40H           ;SP+1→SP=20H,(20H)=50H…
POP  30H            ;((SP))→30H,(30H)=50H,SP-1→SP=19H
POP  40H            ;((SP))→40H,(40H)=40H,SP-1→SP=18H
```

通过分析可以发现程序执行后 30H、40H 这两个单元的内容进行了交换。

3.4　算术运算类指令

　　算术运算类指令共有 24 条,包括执行加、减、乘、除法四则运算的指令和执行加 1、减 1 以及 BCD 码的运算和调整的指令。51 单片机的算术逻辑单元 ALU 不仅能对 8 位无符号整数进行运算,而且利用进位标志 C,可进行多字节无符号整数的运算。同时利用溢出标志 OV 还可以对带符号数进行补码运算。需要指出的是,除加 1、减 1 指令外,这类指令大多数都对程序状态字 PSW 有影响,在使用中应该注意。

3.4.1　普通四则运算指令

1. 加法指令

```
ADD A, Rn           ; A+Rn→A
ADD A, direct       ; A+(direct)→A
ADD A, @Ri          ; A+((Ri))→A
ADD A, #data        ; A+#data→A
```

上述四条指令分别执行的操作是：将工作寄存器 Rn(R0～R7)内容、直接地址 direct 内容、间接地址@Ri(Ri＝R0、R1)的内容以及立即数♯data，与累加器 A 的内容相加，和送到累加器 A。

要注意的是，上述指令的执行将影响标志位 AC、CY、OV、P。当和的第 3 位或第 7 位有进位时，分别将 AC、CY 标志位置 1，否则为 0。溢出标志位只有带符号数运算时才有用。OV＝1 也可以理解为：由于进位破坏了符号位的正确性。

【例 3-12】　若 A＝78H,R0＝47H。执行 ADD A，R0 后，结果及各标志位等于多少？

$$A = 0111\ 1000$$
$$+\quad R0 = 0100\ 0111$$
$$0\ 1011\ 1111$$

执行指令后，所得和为 0BFH，标志位 CY＝0,AC＝0,P＝1。由于 C7＝0,C6＝1,因此 OV＝C7⊕C6＝1,表示存在溢出现象。还有一种方法也可以判断是否溢出，比较被加数、加数、和三者的符号关系，可见 2 个正数相加结果为负，显然存在溢出现象。

2. 带进位加指令

```
ADDC A, Rn              ;A＋Rn＋CY→A
ADDC A, direct          ;A＋(direct)＋CY→A
ADDC A, @Ri             ;A＋((Ri))＋CY→A
ADDC A, ♯data           ;A＋♯data＋CY→A
```

这组指令完成的功能是将工作寄存器 Rn 内容、直接地址 direct 内容、间接地址@Ri 的内容以及立即数♯data,连同进位标志位 CY,与累加器 A 的内容相加，和送入累加器 A。其他的功能与 ADD 指令相同。

【例 3-13】　编程，将 31H 和 30H 中的数与(41H)、(40H)相加，相加和保存在 31H、30H 中。假设相加和不超过 16 位。

分析　这是一道两个字节的加法题，其中(31H)、(41H)为高字节，(30H)、(40H)为低字节，首先应进行低字节的相加，然后再进行高字节的相加。由于低字节相加过程中可能产生进位，因此高字节的相加应采用 ADDC 指令。

```
MOV A, 30H
ADD A, 40H
MOV 30H, A
MOV A, 31H
ADDC A, 41H              ;可能有进位
MOV 31H, A
```

3. 带借位减法指令

```
SUBB A, Rn              ;A－CY－Rn→A
SUBB A, direct          ;A－CY－(direct)→A
SUBB A, @Ri             ;A－CY－((Ri))→A
SUBB A, ♯data           ;A－CY－♯data→A
```

51 单片机指令系统中没有不带借位的减法指令，因此在多字节减法运算中，低字节运算用"SUBB"指令相减之前，应先使用"CLR C"指令将 CY 清零。而高字节减法运算时，由于低字节相减可能产生借位，可以直接使用"SUBB"指令。

此外，标志位的判断与加法运算类似。加法运算是判断进位，而减法运算是判断借位。

【例 3-14】 编程,将 31H、30H 中的数与(41H)、(40H)相减,差保存在 31H、30H 中。

分析 这是道两个字节的减法操作,其中(31)、(41H)为高字节,(30H)、(40H)为低字节。因此,首先应进行低字节的相减,然后再进行高字节的相减。要注意的是,相减之前,应使用"CLR C"指令将 CY 清零。

```
CLR C
MOV A, 30H
SUBB A, 40H
MOV 30H, A
MOV A, 31H
SUBB A, 41 H
MOV 31H, A
```

4. 乘法指令

MUL AB   ; $A \times B \rightarrow B_{15\sim 8}\ A_{7\sim 0}$

这条指令为单字节 4 机器周期指令,其功能是把累加器 A 和寄存器 B 中的两个 8 位的无符号数相乘,所得 16 位乘积的低字节放在 A 中,高字节放在 B 中。若乘积大于 255(0FFH),则置 OV 为 1,否则清零。CY 总是被清零。

【例 3-15】 A=45H,B=12H。执行指令" MUL AB"后,分析其结果和标志位。

解 指令执行结果为:B=04H,A=0DAH,乘积结果为 04DAH。标志位 C=0,OV=1。

5. 除法指令

DIV AB   ; $A \div B$,商$\rightarrow$A,余数$\rightarrow$B

这条指令也是单字节 4 机器周期指令,其功能是无符号数相除。累加器 A 中为被除数,寄存器 B 中为除数,所得商放在 A 中,余数放在 B 中。指令执行完毕后,标志位 CY 和 OV 总是被清零。当除数 B=00H 时,结果无法确定,故 OV=1。

【例 3-16】 设 A=87H,B=0CH。执行指令 DIV AB,说明指令的结果。

说明 指令执行结果为:A=0BH,B=03H。标志位 OV=0,CY=0,P=1。

3.4.2 特殊运算指令

除普通算数运算指令外,还有三种特殊运算指令(共 10 条),它们分别是加 1 指令(5 条)、减 1 指令(4 条)和十进制调整指令(1 条)。

1. 加 1 指令

```
INC A                        ; A+1→A
INC Rn                       ; Rn+1→Rn
INC direct                   ; (direct)+1→direct
INC @Ri                      ; ((Ri))+1→(Ri)
INC DPTR                     ; DPTR+1→DPTR
```

上述五条指令执行的操作都是将操作数所指定的单元内容加 1,其操作不影响标志位。

在 INC direct 这条指令中,如果直接地址是 P0~P3,其操作是先读入 I/O 锁存器的内容,然后在 CPU 中加 1,再输出到 I/O 上,属于"读-修改-写"操作。

【例 3-17】 若 R1=30H,(30H)=11H,分析执行下面指令后的结果。

```
INC @R1                      ; (30H)=12H
INC R1                       ; R1=31H
```

【例 3-18】 设 A=0FFH,CY=0。比较"INC A"和"ADD A,♯01H",分析两条指令运行后的结果。

解 两条指令运行后 A=00H,但是标志位不同。由于前者不影响标志位,因此 CY=0;而后者影响标志位,因此 CY=1。

2.减 1 指令

DEC A	;A-1→A
DEC Rn	;Rn-1→Rn
DEC direct	;(direct)-1→direct
DEC @Ri	;((Ri))-1→(Ri)

上述四条指令除了第三条为双字节指令外,其他均为单字节指令。它们执行的操作都是将操作数所指定的单元内容减 1,其操作不影响标志位。

【例 3-19】 若 R0=30H,(30H)=11H。分析执行下面指令后的结果。

DEC @R0	;(30H)=10H
DEC R0	;R0 = 2FH

【例 3-20】 设 A=00H,CY=0。请比较"DEC A"和" SUBB A,♯01H",分析两条指令运行后的结果。

解 两条指令运行后 A=0FFH,但是标志位不同。由于前者不影响标志位,因此 CY=0;而后者影响标志位,因此 CY=1。

3.十进制调整指令

DA A	;若 AC=1 或 $A_{3\sim0}$>9,则 A+06H→A
	;若 CY=1 或 $A_{7\sim4}$>9,则 A+60H→A

这条指令的功能是将执行 BCD 码加法运算后存于累加器 A 中的结果进行调整和修正。实际应用中,总是在 BCD 加法指令后面紧跟一条"DA A"指令以保证结果的正确性。在执行"DA A"指令之后,若 CY=1,则表示相加后的和已等于或大于十进制数 100。

3.4.3 传送指令和算术运算指令的综合应用

传送类指令和算术运算类指令是整个指令系统中使用广泛而频繁的两类指令,涉及累加器、寄存器、直接地址、间接地址等操作数之间的数据传递和处理,接下来通过一个例子来分析这两类指令的综合应用。

【例 3-21】 编程实现多字节 BCD 码的加法:123456+789011= 912467。

分析 程序要求完成的是三字节 BCD 码的加法运算。方法是首先进行低字节内容的相加、调整,然后再进行次高字节的相加、调整,最后进行高字节的相加调整,其流程图如图 3-4-1 所示。

程序如下:

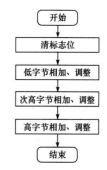

图 3-4-1 多字节加法程序流程图

CLR C	;进位标志位清零
MOV A,♯56H	;取低字节
ADD A,♯11H	;相加调整
DA A	
MOV R0,A	;保存低字节和到 R0
MOV A,♯34H	;取次高字节

```
ADDC A,＃90H                    ;相加调整
DA   A
MOV R1,A                        ;保存次高字节和到 R1
MOV A,＃12H                     ;取高字节
ADDC A,＃78H                    ;相加调整
DA   A
MOV R2,A                        ;保存高字节和到 R2
```

3.5　逻辑运算和循环移位类指令

逻辑运算和循环移位类指令共有 24 条,有与、或、异或、求反、左右移位、清 0 等逻辑操作。这类指令一般会影响奇偶标志位 P,有的循环移位指令还会影响 CY。这部分指令分成基本逻辑运算指令(包括与、或、异或)和累加器的操作指令(取反、清零、循环)两组。另外空操作指令 NOP 也会在本节附加讲解。

3.5.1　基本逻辑运算指令

1.与运算指令

(1)以 A 为目的操作数(4 条)

```
ANL   A, Rn                     ;A∧Rn→A
ANL   A, direct                 ;A∧(direct)→A
ANL   A, @Ri                    ;A∧((Ri))→A
ANL   A, ＃data                 ;A∧＃data→A
```

(2)以 direct 为目的操作数(2 条)

```
ANL   direct, A                 ;(direct)∧A→direct
ANL   direct, ＃data            ;(direct)∧＃data→direct
```

这组指令是将累加器 A 或直接地址 direct 作为目的操作数,与所指定的源操作数进行逻辑"与"运算,结果存放在目的操作数地址中。若直接地址是 I/O 端口,则要执行"读-修改-写"操作。逻辑与指令常用于修改某些工作寄存器、片内 RAM 单元、直接地址单元或累加器 A 本身的内容。修改的方法是:用 1 使被修改数的相应位保持不变;用 0 使被修改数的相应位清零。

【例 3-22】　清除累加器 A 的高四位,20H 的低四位,其余部分不变。

```
ANL   A,＃0FH
ANL   20H,＃0F0H
```

【例 3-23】　保留累加器 A 的 D5、D4、D3 这三位,其余 5 位清零。

```
ANL   A,＃00111000B
```

2.或运算指令

(1)以 A 为目的操作数(4 条)

```
ORL   A, Rn                     ;A∨Rn→A
ORL   A, direct                 ;A∨(direct)→A
ORL   A, @Ri                    ;A∨((Ri))→A
ORL   A, ＃data                 ;A∨＃data→A
```

(2)以 direct 为目的操作数(2 条)

ORL direct，A　　　　　　　　　；(direct)∨A→direct

ORL direct，♯data　　　　　　　；(direct)∨♯data→direct

这组指令是将累加器 A 或直接地址 direct 作为目的操作数，与所指定的源操作数进行逻辑"或"运算，结果存放在目的操作数地址中。若直接地址是 I/O 端口，则要执行"读－修改－写"操作。逻辑或指令也常用于修改某些工作寄存器、片内 RAM 单元、直接地址单元或累加器 A 本身的内容。修改的方法是：用 0 使被修改数的相应位保持不变；用 1 使被修改数的相应位置 1。

【例 3-24】　　若 A=12H，R0=71H，(71H)=55H，写出下列指令的执行结果。

(1)ORL　A，R0　　　　　　　　；A=73H

(2)ORL　A，@R0　　　　　　　 ；A=57H

【例 3-25】　　若 DPTR=7FFFH，分析以下指令的功能。

MOVX　A，@DPTR

ORL　A，♯0F0H

可知，第一条指令的功能是读入片外数据存储器的数据，第 2 条指令的功能是使数据高 4 位置 1，低 4 位保持不变。

3. 异或运算指令

(1)以 A 为目的操作数(4 条)

XRL　A，Rn　　　　　　　　　 ；A⊕Rn→A

XRL　A，direct　　　　　　　　；A⊕(direct)→A

XRL　A，@Ri　　　　　　　　　；A⊕((Ri))→A

XRL　A，♯data　　　　　　　　；A⊕♯data→A

(2)以 direct 为目的操作数(2 条)

XRL　direct，A　　　　　　　　；(direct)⊕A→direct

XRL　direct，♯data　　　　　　；(direct)⊕♯data→direct

这组指令将累加器 A 或直接地址 direct 作为目的操作数，与所指定的源操作数进行逻辑"异或"运算，结果存放在目的操作数地址中。若直接地址是 I/O 端口，则为"读－修改－写"操作。异或指令也常用于修改某些工作寄存器、片内 RAM 单元、直接地址单元或累加器 A 本身的内容。修改的方法是：用 0 使被修改数的相应位保持不变；用 1 使被修改数的相应位取反。

【例 3-26】　　若 A=11111111B，将 A 中的第 0、4、5 位取反，其他位不变。

XRL　A，♯00110001B

3.5.2　累加器的操作指令

累加器的操作指令共有 6 条，包括：清零指令、取反指令、左右循环移位指令。这部分所有的指令都是单字节指令。

(1)清零指令

CLR　A

其功能是把累加器 A 的内容清零。

(2)取反指令

CPL　A

其功能是把累加器 A 的内容按位取反。

（3）左循环移位指令

RL　A

其功能是把累加器 A 中的内容向左循环移一位。

（4）带 C 左循环移位指令

RLC　A

其功能是把累加器 A 中的内容带进位标志位 C 向左循环移一位，移位前 CY 排在最高位 A_7 的左边，移位后 CY 变为最低位 A_0。

（5）右循环移位指令

RR　A

其功能是把累加器 A 的内容向右循环移一位。

（6）带 C 右循环移位指令

RRC　A

其功能是把累加器 A 中的内容带进位标志位 C 向右循环移一位，移位前 CY 排在最高位 A_7 的左边，移位后 CY 变为最高位 A_7。

＊注意循环移位指令每执行一次只能左移或右移一位

【例 3-27】　设 A=5BH，CY=1。分析执行下列指令后，累加器 A 内容和标志位的变化。

（1）CPL　A　　　（2）CLR　A　　　（3）RL　A

（4）RR　A　　　（5）RLC　A　　　（6）RRC　A

解　在执行指令前，可知奇偶标志位 P 为 1。

（1）为累加器取反。原来的 A=01011011B，按位取反后 A=10100100B。标志位 CY 和 P 都不变。

（2）为累加器的清零。执行后 A=00H，标志位 CY 不变，而奇偶位 P 变为 0。

（3）为累加器的循环左移。执行后 A=10110110B=0B6H。标志位 CY 和 P 都不变。

（4）为累加器的循环右移。执行后 A=10101101B=0ADH。标志位 CY 和 P 都不变。

（5）为累加器的带进位循环左移。执行后 A=10110111B=0B7H。标志位 CY 为 0，P 也为 0。

（6）为累加器的带进位循环右移。执行后 A=10101101B=0ADH。标志位 CY 和 P 不变，仍然为 1。

3.5.3　空操作指令

NOP　　　　　　　　　　　　；PC+1→PC

这条指令除了使 PC 加 1，消耗一个机器周期外，没有执行任何操作。可用于短时间的延时或抗干扰程序设计。

3.6　程序转移类指令

程序转移类指令可以改变程序计数器 PC 的内容，从而改变程序运行的次序，将程序跳转到某个指定的地址，再执行下去。

程序转移类指令共有 12 条，分为无条件转移指令和条件转移指令两个小类。所有这些指令的目标地址都是在 64 KB 的程序存储器地址范围内，且所有指令的执行时间都是 2 个机器周期。

3.6.1　无条件转移类指令

这部分的指令共有 4 条,包含有长转移指令、短转移指令、相对转移指令和相对长转移指令,各只有一条指令。它们完成的操作都是当程序执行到该指令时,程序根据指令所提供的相关信息无条件转移到目标地址处。

1. 长转移指令

LJMP　addr16　　　　　　　　;先 PC+3→PC,后 addr16→PC

这条指令为三字节指令,使程序可以在 64 KB 地址范围内无条件转移。具体操作是将指令中给出的 16 位地址作为目标地址送入 PC,使 PC 直接转向目标地址,从而实现跳转。为了增强程序的可读性,指令中的 addr16 常采用符号地址来表示。例如 main、star 等。

2. 短转移指令

AJMP　addr11　　　　　　　　;先 PC+2→PC,后 addr11→$PC_{10\sim0}$,$PC_{15\sim11}$ 不变

这条指令为二字节指令,修改 11 位地址,可以在 PC 当前值所指的 2 KB 地址范围内转移,也称为绝对转移指令。

在执行短转移指令时,分两个步骤完成:第一步是取指令操作,程序计数器 PC 值加 2;第二步是把 PC 加 2 后的高 5 位地址 $PC_{15}\sim PC_{11}$ 和指令码中的低 11 位地址构成目标转移地址,即:$PC_{15}\sim PC_{11}$、A_{10}、A_9、A_8、A_7、A_6、A_5、A_4、A_3、A_2、A_1、A_0。

应当注意的是,AJMP 指令的目标转移地址不是和 AJMP 指令地址在同一个 2 KB 区域,而是和 AJMP 指令取出后的 PC 地址(PC+2)在同一个 2 KB 区域。例如,若 AJMP 指令的地址为 1FEH,则 PC+2=2000H,因此目标转移地址必为 2000H~27FFH 这个 2 KB 区域。同样为了增强程序的可读性,指令中的 addr11 常采用符号地址来表示。例如 main、star 等。

3. 相对转移指令

SJMP　rel；先 PC+2→PC, 后 PC+rel→PC

这条指令为二字节指令。指令中的 rel 为带符号的相对偏移量,其范围为 -128～+127,负数表示反向转移,正数表示正向转移。这条指令执行时,程序计数器 PC 首先加 2,然后在当前的 PC 值的基础上再结合指令中给出的相对偏移量进行跳转。

这条指令的优点是,指令中给出的是相对转移地址,不具体指出地址值。这样一来,当程序发生变化时,只要相对地址不发生变化,该指令就不需要做任何改动。编写程序时,通常在 rel 位置上直接以符号地址的形式给出转移的目的地址,而由汇编程序在汇编过程中自动计算和填入偏移量。

【例 3-28】　分析指令"SJMP　＄"的执行结果。

解　符号"＄"一般是指"本指令所在的首地址",也就是指令执行前的 PC 值。因此指令"SJMP　＄"的执行结果是:执行该指令后,程序仍将转移到此指令处继续执行,单片机进入等待状态,直到有中断产生为止。这条指令也称为踏步指令或动态停机指令。

4. 相对长转移指令

JMP　@A+ DPTR　　　　　　;A+DPTR→PC

这条指令又被称为散转指令。它一般以 DPTR 的内容为基址,以累加器 A 的内容为相对偏移量,在 64 KB 地址范围内无条件转移。指令执行过程对 DPTR、A 和标志位均无影响。这条指令的特点是转移地址可以在程序运行中加以改变。

3.6.2 条件转移类指令

这部分的指令包含 8 条指令,其中累加器内容判零转移指令 2 条、循环转移指令 2 条、两操作数比较不相等转移指令 4 条。

1. 累加器内容判零转移指令

JZ   rel   ;先 PC+2→PC,若 A=0,则转移,PC+rel→PC
                                            ;若 A≠0,则顺序执行

JNZ rel   ;先 PC+2→PC,若 A≠0,则转移 PC+rel→PC
                                            ;若 A=0,则顺序执行

上述两条指令是将累加器 A 的内容作为条件判断是否跳转。指令"JZ rel"判断当 A=0 时,程序计数器 PC 按指令中给出的相对地址转向新的目标地址(PC+2+相对地址 rel),否则顺序执行下一条指令。指令"JNZ"判断当 A≠0 时,程序计数器 PC 按同样的方法转移,即根据 PC+2+相对地址 rel 计算出新的目标地址,并转向该地址,否则顺序执行下条指令。

2. 循环转移指令

DJNZ   Rn, rel   ;先 PC+2→PC,Rn−1→Rn
                                            ;若 Rn≠0,则转移,PC+rel→PC
                                            ;若 Rn=0,则顺序执行

DJNZ   direct, rel   ;先 PC+3→PC,(direct)−1→direct
                                            ;若(direct)≠0,则转移,PC+rel→PC
                                            ;若(direct)=0,则顺序执行

上述两条指令用于循环程序中,它们完成的任务是将寄存器 Rn 或直接地址 direct 的内容作为条件,判断是否继续循环。其中指令"DJNZ Rn, rel"为二字节指令,指令"DJNZ direct, rel"为三字节指令。

3. 两操作数比较不相等转移指令

CJNE   A, direct, rel   ;PC+3→PC
                                            ;若 A≠(direct),则转移 PC+rel→PC
                                            ;否则顺序执行

CJNE   A, #data, rel   ;PC+3→PC
                                            ;若 A≠#data,则转移 PC+rel→PC
                                            ;否则顺序执行

CJNE   Rn, #data, rel   ;PC+3→PC
                                            ;若 Rn≠#data,则转移 PC+rel→PC
                                            ;否则顺序执行

CJNE   @Ri, #data, rel   ;PC+3→PC
                                            ;若((Ri))≠#data,则转移 PC+rel→PC
                                            ;否则顺序执行

上述四条指令都是三字节指令,它们完成的操作是将指令中的第一操作数和第二操作数进行比较,若它们的值不相等,则转移,转移的目标地址为 PC+3+rel,否则程序顺序执行。若第一操作数大于或等于第二操作数,则影响标志位 C=0;若第一操作数小于第二操作数,则 C=1。利用对 C 的判断,使用这几条指令不仅可以实现两操作数相等与否的判断,还可进行两数大小的比较。

【例 3-29】 已知内部 RAM 中数据块(起始地址为 DATA1)以 0 作为结束标志,试编写程序将 DATA1 传送到以 DATA2 为起始地址的内部 RAM 区中。

```
        MOV   R0,#DATA1        ;数据块 DATA1 起始地址送 R0
        MOV   R1,#DATA2        ;数据块 DATA2 起始地址送 R1
L0:MOV   A,@R0                 ;取 DATA1 数送 A
    JZ   L1                    ;若为 0,则转到 L1
        MOV   @R1,A            ;若不为 0,则数据送到 DATA2
        INC   R0               ;修改 DATA1 地址指针
        INC   R1               ;修改 DATA2 地址指针
        SJMP  L0               ;循环
L1:SJMP   $
        END
```

【例 3-30】 设计一个延时程序,延时时间为 1ms。

```
        MOV   R0,#0AH          ;外循环次数为 10,机器周期数为 1
L0:MOV   R1,#18H              ;内循环次数为 24,机器周期数为 1
L1:NOP                        ;机器周期数为 1
    NOP
    DJNZ   R1,L1              ;内循环,指令执行机器周期数为 2
    DJNZ   R0,L0              ;外循环,指令执行机器周期数为 2
    RET                       ;返回,机器周期数为 2
```

分析　这是利用循环指令编制的延时程序,其中要用到每条指令执行的机器周期数。我们可计算出这个程序段耗用的时间为:

$$1+[1+(1+1+2)\times24+2]\times10+2=993 \text{ 个机器周期}$$

其中,小括号内为内循环耗用的机器周期数,方括号内为外循环耗用的机器周期数。设当前采用 12 MHz 的晶振,这样 1 个机器周期数为 1 μs,因此程序段耗用的时间为 993 μs,加上本子程序的调用与返回时间,总时间约为 1 ms。读者可以自行画出程序流程图分析以上程序。

3.7　子程序调用和返回指令

在计算机的程序中,有些程序段需要反复使用,这样的程序段可以设计为子程序,采用子程序结构可以简化源程序、节约程序存储空间、增加程序的易读性和可维护性。许多单片机实用程序已经形成模块化的子程序,使用非常方便。

3.7.1　子程序的概念

1. 主程序与子程序的关系

在程序的执行过程中,当需要执行子程序时,可以在主程序中设置调用子程序的指令,控制程序的执行次序从主程序转入子程序;而当子程序执行完毕后,可以利用返回主程序的指令,使程序重新返回主程序发出子程序调用命令的地方,继续顺序执行,如图 3-7-1 所示。

在子程序的调用与返回过程中,从主程序转向子程序的指令称为调子指令。为了正确调用子程序,必须在调子指令中给出子程序的入口地址。子程序的入口地址为子程序第一条指令的首地址。

2. 断点

主程序中调子指令的下一条指令的首地址称为断点。断点是子程序返回主程序的返回地址。从子程序返回主程序的指令称为返回指令,为了在执行返回指令时能够正确地返回主程序,调子指令应具有保护断点的功能。

3. 现场

主程序和子程序中都经常要操作寄存器、累加器或直接地址,所谓现场指的就是这些存储单元的内容。保护现场就是要在子程序操作之前保护这些内容;恢复现场就是要在返回主程序之前恢复这些存储单元的原始内容。保护现场使用入栈指令 PUSH;恢复现场使用出栈指令 POP。入栈和出栈指令按"后进先出"的原则进出栈;保护现场和恢复现场最好是在子程序中进行,这样子程序会显得更完整。

图 3-7-1　主程序与子程序的关系

4. 子程序的嵌套

汇编语言中子程序的嵌套只要堆栈空间允许,一般不受嵌套层次限制。嵌套子程序设计中,应注意寄存器、累加器或直接地址内容的保护和恢复,避免各层子程序之间寄存器冲突。一个三级嵌套子程序的调用和返回如图 3-7-2 所示。

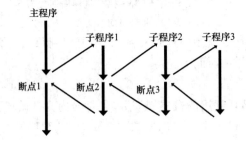

图 3-7-2　三级嵌套子程序的调用和返回示意图

3.7.2　调子指令和返回指令

这部分包含 4 条指令,用于调子与返回。其中调子指令 2 条(LCALL、ACALL)、返回指令 2 条(RET、RETI)。

1. 长调子指令

LCALL　addr16　　　　; $PC+3\rightarrow PC$,指向下条指令的地址(断点地址)

　　　　　　　　　　　; $SP+1\rightarrow SP$

　　　　　　　　　　　; $PC_{7\sim0}\rightarrow(SP)$断点地址低 8 位压入堆栈

　　　　　　　　　　　; $SP+1\rightarrow SP$

　　　　　　　　　　　; $PC_{15\sim8}\rightarrow(SP)$断点地址高 8 位压入堆栈

　　　　　　　　　　　; $addr_{15\sim0}\rightarrow PC$,16 位子程序入口地址装入 PC 中

这是一条三字节的指令,该指令可实现在 64 KB 空间调用子程序。

2. 短调子指令

ACALL　addr11　　　　; $PC+2\rightarrow PC$

　　　　　　　　　　　; $SP+1\rightarrow SP$

　　　　　　　　　　　; $PC_{7\sim0}\rightarrow(SP)$

$$; SP+1 \to SP$$
$$; PC_{15\sim8} \to (SP)$$
$$; addr_{10\sim0} \to PC_{10\sim0}$$

这是一条二字节的指令。与短转移指令非常类似的是,指令的操作数部分提供了子程序的低 11 位入口地址,其中 $a_7 \sim a_0$ 在第二字节,$a_{10} \sim a_8$ 则占据第一字节的高 3 位,而操作码则占据第一字节的低 5 位。短调子指令也称绝对调用指令,其功能是先将 PC 加 2,指向下条指令的地址(断点的地址),然后将该断点地址压入堆栈,再把指令中的子程序低 11 位入口地址装入 PC 的低 11 位中,PC 的高 5 位保持不变,以便程序能转到子程序的入口处。该指令可实现在 2 KB 空间调用子程序。

3. 返回指令(2 条)

RET	$; (SP) \to PC_{15\sim8}$
	$; SP-1 \to SP$
	$; (SP) \to PC_{7\sim0}$
	$; SP-1 \to SP$
RETI	$; (SP) \to PC_{15\sim8}$
	$; SP-1 \to SP$
	$; (SP) \to PC_{7\sim0}$
	$; SP-1 \to SP$

以上两条指令都是返回指令,其存储长度均为单字节。其中 RET 是子程序返回指令,而 RETI 为中断返回指令,专用于中断服务程序的返回。

具体来说,RET 要求放在子程序的末尾,其功能是从堆栈中自动取出断点地址送入程序计数器 PC,使程序返回到主程序断点处继续往下执行。RETI 放在中断服务子程序的末尾,其功能也是从堆栈中自动取出断点地址送入程序计数器 PC,使程序返回到主程序断点处继续往下执行。此外,它还可以清除中断响应时被置位的优先级状态触发器,以通知 CPU 中断系统已经结束中断服务程序的执行,恢复中断逻辑以便接受新的中断请求。

【例 3-31】　已知 SP=25H,PC=2345H,24H=12H,25H=34H,26H=56H。问执行"RET"指令后,SP=? PC=?

解　由 RET 指令的操作方法,可知指令的执行过程实际是两次出栈的过程。堆栈中低地址的内容弹出到 $PC_{7\sim0}$,高地址的内容到 $PC_{15\sim8}$。弹出过程遵循"先进后出"或"后进先出"的原则。此过程中堆栈指针 SP 逐次减 1。指令执行完毕后,SP=23H,PC=3412H。

3.8　位操作类指令

位处理功能是 51 单片机指令中的一个重要特征,这是出于实际应用需要而设置的。在物理结构上,51 单片机有一个布尔处理机,具有一套处理位变量的指令集,包括变量传送、逻辑运算和控制程序转移等指令。这些指令进行位操作时,位存储空间为内部 RAM 可寻址的 128 个存储位(位地址 00H~7FH)和部分 SFR。

3.8.1　简单的位操作指令

这部分的位指令操作较简单,进行位内容的传送、位的置位、清零与取反,以及位的逻辑运算等,共包含 12 条指令。

1. 位传送指令

MOV C, bit　　　　　　　　　; (bit)→C,某直接寻址位的内容送至位累加器 C

MOV bit, C　　　　　　　　　; C→bit,位累加器 C 的内容送至某直接寻址位

2. 位置 1 指令

SETB C　　　　　　　　　　　; 1→C,位累加器 C 置 1

SETB bit　　　　　　　　　　; 1→bit,某直接寻址位置 1

3. 位清零指令

CLR C　　　　　　　　　　　　; 0→C,位累加器 C 清零

CLR bit　　　　　　　　　　　; 0→bit,某直接寻址位清零

4. 位取反指令

CPL　C　　　　　　　　　　　; /C→C, C 的内容取反

CPL　bit　　　　　　　　　　; /bit→bit,bit 的内容取反

上述两条指令完成的是对位累加器 C 或者某位地址 bit 中的内容进行取反操作。该指令不影响除 C 以外的其他标志位。需要注意:如果操作数是 I/O 端口的某一位时,则要进行"读—修改—写"操作。以下的位逻辑"与"指令和位逻辑"或"指令也是这样的。

5. 位逻辑"与"指令

ANL C, bit　　　　　　　　　; C∧(bit)→C

ANL C, /bit　　　　　　　　 ; C∧(/bit)→C

上述两条指令完成的是对位累加器 C 与某位地址 bit 中的内容(或该位内容的反),进行逻辑"与"操作,结果返回 C 中。该指令不影响除 C 外的其他标志位。

6. 位逻辑"或"指令(2 条)

ORL C, bit　　　　　　　　　; C∨(bit)→C

ORL C, /bit　　　　　　　　 ; C∨(/bit)→C

上述两条指令完成的是:位累加器 C 与某位地址 bit 中的内容(或该位内容的反),进行逻辑"或"操作,结果返回 C 中。该指令也不影响除 C 以外的其他标志位。

【例 3-32】 试编写程序,实现在 51 单片机的 P1.0 引脚上输出一个方波,其周期为 6 个机器周期。

SETB　P1.0　　　　　　　　; 使 P1.0 位输出"1"电平

NOP

NOP　　　　　　　　　　　　; 延时 2 个机器周期

CLR　P1.0　　　　　　　　　; 使 P1.0 位输出"0"电平

NOP

NOP　　　　　　　　　　　　; 延时 2 个机器周期

SETB　P1.0　　　　　　　　; 使 P1.0 位输出"1"电平

SJMP　$　　　　　　　　　　; 结束

【例 3-33】 利用位操作指令编写程序,实现表达式 P3.1＝(P1.1 * P1.2＋P1.3) * / P3.0。

MOV　F0,C　　　　　　　　; 暂存 CY 的内容

MOV　C,P1.1　　　　　　　; P1.1 的值送 CY

ANL　C,P1.2　　　　　　　; 与 P1.2 相与

ORL　C,P1.3　　　　　　　; 与 P1.3 相或

```
ANL  C,/P3.0            ；P3.0 的值取反后相与
MOV  P3.1,C             ；赋值给 P3.1
MOV  C,F0               ；恢复 CY 的内容
```

3.8.2　位条件转移类指令

这部分的指令完成的是将位的状态作为条件判断是否执行跳转的操作。包含判 C 转移指令 2 条、判位变量转移指令 2 条和判位变量并清零转移指令 1 条。

1. 判 C 转移指令

```
JC   rel               ；先 PC+2→PC
                       ；若 CY=1,转移 PC+rel→PC
                       ；若 CY=0,则顺序执行
JNC  rel               ；先 PC+2→PC
                       ；若 CY=0,转移 PC+rel→PC
                       ；若 CY=1,则顺序执行
```

2. 判位变量转移指令

```
JB   bit,rel           ；先 PC+3→PC
                       ；若(bit)=1,转移 PC+rel→PC
                       ；若(bit)=0,则顺序执行
JNB  bit,rel           ；先 PC+3→PC
                       ；若(bit)=0,转移 PC+rel→PC
                       ；若(bit)=1,则顺序执行
```

3. 判位变量并清零转移指令

```
JBC  bit,rel           ；先 PC+3→PC
                       ；若(bit)=1,转移 PC+ rel→PC,0→bit
                       ；若(bit)=0,则顺序执行
```

该指令在检测到(bit)=1 时,先清零位地址 bit,然后再转移。

【例 3-34】　已知内部 RAM 的 M1 和 M2 单元中各有一个无符号 8 位二进制数,试编写程序,比较它们的大小,并把大数送到 MAX 单元。

```
     MOV  A,M1          ；(M1)→A
     CJNE A,M2,NE       ；仅为取得 C 值
NE：  JNC  LTM           ；若 A≥(M2)则转 LTM
                        ；(前数>后数,C=0)
     MOV  A,M2          ；若 A<(M2),则(M2)→A
LTM：MOV  MAX,A          ；大数→MAX
     RET                ；返回
```

【例 3-35】　已知外部 RAM 的 3000H 单元开始有一个输入数据缓冲区,该缓冲区中数据以字符"&"(ASCII 码为 26H)作为结束标志。试编写程序,把其中的正数送入 DTP 正数区,并把其中的负数送到 DTN 负数区。

```
      MOV  DPTR,#3000H   ；缓冲区起始地址送 DPTR
      MOV  R0,#DTP        ；正数区首址送 R0 指针
      MOV  R1,#DTN        ；负数区首址送 R1 指针
NEXT：MOVX A,@DPTR        ；从外部 RAM 中取数
```

```
                 CJNE  A,#26H,BJZ        ;若 A≠26H,则转去比较正负
                 SJMP  DONE              ;若 A=26H,则转去 DOWN
         BJZ:    JB   ACC.7,NTON         ;若 D7=1,为负数,则转去 NTON
                 MOV  @R0,A              ;正数送至正数区
                 INC  R0                 ;修改正数区指针
                 INC  DPTR               ;修改缓冲区指针
                 SJMP  NEXT              ;转回循环取下一数据
         NTON:   MOV  @R1,A              ;负数送至负数区
                 INC  R1                 ;修改负数区指针
                 INC  DPTR               ;修改缓冲区指针
                 SJMP  NEXT              ;转回循环取下一数据
         DONE:   RET                     ;返回
```

3.9　伪指令

　　程序设计者使用 MCS-51 汇编语言编写程序,称为汇编语言源程序。汇编语言源程序必须"翻译"成机器代码才能运行。"翻译"是由计算机通过"翻译"程序,也就是"汇编程序"来完成的。"翻译"的过程称为"汇编"。在 51 汇编语言源程序中应有向汇编程序发出的指示信息,告诉它如何完成汇编工作,这一任务是通过使用伪指令来实现的。

　　伪指令不属于 MCS-51 指令系统中的指令,它是程序员发给汇编程序的命令,也称为汇编程序控制命令。只有在汇编前的源程序中才有伪指令。汇编得到目标程序(机器码)后,伪指令已无存在的必要,所以伪指令没有相应的机器代码。

　　伪指令具有控制汇编程序的输入输出、定义数据和符号、条件汇编、分配存储空间等功能。不同汇编语言的伪指令也有所不同,但一些基本的内容却是相同的。

3.9.1　常用的伪指令

　　下面介绍在 MCS-51 汇编语言程序中常用的伪指令。

1. ORG (ORiGin)起始地址指令

　　在汇编语言源程序的开始,通常都用一条 ORG 伪指令来规定程序的起始地址。如果不用 ORG 规定,则汇编语言源程序得到的目标程序将从 0000H 开始。例如:

```
        ORG 0100H
START:MOV A,#00H
        …
```

　　即规定标号 START 代表地址为 0100H 开始。

　　在一个源程序中,可以多次使用 ORG 指令,以规定不同的程序段地址。但是,地址必须由小到大排列,地址不能交叉、重叠。例如:

```
ORG 2000H
…
ORG 2500H
…
ORG 3000H
```

...

这种顺序是正确的。若按下面顺序的排列则是错误的,因为地址出现了交叉。

ORG 2500H

...

ORG 2000H

...

ORG 3000H

...

2. END（END of assembly）汇编结束指令

本指令是汇编语言源程序的结束标志,用于终止源程序的汇编工作,它的作用是告诉汇编程序,将某一段源程序翻译成指令代码的工作到此为止。因此,在整个源程序中只能有一条 END 命令,且位于程序的最后。如果 END 命令出现在程序中间,则其后面的源程序代码,汇编程序将不再处理。

3. DB（Define Byte）定义字节指令

本指令用于从指定的地址开始,在程序存储器的连续单元中定义字节数据。例如:

ORG 2000H

DB 30H，40H，24，"C"，"B"

汇编后

(2000H)＝30H

(2001H)＝40H

(2002H)＝18H(10 进制数 24)

(2003H)＝43H(C 的 ASCII 码)

(2004H)＝42H(B 的 ASCII 码)

显然,DB 功能是从指定单元开始定义(存储)若干个字节,10 进制数自然转换成 16 进制数,字母按 ASCII 码存储。

4. DW（Define Word）定义数据字指令

本指令用于从指定的地址开始,在程序存储器的连续单元中定义 16 位的数据字,16 位数据的高八位存入低地址,低八位存入高地址,不足 16 位的数据高位用 0 填充。例如:

ORG 2000H

DW 1246H，7BH，10

汇编后:

(2000H)＝12H   ;第 1 个字

(2001H)＝46H

(2002H)＝00H   ;第 2 个字

(2003H)＝7BH

(2004H)＝00H   ;第 3 个字

(2005H)＝0AH

5. EQU（EQUal）赋值指令

本指令的功能是将某个特殊数据或某个存储单元赋予一个符号名称。用 EQU 指令可以给符号名称赋值,EQU 伪指令要放在源程序的前面。赋值以后,其标号值在整个程序有效。例如:

SPEAK EQU P3.3

表示标号 SPEAK 等于 P3.3（说明扬声器接在 P3.3 引脚），在汇编时，凡是遇到标号 SPEAK 时，均以 P3.3 来代替。

3.9.2　完整的汇编语言源程序实例

【例 3-36】　流水灯（跑马灯）系统电路如图 3-9-1 所示，要求连接 P0 端口的 8 只 LED 从左到右循环滚动点亮，产生流水灯效果。8 只 LED 连接在 P0 端口，LED 阴极指向 P0，阳极通过限流电阻接＋5 V，由于 P0 端口内部没有上拉电阻，与 LED 串联的 8 只电阻同时起限流和上拉作用。

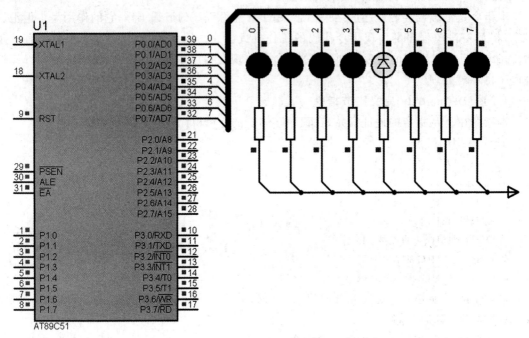

图 3-9-1　流水灯电路图

系统程序如下：

```
        ORG 0000H
        MOV DPTR, ＃TABLE
LOOP0: MOV R0, ＃00H
LOOP1: MOV A, R0
        MOVC A, @A＋DPTR
        CPL A
        MOV P0, A
        ACALL DELAY
        INC R0
        CJNE R0, ＃08H, LOOP1
        SJMP LOOP0
DELAY: MOV R1, ＃0        //延时程序
        MOV R2, ＃0
LOOP3: DJNZ R1, LOOP3
        DJNZ R2, LOOP3
```

```
            RET
TABLE: DB 01H,02H,04H,08H,10H,20H,40H,80H
            END
```

该程序将流水灯对应的 P0 口的 8 个值放在以 TABLE 为首地址的数据表中,程序运行时,从 TABLE 数据表中每取一个数,取反后送至 P0 口,再延时,以此反复形成流水灯。我们可以计算出延时子程序运行的时间为:$1+1+256\times256\times2+256\times2+2=131588$(微秒)。

本章小结

1. 指令、程序和程序设计语言

(1)指令是能被计算机识别并执行的命令,根据规则,用符号或符号串可以写出指令。

(2)程序是为完成某一特定任务而设计的一系列指令的集合。

(3)程序设计语言是用于编写计算机程序的语言。程序设计语言有机器语言、汇编语言和高级语言三种。

机器语言是计算机唯一能够直接识别和执行的语言,用汇编语言或高级语言编写的源程序最终都必须翻译成机器语言的目标程序或目标码,计算机才能"看懂",并逐一执行。51 单片机的高级编程语言是 C 语言。

(4)51 单片机汇编语言的格式为:

［标号:］＜操作码＞［操作数］［;注释］

操作数的个数可以为 0、1、2、3。

(5)本书使用了一些特殊符号,这些符号用于表示指令中的操作数或用于注释,对程序的编写和阅读是必不可少的,需要牢记。

2. 寻址方式

寻找指令中的操作数或者操作数所在的地址的方法叫作寻址方式。51 单片机的指令按其源操作数的寻址方式,有立即寻址、直接寻址、寄存器寻址、寄存器间接寻址、变址寻址、相对寻址和位寻址等七种寻址方式。需要特别注意寄存器间接寻址、变址寻址和相对寻址几种寻址方式的用法。

3. 51 单片机的指令系统

(1)数据传送类指令

数据传送类指令有 29 条,是指令系统中数量最多、使用最多的指令。其中 MOV、MOVX、MOVC 三种指令的使用要注意区分。

MOV 指令用于访问片内 RAM 和 SFR 区,MOV 指令可以访问字节地址也可以访问位地址。MOVX 指令利用 @DPTR 或 @Ri 间接寻址,指令执行时 RD 或 WR 选通信号有效,实现访问片外 RAM 或通过 I/O 接口访问外设,寻址空间可达 64 KB。

MOVC 指令用来访问 ROM,寻址空间为 64 KB,使用 @A+DPTR 或者 @A+PC 变址寻址,主要作用是查表。

(2)算术运算类指令

算术运算指令包括加、减、乘、除、加 1、减 1 等 24 条指令。其中,除 INC 和 DEC 指令外,都会对标志位产生影响。

（3）逻辑运算类指令

逻辑运算指令共 24 条，包括与、或、异或和累加器操作。逻辑运算指令不影响标志位。

（4）程序转移指令

程序转移指令可以改变程序计数器 PC 的内容，实现程序跳转。程序转移指令分为无条件转移和条件转移两类。

（5）调子指令和返回指令

采用子程序可以简化源程序，节约存储空间，提高程序的质量。执行调子指令也会出现程序跳转，但子程序执行完毕，必须执行返回指令，回到断点，继续执行主程序。断点保存在堆栈中，调子指令和返回指令能够自动操作断点的保护和返回。

（6）位操作指令

位操作指令共 17 条，包括位传送、位逻辑运算和位控制转移指令三类。PSW 的 CY 位是位累加器。位操作是单片机实现过程控制功能的基本保障。

4. 伪指令

（1）伪指令是非执行指令，它只是在对源程序进行汇编的过程中起某种控制或注释作用。

（2）常用的伪指令有：程序起始与结束的伪指令：ORG、END；符号定义伪指令：EQU、DATA、BIT；数据表格存储格式定义伪指令：DB、DW、DS。

学习本章以后，应达到以下教学要求

（1）熟记 51 系列单片机指令系统的 111 条指令；了解指令的寻址方式，了解指令执行后对 PSW 相关位的影响。

（2）掌握指令的功能、形式、操作对象和结果。能按要求编写指令和小程序段，判断指令和小程序段的执行结果。

（3）掌握 51 单片机伪指令的基本概念与格式；结合 51 单片机的指令格式和指令系统熟练掌握汇编语言编程方法和技巧。

思考与练习题

3-1　51 单片机有几种寻址方式？各涉及哪些存储器空间？

3-2　要访问特殊功能寄存器和片外数据存储器，应采用哪些寻址方式？

3-3　要访问片内数据存储器，应采用哪些寻址方式？

3-4　要访问片外程序存储器，应采用哪些寻址方式？

3-5　简述相对寻址方式，并举例说明。

3-6　设内部 RAM 中 59H 单元的内容为 50H，用注释写出执行下列程序段每一条指令后的结果。

```
MOV A, 59H
MOV R0, A
MOV A, #00H
MOV @R0, A
MOV A, #25H
MOV 51H, A
MOV 52H, #70H
```

3-7　设执行指令 MOV 65H，90H 前，(65H)＝28H，(90H)＝26H，则执行指令后(65H)＝?（90H)＝?

3-8　R0＝32H，A＝48H，片内 RAM(32)＝80H，(40H)＝08H。执行下列指令后请写出 R0＝? A＝?（32H)＝?（40H)＝?

MOV A，@R0

MOV @R0，40H

MOV 40H，A

MOV R0，♯35H

3-9　设执行指令 PUSH 0D0H 前，SP＝19H，(D0H)＝08H，则执行指令后 SP＝?（1AH)＝?　(D0H)＝?

3-10　设 SP＝32H，内部 RAM(30H)＝20H，(31H)＝23H，(32H)＝01H。则执行指令：

POP DPH

POP DPL

POP SP

后，DPTR＝?　SP＝?

3-11　已知 A＝5AH，R1＝30H，(30H)＝C3H，PSW＝81H，试写出下列各条指令的执行结果，并说明程序状态字的状态。

(1)XCH A，R1　　　　　　　(2)XCH A，30H

(3)XCH A，@R1　　　　　　(4)XCHD A，@R1

(5)SWAP A　　　　　　　　(6)ADD A，R1

(7)ADD A，30H　　　　　　(8)ADD A，♯10H

(9)ADDC A，30H　　　　　　(10)SUBB A，30H

(11)SUBB A，♯20H　　　　　(12)SUBB A，R1

3-12　设 A＝56，R5＝67。执行指令：

ADD A，R5

DA　A

后，A＝? CY＝?

3-13　已知(40H)＝98H，(41H)＝AFH。阅读下列程序，要求：(1)说明程序的功能；(2)写出涉及的寄存器 A、R0 及片内 RAM 单元 42H、43H 的最后结果。

MOV R0，♯40H

MOV A，@R0

INC R0

ADD A，@R0

INC R0

MOV @R0，A

CLR A

ADDC A，♯0

INC R0

MOV @R0，A

3-14　下列程序段执行后，R0＝_____，(7EH)＝_____，(7FH)＝_____。

MOV R0，♯7FH

MOV 7EH，♯0

MOV 7FH，♯40H

DEC @R0

DEC R0

DEC @R0

3-15   试写出完成下列数据传送的指令序列。

(1)片内 RAM20H 单元的内容送入 30H 单元；

(2)R1 的内容传送到 R0；

(3)片外 RAM60H 单元的内容送入 R0；

(4)片外 RAM60H 单元的内容送入片内 RAM 40H 单元；

(5)片外 RAM1000H 单元的内容送入片外 RAM 40H 单元；

(6)ROM 2000H 单元的内容送入 R2；

(7)ROM 2000H 单元的内容送入片内 RAM 40H 单元；

(8)ROM 2000H 单元的内容送入片外 RAM 0200H 单元。

3-16   使用合适的指令实现下列逻辑操作。要求不得改变未涉及位的内容。

(1)使 ACC.0 置 1；

(2)使 PSW.4 置 1,PSW.3 清零；

(3)将 P0 口的高 4 位清零,低 4 位不变；

(4)将累加器 A 的高 4 位取反,低 4 位不变。

3-17   下列程序中注释的数字为执行该指令所需的机器周期数,若单片机的晶振频率为6MH,问执行下列程序需要多少时间？

MOV R3，♯100   ; 1

LOOP：   NOP   ; 1

NOP

NOP

DJNZ R3，LOOP   ; 2

RET   ; 2

3-18   已知 SP=50H,PC=1234H,试问 51 单片机在执行调子指令 LCALL 2345H 后堆栈指针和堆栈中的内容是什么？此时机器中调用何处的子程序。在子程序中执行末尾的 RET 返回指令时,堆栈指针 SP 和程序计数器 PC 的值变为什么？

3-19   试使用位操作指令,实现下列逻辑操作：

$$P1.5=AC.2\times P2.7+ACC.1\times /P2.0$$

第4章

MCS-51 单片机的 C 语言

【本章要点】 早期的单片机编程主要使用汇编语言。随着技术的发展,采用 C 语言进行单片机软件开发成为主流。C 语言具有代码效率高、数据类型丰富、运算功能强等优点,并具有良好的程序结构,适用于各种应用的程序设计。本章先讲述 C51 语言的概述、数据类型、变量的定义、函数的定义、运算符和表达式、语句和控制结构,接着讲解 C51 编程实例,最后介绍 C51 程序开发软件 Keil μVision4。

【思政目标】 在讲解 MCS-51 编程实例时,引出我国中国重大工程高科技产品中的高铁、航母、歼 20 战机中都用到了很多单片机,并且这些单片机的程序几乎都是用 C 语言开发的。激发学生树立建设空天海洋强国的志向,体会大国工匠的精神实质,启发如何实现自身价值,引领学习方向,同时培养报效祖国的热情和树立为国奉献的精神。

4.1 概　述

MCS-51 单片机的 C 语言称为 C51 语言,它支持符合 ANSI 标准的 C 语言程序设计,同时针对 8051 单片机的自身特点做了专门扩展。C51 对数据类型和变量的定义必须要与单片机的存储结构相关联,否则编译器不能正确地映射定位。其他的语法规定、程序结构及程序设计方法都与 ANSI C 相同。

由于单片机在结构及编程上的特殊要求,C51 有自己扩展的关键字:bit、sbit、code、data、idata、interrupt、pdata、_at_bdata、reentrant、sfr、sfr16、using、volatile、xdata。

4.2 数据类型

C51 中的数据类型如表 4-2-1 所示。

1. 字符型 char

字符型 char 有带符号数(signed char)和无符号数(unsigned char)之分,长度均为一个字节,用于存放一个单字节的数据。

对于 signed char 类型数据,其字节中的最高位表示该数据的符号:0 表示正数;1 表示负数。负数用补码表示,数值的表示范围是 $-128 \sim +127$。

对于 unsigned char 类型数据,其字节中的所有位均用来表示数据的数值,数值的表示范围是 0~255。

2. 整型 int

整型 int 有 signed int 和 unsigned int 之分,长度均为两个字节,用于存放一个双字节的数据。

3. 长整型 long

长整型 long 有 signed long 和 unsigned long 之分,长度均为四个字节。

4. 浮点型 float

浮点型变量占 4 个字节,用以 2 为底的指数方式表示,其具体格式与编译器有关。对于 Keil C51,它是符合 IEEE-754 标准的单精度浮点型数据,在十进制数中具有 7 位有效数字。

5. 其他数据类型

(1)sfr:特殊功能寄存器

这也是 Keil C51 编译器的一种扩充数据类型,利用它可以定义 51 单片机的所有内部 8 位特殊功能寄存器,sfr 型数据占用一个内存单元,其取值范围是 0~255。

(2)sfr16:16 位特殊功能寄存器

它占用两个内存单元,取值范围是 0~65535,利用它可以定义 8051 单片机内部 16 位特殊功能寄存器。

(3)bit:位类型

这是 Keil C51 编译器的一种扩充数据类型,利用它可定义一个位变量,但不能定义位指针,也不能定义位数组。

(4)sbit:可寻址位

sbit 是 Keil C51 编译器的一种扩充数据类型,利用它可以定义 8051 单片机内部 RAM 中的可寻址位或特殊功能寄存器中的可寻址位。

(5)指针型

指针型数据本身是一个变量,但在这个变量中存放的不是普通的数据而是指向另一个数据的地址。指针变量也要占据一定的内存单元,指针变量的长度一般为 1~3 个字节。指针变量也具有类型,其表示方法是在指针符号前面冠以数据类型符号,如 char * point1 表示 point1 是一个字符型的指针变量;float * point2 表示 point2 是一个浮点型的指针变量。指针变量的类型表示该指针所指向地址中数据的类型。使用指针型变量可以方便地对单片机各部分物理地址直接进行操作。

C51 语言中只有 bit 和 unsigned char 两种数据类型支持机器指令,而其他类型的数据都需要转换成 bit 或 unsigned char 型后进行存储。

表 4-2-1   C51 数据类型一览表

数据类型	表示方法	长度	数值范围
无符号字符型	unsigned char	1 字节	0~255
有符号字符型	signed char	1 字节	−128~127
无符号整型	unsigned int	2 字节	0~65535
有符号整型	signed int	2 字节	−32768~32767
无符号长整型	unsigned long	4 字节	0~4294967295
有符号长整型	signed long	4 字节	−2147483648~2147483647
浮点型	float	4 字节	$\pm 1.1755E-38 \sim \pm 3.40E+38$
特殊功能寄存器型	sfr	1 字节	0~255
	sfr16	2 字节	0~65535
位类型	bit、sbit	1 位	0 或 1

4.3　变量的定义

变量是一种在程序执行过程中其值能不断变化的量。使用一个变量之前,必须进行定义,用一个标识符作为变量名并指出它的数据类型和存储模式,以便编译系统为它分配相应的存储单元。在 C51 中对变量进行定义的格式为:

［存储类型］数据类型［存储区］变量名 1［＝初值］［,变量名 2［＝初值］］［,…］;

或者

［存储类型］［存储区］　数据类型　变量名 1［＝初值］［,变量名 2［＝初值］］［,…］;

变量定义的 4 部分称为变量的 4 种属性,其中用方括号表示的部分在定义时可以省略。

4.3.1　变量存储类型与存储区

存储类型仍沿用 ANSI C 的说法,C51 变量有 4 种存储类型:动态存储(auto)、静态存储(static)、全局存储(extern)、寄存器存储(register)。

动态存储的变量用 auto 定义,叫动态变量,也叫自动变量。其作用范围在定义它的函数内或复合语句内部。当定义它的函数或复合语句执行时,C51 才为变量分配存储空间,结束时所占用的存储空间释放。

定义变量时,auto 可以省略,或者说如果省略了存储类型项,则认为是动态变量。

在 C51 中为了节省资源,变量一般定义为动态变量。

变量的存储区属性是单片机扩展的概念,MCS-51 单片机有四个存储空间,片内数据存储器和片外数据存储器又分成不同的区域,不同区域有不同的寻址方式。在定义变量时,必须明确指出是存放在哪个区域。表 4-3-1 列出了 Keil C51 编译器所能识别的存储器类型变量的存储区域及范围。

表 4-3-1　　　　　　　　　　C51 存储区与存储空间的对应关系

关键字	对应的存储空间及范围
code	ROM 64 KB 全空间
data	片内 RAM 低 128 B
bdata	片内 RAM 的位寻址区 0x20~0x2f,可字节访问
idata	片内 RAM256 B
pdata	片外 RAM,分页寻址的 256 B(P2 不变),P2 改变可寻址 64 KB 全空间
xdata	片外 RAM64 KB 全空间
bit	片内 RAM 位寻址区,位地址 0x00~0x7f,128 B

下面列举几个 C51 变量定义的例子。

(1)定义存储在 data 区域的动态 unsigned char 变量:

unsigned char data sec＝0, min＝0, hou＝0;

(2)定义存储在 data 区域的静态 unsigned int 变量:

static unsigned int data dd;

(3)定义存储在 idata 区域的动态 unsigned char 数组:

unsigned char idata temp［20］;

(4)定义存储在 code 区域的 unsigned char 数组:

unsigned char code dis_code[10]＝ { 0x3f，0x06，0x5b，0x4f，0x66，0x6d，0x7d,0x07,0x7f,0x6f };
//定义共阴极数码管段码数组

在定义变量时也可以缺省存储区,此时 C51 编译器则会按存储模式所规定的默认存储区存放变量。共有三种存储模式:

(1)SMALL:默认存储区为 data。

(2)COMPACT:默认存储区为 pdata。

(3)LARGE:默认存储区为 xdata。

4.3.2　变量的绝对定位

C51 有三种方式可以对变量(I/O 端口)绝对定位:绝对定位关键字_at_、指针、库函数的绝对定位宏。在这里先介绍第一种。

C51 扩展的关键字_at_专门用于对变量做绝对定位,用在变量的定义中,其格式为:

［存储类型］数据类型［存储区］变量名 1 _at_ 地址常数［,变量名 2,…］

下面看几个使用_at_进行变量绝对定位的例子:

(1)对 data 区域中的 unsigned char 变量 aa 绝对定位到 40H 单元:

unsigned char data aa _at_0x40;

(2)对 pdata 区域中的 unsigned int 数组 cc 绝对定位到 64H 单元:

unsigned int pdata cc[6] _at_0x64;

(3)对 xdata 区域中的 unsigned char 变量 printer_port 绝对定位到 7FFFH 单元:

unsigned char xdata printer_port _at_0x7fff;

对变量的绝对定位需要注意以下几点:

(1)绝对地址变量在定义时不能初始化,因此不能对 code 型变量绝对定位;

(2)绝对地址变量只能够是全局变量,不能在函数中对变量绝对定位;

(3)绝对地址变量多用于 I/O 端口,一般情况下不对变量做绝对定位;

(4)位变量不能使用_at_绝对定位。

4.3.3　位变量的定义

1. bit 型位变量

常说的位变量指的就是 bit 型位变量。C51 的 bit 型位变量定义的一般格式为:

［存储类型］bit 位变量名 1［＝初值］［,位变量名 2［＝初值］]［,…］

bit 型位变量被保存在 RAM 中的位寻址区(字节地址为 0x20～0x2f 的 16 个存储单元,共 128 个位)。

例如:

bit flag_run,receive_bit＝0;

static bit send_bit;

关于 bit 型位变量说明两点:

•bit 型位变量与其他变量一样,可以作为函数的形参,也可以作为函数的返回值,即函数的类型可以是位型的。

•位变量不能定义指针,不能定义数组。

2. sbit 型位变量

对于能够按位寻址的特殊功能寄存器,以及之前定义在位寻址区的变量(包括 char 型、int 型、long int 型),如果想对它们按位进行操作,则都需要使用 sbit 将其各位进行定义。

(1)特殊功能寄存器中位变量的定义

能够按位寻址的特殊功能寄存器中位变量定义的一般格式为:

sbit 位变量名＝位地址表达式

位地址在使用时有三种表达形式:

- 直接位地址(00H～FFH),如 28H。
- 特殊功能寄存器名带位号,如 P1ˆ3,表示 P1 口的第 3 位。
- 字节地址带位号,如 0x90ˆ0,表示 90H 单元的第 0 位。

下面分别举例说明。

①用直接位地址定义位变量:

sbit   P0_3＝0x83;   //定义 P0.3 端口
sbit   P1_1＝0x91;   //定义 P1.1 端口
sbit   RS0＝0xd3;   //定义 PSW 的 RS0 位

②用特殊功能寄存器名带位号定义位变量:

sbit   LED＝P0ˆ3;   //定义 P0.3 端口
sbit   BUTTON＝P1ˆ1;   //定义 P1.1 端口
sbit   RS0＝PSWˆ3;   //定义 PSW 的 RS0 位

③用字节地址带位号定义位变量:

sbit   P0_3＝0x80ˆ3;   //定义 P0.3 端口
sbit   P1_1＝0x90ˆ1;   //定义 P1.1 端口
sbit   RS0＝0xd0ˆ3;   //定义 PSW 的 RS0 位

说明:

- 用 sbit 定义的位变量,必须能够按位操作,而不能够对无位操作功能的位定义位变量。
- 用 sbit 定义位变量,必须放在函数外面作为全局位变量,而不能在函数内部定义。
- 用 sbit 每次只能定义一个位变量。
- 对其他模块定义的位变量(bit 型或 sbit 型)的引用声明,都使用 bit。
- 用 sbit 定义的是一种绝对定位的位变量,具有确定的位地址和特定的意义,在应用时不能像 bit 型位变量那样随便使用。

(2)位寻址区变量的位定义

bdata 型变量被保存在 RAM 中的位寻址区,访问时既可以执行字节操作,也可以执行位操作。在执行位操作前必须先对 bdata 型变量的各位进行位变量定义。定义格式为:

sbit 位变量名＝bdata 型变量名ˆ位号

例如,在之前已经定义了一个 bdata 型变量 operate:unsigned char bdata operate,现在要对 operate 的低 4 位再做位变量定义,方法如下:

sbit flag_key   ＝operateˆ0;   //键盘标志位
sbit flag_dis   ＝operateˆ1;   //显示标志位
sbit flag_mus   ＝operateˆ2;   //音乐标志位
sbit flag_run   ＝operateˆ3;   //运行标志位

位号常数可以是 0～7(8 位字节变量),或 0～15(16 位整型变量),或 0～31(32 位长整型变量）。

【例 4-1】   在片内 RAM 的 30H～3FH 单元存放着 16 个无符号字节数据,需要编写程序计算这 16 个数的和,请根据任务完成变量定义。

解

unsigned char data xx[16] _at_ 0x30;

unsigned char i;

unsigned int data he;

【例 4-2】   在片内 RAM 的 30H 单元内存放着一个有符号二进制数变量 X,其函数 Y 与变量 X 的关系为:

$$Y = \begin{cases} X+5X > 20 \\ 0\ 20 \geqslant X \geqslant 10 \\ -5X < 10 \end{cases}$$

需要编写程序,根据变量值,将其对应的函数值送入 31H 中。请根据任务完成变量定义。

解

signed char data X _at_ 0x30;

signed int data Y _at_ 0x31;

4.3.4   特殊功能寄存器的定义

在 C51 中,所有特殊功能寄存器在使用时都必须先进行定义。

(1)8 位 sfr 特殊功能寄存器定义

一般格式为:

sfr 特殊功能寄存器名=字节地址

例如:

sfr   P0=0x80;   //定义 P0 口寄存器

sfr   P1=0x90;   //定义 P1 口寄存器

sfr   PSW=0xd0;   //定义 PSW

sfr   IE=0xa8;   //定义 IE

(2)16 位 sfr 特殊功能寄存器定义

一般格式为:

sfr16 特殊功能寄存器名=字节地址

51 单片机中的 16 位特殊功能寄存器只有一个,就是 DPTR,字节地址是 0x82,所以定义方法为:

sfr16 DPTR=0x82;

在实际应用中,单片机所有的特殊功能寄存器都已经在 reg51.h、reg52.h 等头文件中做了定义,编程时把头文件用预处理命令添加进工程文件即可。例如:

＃include ＜reg52.h＞

4.3.5   指针的定义

C51 的编译器支持两种指针类型:通用指针和不同存储区域的专用指针。

(1)通用指针就是通过该类指针可以访问所有的存储空间。在 C51 库函数中通常使用这

种指针来访问。通用指针的定义与一般 C 语言指针的定义相同,其格式为:

　　[存储类型]　数据类型　＊指针名 1[,＊指针名 2][,...]

　　例如:

　　unsigned char ＊cpt,＊dpt;　　　　　　　//定义通用指针变量 cpt,dpt

　　通用指针具有较好的兼容性,但运行速度较慢,在存储器中需要占用三个字节。

　　(2)存储器专用指针就是通过该类指针,只能够访问规定的存储空间区域。存储器专用指针的一般定义格式为:

　　[存储类型]数据类型　指向存储区 ＊[指针存储区]指针名 1[,＊[指针存储区]指针名 2,...]

　　其中,指向存储区是指针变量所指向的数据存储空间区域,不能缺省。

　　指针存储区是指针变量本身所存储的空间区域,可以缺省。缺省时指针变量被存储在默认的存储区域,取决于所设定的编译模式。

　　例如:

　　unsigned char pdata ＊xdata ppt;　　　//在 xdata 区定义指向 pdata 区的专用指针变量

　　unsigned char code ＊data ccpt;　　　//在 data 区定义指向 code 区的专用指针变量 ccpt

　　unsigned char data ＊cpt1,＊cpt2;　　//定义指向 data 区的专用指针变量 cpt1,cpt2

　　signed long xdata ＊lpt1,＊lpt2;　　　//定义指向 xdata 区的专用指针变量 lpt1,lpt2

4.3.6　指针的应用

　　在单片机中,利用指针可独立地指向所需要访问的存储单元位置。下面介绍两种利用指针访问存储器的方法。

1. 通过指针定义的宏访问存储器

　　(1)访问存储器宏的原型

　　在 C51 的库函数中定义了访问存储器宏的原型,这些原型分为两组。

　　①按字节访问存储器的宏:

　　#define CBYTE ((unsigned char volatile code ＊)0)

　　#define DBYTE ((unsigned char volatile data ＊)0)

　　#define PBYTE ((unsigned char volatile pdata ＊)0)

　　#define XBYTE ((unsigned char volatile xdata ＊)0)

　　②按整型双字节访问存储器的宏:

　　#define CWORD ((unsigned int volatile code ＊)0)

　　#define DWORD ((unsigned int volatile data ＊)0)

　　#define PWORD ((unsigned int volatile pdata ＊)0)

　　#define XWORD ((unsigned int volatile xdata ＊)0)

　　宏定义原型中不含 idata 型,不能访问片内 RAM 高 128 B 区域(0x80~0xff),需要时可以自己定义。这些宏定义原型放在 absacc.h 文件中,使用时需要用预处理命令把该头文件包含到文件中,形式为:#include <absacc.h>。

　　(2)访问存储器宏的应用

　　用宏定义访问存储器的形式类似于数组,分为两种。

　　①按字节访问存储器宏。形式为:

　　宏名[地址]

　　数组中的下标就是存储器的地址,使用起来非常简单。例如:

```
DBYTE[0x30]=48;                //给片内 RAM 的 30H 单元送数据 48
XBYTE[0x0002]=0x36;            //给片外 RAM 的 0002H 单元送数据 0x36
dis_buf[0]=CBYTE[TABLE+5];     //从 CODE 区读取常数表中的数据
```
②按整型数访问存储器宏。形式为：

宏名[下标]

整型数占两个字节,其下标与存储单元地址的关系为:存储单元地址=下标×2。因为数组中的下标并非是存储器的地址,在使用时必须细心。例如:

```
DWORD[0x20]=0x1234;           //给片内 RAM 的 40H、41H 单元送数据 0x1234
XWORD[0x0002]=0x5678;         //给片外 RAM 的 0004H、0005H 单元送数据 0x5678
```

2. 通过专用指针直接访问存储器

在 C51 中,只要定义好了指针变量,并且给指针变量赋地址值,就可以使用指针直接访问存储单元。例如:

```
unsigned char xdata * xcpt;    //定义指向 xdata 区的指针变量 xcpt
xcpt=0x2000;                   //给指针变量赋地址值 0x2000
* xcpt=123;                    //将数据 123 送入指针指向的存储单元中
xcpt++;                        //指针指向下一单元
* xcpt=234;                    //继续送数
```

【例 4-3】　编写程序,将单片机片外数据存储器中地址从 0x2000 开始 16 个字节数据传送到片内数据存储器地址从 0x40 开始的区域。

解

```
unsigned char data    i, * dcpt;    //定义指针变量
unsigned char xdata   * xcpt;
dcpt=0x40;                           //给指针赋地址
xcpt=0x2000;
for(i=0;i<16;i++)                    //循环传送数据
    * (dcpt+i) = * (xcpt+i);
```

4.4　函数的定义

C51 函数的定义与 ANSI C 相似,但有更多的属性要求。就是在函数的后面需要带上若干个 C51 的专用关键字。

C51 函数定义的一般格式如下:

返回类型 函数名(形参表)[函数模式]　[reentrant]　[interrupt m]　[using n]
{
　　局部变量定义
　　执行语句
}

返回类型:自定义函数返回值的类型。对于无返回值函数,其返回类型用 void 说明;返回值类型缺省时,编译系统默认为 int。对于有返回值函数,在函数体的执行语句中应用 return 语句返回函数执行结果,且保证返回结果的数据类型与函数头定义的返回值数据类型一致。

函数名:是用标识符表示的自定义函数名字,可以是任何合法的标识符,但是不能与其他函数或者变量重名,也不能是关键字。

形参表:列出的是在主调用函数与被调用函数之间传递数据的形式参数,形式参数的类型必须加以说明。ANSI C 标准允许在形式参数表中对形式参数的类型进行说明。定义的函数可以没有形参表,但圆括号不能省略。

局部变量定义:对在函数内部使用的局部变量进行定义。

执行语句:函数需要执行的语句。

各属性的含义如下:

函数模式也就是编译模式、存储模式,可以为 small、compact 和 large。缺省时使用文件的编译模式。

reentrant 表示重入函数。所谓重入函数,就是允许被递归调用的函数。重入函数不能使用 bit 型参数,函数返回值也不能是 bit 型。

interrupt m 为中断关键字和中断号,用于定义中断服务函数。中断号 m 决定了函数的入口地址,对应关系为中断入口地址 $= 3 + 8 \times m$。C51 单片机各中断源与中断号的关系如表 4-4-1 所示。

表 4-4-1　　　　　　　　　C51 单片机各中断源与中断号的关系

中断源	外中断 0	T0 中断	外中断 1	T1 中断	串行中断	T2 中断
中断号	0	1	2	3	4	5
中断入口地址	0x0003	0x000b	0x0013	0x001b	0x0023	0x002b

使用中断服务函数需要注意以下几点:

• 中断服务函数不传递参数;

• 中断服务函数没有返回值;

• 中断服务函数必须有 interrupt m 属性;

• 进入中断服务函数,ACC、B、PSW 会进栈,根据需要,DPL、DPH 也可能进栈,如果没有 using n 属性,R0~R7 也可能进栈,否则不进栈;

• 在中断服务函数中调用其他函数,被调函数最好设置为可重入的,因为中断是随机的,有可能中断服务函数所调用的函数出现嵌套调用;

• 不能够直接调用中断服务函数。

using n 表示选择工作寄存器组。using 是 C51 扩展的关键字;n 为组号,可以是 0~3,对应第 0 组~第 3 组。

如果函数有返回值,则不能使用 using n 属性。这是因为返回值存放于寄存器中,在函数返回时要恢复原来的寄存器组,会导致返回值错误。

4.5　运算符和表达式

C51 对数据有很强的表达和运算能力,拥有十分丰富的运算符。运算符是完成某种特定运算的符号,表达式是运算符和运算对象组成的具有特定含义的式子。在任意一个表达式的后面加一个分号";",就构成了一个表达式语句。

C51 中的运算符分为赋值运算符、算术运算符、增减运算符、关系运算符、逻辑运算符、位运算符、复合赋值运算符、逗号运算符等。运算符按运算对象个数可分为单目运算符、双目运算符和三目运算符。

1. 赋值运算符

C51 中赋值运算符是"＝"。赋值语句的格式为：

变量＝表达式；

该语句先计算右边表达式的值，再将该值赋给左边的变量。例如：X＝9＊8，则 X 的值为 72。

2. 算术运算符

C51 中的算术运算符如表 4-5-1 所示。用算术运算符将运算对象连接起来的式子即为算术表达式。

表 4-5-1　　　　　　　C51 中的算术运算符

运算符	功能	举例
＋	加或取正	19＋23、＋7
－	减或取负	56－41、－9
＊	乘	13＊15
/	除	5/10＝0、5.0/10.0＝0.5
％	取余	9％5＝4

在一个算术表达式中有多个运算符时，运算顺序按运算符的优先级来进行，其中取负值（－）的优先级最高，其次是乘法、除法、取余运算符，加减法的运算符优先级最低。可通过加括号的方式改变运算符的优先级，括号的优先级最高。

3. 增减运算符

除了基本的加、减、乘、除运算符外，C51 还提供一种特殊的运算符，即＋＋和－－，如表 4-5-2 所示。

表 4-5-2　　　　　　　C51 中的增减运算符

运算符	功能	举例
＋＋	自加 1	＋＋i：先执行 i＋1，再使用 i 值
		i＋＋：先使用 i 值，再执行 i＋1
－－	自减 1	－－i：先执行 i－1，再使用 i 值
		i－－：先使用 i 值，再执行 i－1

4. 关系运算符

关系运算符用于判断某个条件是否满足，若条件满足则结果为 1，若条件不满足则结果为 0。C51 支持的关系运算符有＞、＜、＞＝、＜＝、＝＝、！＝。例如：(X＋1)＞X 表达式结果为 1；X＝＝(X＋1)表达式结果为 0。

5. 逻辑运算符

逻辑运算符用于对两个表达式进行逻辑运算，其结果为 0 或 1。逻辑运算符包括‖(或)、&&(与)、!(非)。逻辑表达式的格式为：

表达式 1　逻辑运算符　表达式 2

表达式 1 和表达式 2 可以是算术表达式、关系表达式或者逻辑表达式。例如：! X &&(Y＋1＞1)，若 X＝1，则! X＝0，逻辑表达式的结果为 0。

6. 位运算符

位运算符对变量进行按二进制位逻辑运算，其优先级从高到低依次是～(按位取反)、＞＞(右移)、＜＜(左移)、&(按位与)、^(按位异或)、|(按位或)。位运算格式为：

变量 1　位运算符　变量 2

其中,左移(<<)、右移(>>)运算是将变量 1 的二进制值向左或向右移动变量 2 所指的位数。左移过程中变量 1 的最左位丢弃,右端补 0;右移过程中最右端的二进制位丢弃,左端根据变量 1 的性质,若变量 1 是无符号数,左端补 0,若变量 1 是带符号数,左端补"符号位"。

7.复合赋值运算符

复合赋值运算符先对变量进行运算,再将结果返回给变量。C51 中的复合赋值运算符如表 4-5-3 所示。

表 4-5-3　　　　　　　　　　C51 中的复合赋值运算符

复合赋值运算符	说明	复合赋值运算符	说明
+=	加法赋值	>>=	右移位赋值
-=	减法赋值	&=	逻辑与赋值
*=	乘法赋值	|=	逻辑或赋值
/=	除法赋值	^=	逻辑异或赋值
%=	取模赋值	~=	逻辑非赋值
<<=	左移位赋值		

8.逗号运算符

用于将两个或两个以上的表达式连接起来。其一般形式为:

表达式 1,表达式 2,...,表达式 n

它从左到右依次计算出各个表达式的值,最右边表达式的值即为整个逗号表达式的值。例如:

b=a--,a/6;　　//先计算 a--,再计算 a/6,最后将结果赋值给 b。

9.条件运算符

条件运算符(? :)是三目运算符。一般格式为:

逻辑表达式 ? 表达式 1 : 表达式 2

先计算逻辑表达式,若其值为真(或非 0 值),则将表达式 1 作为整个条件表达式的值;若其值为假(或 0 值),则将表达式 2 作为整个条件表达式的值。例如:

max = (a > b)? a : b;其执行结果是将 a 和 b 中较大的值赋值给变量 max。

10.指针和地址运算符

指针变量用于存储某个变量的地址。C51 中用 * 和 & 运算符提取变量的内容和地址。其格式为:

目标变量=*指针变量　　　　//将指针变量所指的存储单元内容赋值给目标变量

指针变量=&目标变量　　　　//将目标变量的地址赋值给指针变量

指针变量只能存放地址(指针数据类型),不能将非指针类型数据赋值给指针变量。例如:

int i;　　　　//定义整数型变量 i

int *dpt;　　//定义指向整数的指针变量 dpt

dpt = &i;　　//将变量 i 的地址赋值给指针变量 dpt

dpt = i;　　　//错误,指针变量 dpt 只能存放变量指针,不能存放变量值 i

11.强制类型转换运算符

一个表达式中有多种数据类型时,编译系统会按照默认的规则自动转换:短长度数据类型→长长度数据类型;有符号数据类型→无符号数据类型。

当编译系统默认的数据类型转换规则达不到程序要求时,程序员需要对数据类型做强制转换,C51 中数据类型强制转换符是"()"。数据类型强制转换的格式为:

（数据类型名）表达式

例如：

float b；   b ＝ （float）25/5；   //将 25/5 的结果转换为浮点数

12. sizeof 运算符

sizeof 是长度运算符，用于获取表达式或数据类型的长度（字节数）。sizeof 运算符的一般格式为：

sizeof（数据类型或表达式）

例如：

sizeof（int）   //运算结果是 2

13. 数组下标运算符

C51 支持一维或二维数组，C51 数组的下标运算符是［ ］。如 TAB［3］，代表数组 TAB［］中的第 3 个元素。下标从 0 开始，下标最大值是数组大小减 1。

14. 成员运算符

C51 支持复杂数据类型，如结构体、联合体、线性链表等。成员运算符用于引用复杂数据类型中的成员。

C51 有两个成员运算符。"."用于非指针变量；"→"用于指针变量。其格式为：

结构体变量名. 成员名

结构体指针→成员名

例如：

struct date｛   int year；

              char month，day；｝

struct date d1，＊d2；

d1. year ＝ 2010；

d2→year ＝ 2010；

C51 各类运算符的优先级及其结合性如表 4-5-4 所示。

表 4-5-4   C51 各类运算符的优先级及其结合性

优先级	类别	运算符名称	运算符	结合性
1	强制转换 数组 结构、联合体	强制类型转换符 下标运算符 成员运算符	（ ） ［］ . →	右结合
2	逻辑 字位	逻辑非 按位取反	！ ～	左结合
	增量 减量	增1 减1	＋＋ －－	
	指针	取地址 取内容	＆ ＊	
	算术 长度计算	单目减 长度计算	－ sizeof	
3	算术	乘 除 取模	＊ ／ ％	右结合

（续表）

优先级	类别	运算符名称	运算符	结合性
4	算术和 指针运算	加 减	+ −	
5	字位	左移 右移	<< >>	
6	关系	大于或等于 大于 小于或等于 小于	>= > <= <	右结合
7		恒等于 不等于	== !=	
8	字位	按位与	&	
9		按位异或	^	
10		按位或	|	
11	逻辑	逻辑与	&&	
12		逻辑或	||	
13	条件	条件运算符	?:	
14	赋值	赋值 复合赋值	= %=	左结合
15	逗号	逗号运算符	,	右结合

4.6　语句和控制结构

C 语言是一种结构化的程序设计语言,提供了丰富的程序控制语句。任何数据成分只要以分号结尾就称为语句。分号是语句的结束标志,一个语句可以写成多行,只要未遇到分号就认为是同一语句,在一行内也可以写多个语句,只要用分号隔开就行。C51 中的语句类别如表4-6-1 所示。

表 4-6-1　　　　　　　　C51 中的语句类别

类别	名称	一般形式
简单语句	表达式语句 空语句 复合语句	<表达式>; ; {<语句 1;...><语句 n>;}
条件语句	if 语句 switch 语句	if <e1> S1 else S2; switch <e> {case...}
循环语句	while 语句 for 语句 do-while 语句	while <e> S; for(e1;e2;e3)S; do S while <e>;
转向语句	break 语句 continue 语句 goto 语句 return 语句	break; continue; goto <标号>; return;或 return(<e>);

1. 空语句

空语句在程序中只有一个分号:

;

空语句不做任何具体操作,只是浪费一定的机器周期。通常有两种用法:

(1)在程序中为有关语句提供标号,用以标记程序执行的位置。

(2)在 while 语句构成的循环语句后面加一个分号,形成一个不执行其他操作的空循环体,这种空语句在等待某个事件发生时特别有用。

使用空语句时,要注意与简单语句中有效组成部分的分号相区别。

2. 表达式语句

在表达式的后边加一个分号";"就构成了表达式语句,是 C51 中最基本的一种语句。常见的主要有赋值语句和函数调用语句。例如:

x=8;

printf("OK");

3. 复合语句

复合语句是用一对大括号"{}"将若干条语句组合在一起而形成的一个功能块。复合语句不需要以分号";"结束,但它内部的各条单语句仍要以";"结束。例如:

{ ++i; ++j; k = i + j;}

复合语句内部虽然有多条语句,但对外是一个整体,相当于一条语句。复合语句中的单语句一般是可执行语句,此外还可以是变量的定义语句。复合语句在执行时,其中的各条单语句按顺序执行。在 C 语言程序中,复合语句被视为一条单语句,允许嵌套,即在复合语句内部还可以包含其他的复合语句。复合语句通常出现在函数中,主要用于循环语句的循环体或条件语句的分支。函数体本身也是一个复合语句。

4. if 语句

if 语句也叫条件语句、分支语句,它由关键字 if 构成,用于控制程序按条件分支,主要有三种格式。

格式一:

if(<表达式>)<语句 1>;

else <语句 2>;

在 C 语言中,如果表达式符合条件,则称作条件为真;如果表达式不符合条件,则称作条件为假。格式一的语句在执行时,若表达式条件为真(非 0 值),就执行后面的语句 1;若表达式条件为假(0 值),就执行语句 2。执行过程如图 4-6-1(a)所示。语句 1 和语句 2 均可以是复合语句。

格式二:

if(<表达式>)<语句 1>;

<语句 2>;

其含义为若表达式条件为真就执行后面的语句 1;若表达式条件为假就跳过语句 1,直接执行语句 2。执行过程如图 4-6-1(b)所示。

格式三:

if(<表达式 1>)<语句 1>;

else if(<表达式 2>)<语句 2>;

…

else <语句 n+1>;

格式三是 if 语句的嵌套,常常用于实现多分支结构。其执行过程如图 4-6-1(c)所示。

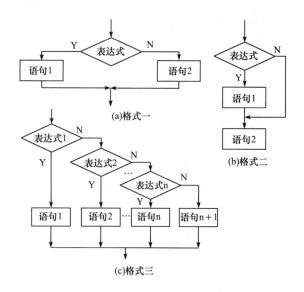

图 4-6-1　if 语句执行过程

5. switch 语句

switch 语句又叫开关语句,用 switch 语句可以实现多分支程序结构。开关语句直接处理多分支选择,相比 if 嵌套语句而言,程序结构清晰,使用方便。switch 语句的一般格式为:

switch(<表达式 e>)

{

    case <常量 e1>：　<语句 1>; break;

    case <常量 e2>：　<语句 2>; break;

    ...

    case <常量 en>：　<语句 n>; break;

    default：　　　　<语句 n+1>;

}

开关语句的执行过程是将 switch 后面表达式的值与 case 后面各个常量表达式的值逐个进行比较,若遇到匹配,就执行相应 case 后面的语句,然后执行 break 语句。break 语句又称间断语句,功能是中止当前语句的执行,使程序跳出 switch 语句。出现无匹配的情况时,只执行“语句 n+1”。switch 语句执行过程如图 4-6-2 所示。

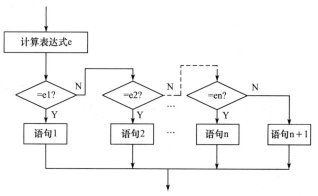

图 4-6-2　switch 语句执行过程

使用 switch 语句应注意以下几点：
- switch 后表达式数据类型可以是 int、char 或枚举型；
- case 后语句组可以加"{}"，也可以不加"{}"；
- 各个 case 后的常量表达式不能包含变量，且其值必须各不相同；
- 多个 case 子句可以共用一个语句；
- case 和 default 子句如果带有 break 子句，则它们之间顺序变化不影响执行结果；
- switch 语句可以嵌套；
- switch 语句编译后程序结构较为复杂，考虑到 51 单片机的程序和数据存储器都不够充裕，编程时应尽量采用 if 语句替代 switch 语句。

6. for 语句

单片机在执行任务时经常会用到循环控制，C51 语言提供了三种实现循环结构的编程语句：for 语句、while 语句和 do-while 语句。

for 语句一般格式为：

for (＜表达式 e1＞；＜表达式 e2＞；＜表达式 e3＞)

＜语句 1＞；

格式中 e2 是逻辑表达式，e1 和 e3 中不能使用比较和逻辑运算符。

for 语句执行过程如图 4-6-3 所示。先计算表达式 e1 的值，作为循环控制变量的初值；再检查条件表达式 e2 的结果；当 e2 结果为真时执行循环语句 1，并计算表达式 e3。然后继续判断条件表达式 e2 是否为真，一直进行到条件表达式 e2 结果为假时退出循环体。语句 1 可以是复合语句。基本 for 语句示例如下：

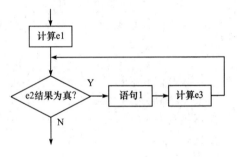

图 4-6-3　for 语句执行过程

```
for (i=1;i<=100;i++)
{
    …;
    …;
}
```

使用 for 语句应注意以下几点：
- for 语句中＜表达式 e1＞、＜表达式 e2＞和＜表达式 e3＞可以省略，但分号不能省略，它们的功能必须在 for 语句之前或 for 语句的循环体中体现；
- 如果循环体是空语句，分号不能省略；
- 如果循环体由多个语句组成，需要用"{}"括起来，其中的两个分号都不能缺省。

在 C51 中，for 语句不仅可以用于循环次数已经确定的情况，而且可以用于循坏次数不确定而只给出循环结束条件的情况。for 语句中的三个表达式是相互独立的，不要求有依赖关系。原则上三个表达式都可缺省，但一般不要缺省循环条件表达式，否则就形成死循环。

7. while 语句

while 语句的一般形式为：

while (＜表达式 e＞)＜语句 1＞；

其意义为：当条件表达式 e 的结果为真时，程序就重复执行后面的语句 1，直到表达式 e 的结果变为假时为止。这种循环结构是先检查条件表达式的结果，再决定是否执行后面的语句。

如果条件表达式的结果一开始就为假,则后面的语句一次
也不会被执行。语句 1 可以是复合语句。while 语句执行
过程如图 4-6-4 所示。

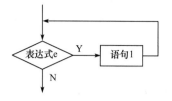

图 4-6-4 while 语句执行过程

使用 while 语句应注意以下几点:

• 若 while 语句循环体有多条执行语句,则应用"{ }"
括起来;

• 与 for 语句不同,while 语句适用于循环次数预先难
以确定的循环结构。

在 C 语言里,除了表达式外,所有非 0 的常数都被认为是逻辑真,只有 0 被认为是逻辑假。
所以,在语句 while(1)中,可以把数字 1 改成 2、3、4 等其他数字,都代表是一个死循环。

8. do-while 语句

do-while 语句的一般形式为:

do <语句 1>;

while <表达式 e >;

这种循环结构的特点是先执行给定的循环体语句,然后再检查条件表达式的结果。当条
件表达式的值为真时,则重复执行循环体语句,直到条件表达
式的结果变为假时退出循环。因此,用 do-while 语句构成的
循环结构在任何条件下,循环体语句至少会被执行一次。do-
while 语句执行过程如图 4-6-5 所示。

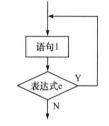

do-while 语句与 while 语句的差别是:

(1)while 语句先判断执行条件,再执行循环体;do-while
语句先执行循环体,再判断循环条件。do-while 语句至少执
行一次循环体。

图 4-6-5 do while 语句执行过程

(2)while(<表达式 e >)后面没有分号,while <表达式 e >后面要加分号。

9. goto、break、continue 语句

goto 语句是无条件转向语句,一般形式为:

goto 语句标号;

语句标号是带":"的标识符。goto 语句和 if 语句在一起使用可构成一个循环结构。在
C51 程序中,常采用 goto 语句来跳出多重循环,但只能从内层循环跳到外层循环,不允许从外
层循环跳到内层循环。

break 语句也用于跳出循环语句,其形式为:

break;

在多重循环情况下,break 语句只能跳出它所在的那一层循环,而 goto 语句可以直接跳出
最外层循环。

continue 语句是一种中断语句,功能是中断本次循环。其形式为:

continue;

continue 语句是一种具有特殊功能的无条件转移指令,通常和条件语句一起用于 while、
do-while 和 for 语句构成的循环结构中。与 break 语句不同,continue 语句并不跳出循环体,
只是根据循环控制条件确定是否继续执行循环语句。

10. 返回语句 return

返回语句用于终止函数的执行并控制程序返回到调用的地方。返回语句有两种形式:

return(表达式);

return;

return 语句后面带有表达式时,要计算表达式的值,然后将其作为函数的返回值。如果不带表达式,则在被调用函数返回主调函数时其函数值不确定。函数内部也可以没有 return 语句,此时,当程序执行到最后一个界限符"}"时,自动返回主调函数。

4.7　编程实例

C51 程序书写比较自由,不过为了增加程序的可读性,一般一行写一条语句,根据程序结构和语法成分,使每行排列错落有致。

【例 4-4】　片内 RAM 的 30H 单元内存放着一个 8 位二进制数,编写程序,将其转换成压缩的 BCD 码,分别存入 30H 和 31H 单元中,高位在 30H 中。

解　将 8 位二进制数转换成 BCD 码的方法是用除法实现。原数除以 10,其余数为个位数;其商再除以 10,余数为十位数;商为百位数。例程如下:

```
unsigned char data aa _at_ 0x30;
unsigned char data cc _at_ 0x31;
unsigned char temp1,temp2;
void main()
{
    temp1=aa;
    aa=temp1/100;
    temp2=temp1%100;
    cc=(temp2/10<<4)|(temp2%10);
}
```

【例 4-5】　在片内 RAM 的 30H~3FH 单元,存放着 16 个无符号字节数据,编写程序,计算这 16 个数的和。

解　16 个数求和,需要循环做 15 次加法运算,所以选择使用 for 循环语句编程。例程如下:

```
unsigned char data xx[16] _at_ 0x30;
unsigned char i;
unsigned int data he;
void main()
{
    he=xx[0];
    for(i=1;i<16;i++)
        he=he+xx[i];
}
```

【例 4-6】　片内 RAM 的 30H 单元内存放着一个有符号二进制数变量 X,其函数 Y 与变量 X 的关系为:

$$Y=\begin{cases} X+5 & X>20 \\ 0 & 20 \geqslant X \geqslant 10 \\ -5 & X<10 \end{cases}$$

编写程序,根据变量值,将其对应的函数值送入 31H 中。

解　这是典型的多分支程序结构,这里使用 if 语句的嵌套形式来编程。程序如下:

```
signed char data x _at_ 0x30;
signed int data y _at_ 0x31;
void main()
{
    if(x>20)
        y=x+5;
    else if(x<10)
        y=-5;
    else
        y=0;
}
```

4.8　Keil μVision4 简介

Keil C51 软件是德国 Keil 公司开发的单片机 C 语言编译器,其前身是 FRANKLIN C51,功能相当强大。

μVision 是 Keil C51 软件自带的一个 for Windows 的集成化 C51 开发环境,集成了文本编辑处理、编译链接、项目管理、窗口、工具引用和软件仿真调试等多种功能,是相当强大的单片机开发工具。

μVision 的仿真功能有两种仿真模式:软件模拟仿真和硬件仿真。软件模拟仿真不需要任何 51 单片机硬件即可完成用户程序仿真调试,极大地提高了用户程序开发效率;硬件仿真方式下,用户可以将程序装到自己的单片机系统板上,利用单片机的串口与 PC 进行通信来实现用户程序的实时在线仿真。

在 μVision 中使用工程的方法来管理文件,而不是单一文件的模式,所有的文件包括源程序(如 C 语言程序、汇编语言程序)、头文件等都可以放在工程项目文件里统一管理。μVision 集成开发环境的软件版本在不断升级,目前已发展到了 μVision5。软件基本使用方法都相同,下面以目前国内使用较多的 μVision4 中文版本为例,详细介绍工程项目的建立、程序编写及仿真调试功能的使用。

4.8.1　建立工程项目

双击桌面快捷图标即可进入如图 4-8-1 所示的编辑操作界面,主要包括三个窗口:工程管理器窗口、代码编辑窗口和信息输出窗口。

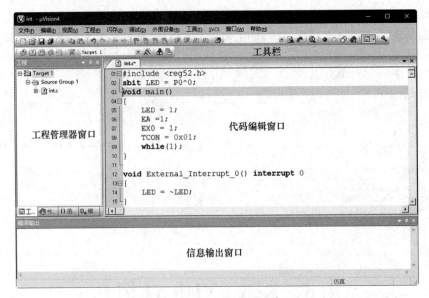

图 4-8-1　μVision4 编辑操作界面

选择"工程"→"新建 μVision 工程"命令,新建一个项目,如图 4-8-2 所示。

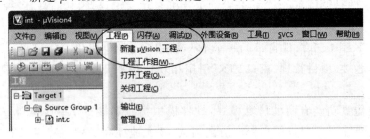

图 4-8-2　Project 界面

在弹出的对话框中选择要保存的路径,输入工程文件的名字(如保存到"c:\单片机开发"目录中,工程文件的名字为工程 1),如图 4-8-3 所示,然后单击"保存"按钮。

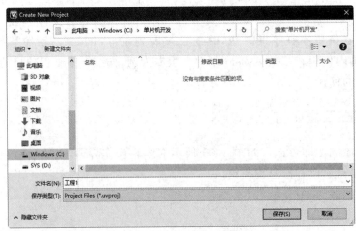

图 4-8-3　Project 保存设置对话框

这时会弹出一个对话框,要求选择单片机的型号,用户可根据所使用的单片机来选择。Keil 几乎支持所有 51 内核的单片机,这里选择 Atmel 的 AT89C51 单片机。首先选择 Atmel 公司,然后单击左边的"+"选择 AT89C51,如图 4-8-4 所示。右边栏是对这个单片机的基本说明，然后单击"确定"按钮，在随后弹出的对话框中"Copy Standard 8051 Startup Code to Project Folder and Add File to Project"单击"否"按钮。完成后的界面如图 4-8-5 所示。

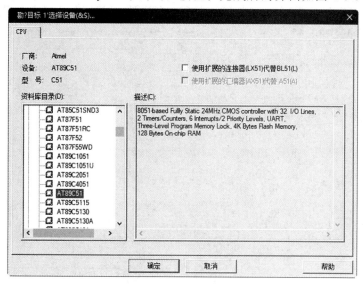

图 4-8-4　选择设备对话框

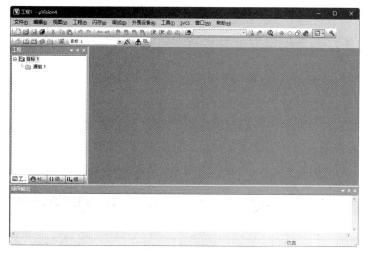

图 4-8-5　初始化编辑界面

首先进行选项设置，将鼠标指针指向目标 1 并单击鼠标右键，再从弹出的快捷菜单中选择"为目标'目标 1'设置选项"命令，如图 4-8-6 所示。

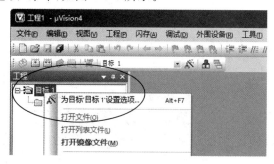

图 4-8-6　选择"为目标'目标 1'设置选项"命令

从弹出的"为目标'目标 1'设置选项"对话框中选择"输出"选项卡,选中"产生 HEX 文件"复选框,然后单击"确定"按钮,如图 4-8-7 所示。

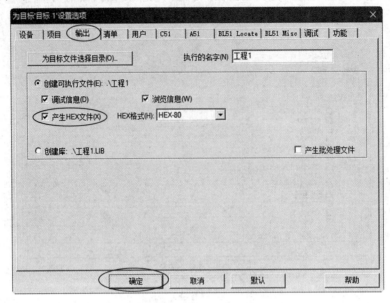

图 4-8-7 "输出"选项卡对话框

4.8.2　建立 C 语言程序文件并编译

下面开始建立一个 C 语言程序文件。

(1)在菜单栏中选择"文件"→"新建"命令,或直接单击工具栏中的快捷图标 ,可以建立一个新的代码编辑窗口。此时光标在编辑窗口里闪烁,用户就可以输入应用程序代码了。

建议首先保存该空白文件。方法:选择"文件"→"另存为"命令,在弹出的对话框的"文件名"文本框中输入欲使用的文件名,同时必须输入正确的扩展名,如 main.c,然后,单击"保存"按钮,如图 4-8-8 所示。

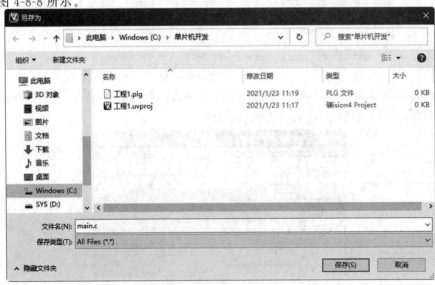

图 4-8-8 保存源程序对话框

注意：

如果用 C 语言编写程序，则扩展名为".c"；如果用汇编语言编写程序，则扩展名为".asm"，且必须添加扩展文件名。

（2）回到编辑界面后，单击"目标 1"前面的"＋"号，然后在"源组 1"上单击鼠标右键，弹出如图 4-8-9 所示的快捷菜单。

图 4-8-9　快捷菜单

选择"添加文件到组'源组 1'"命令，弹出如图 4-8-10 所示的对话框，在"文件类型"列表框中选择 C Source file(*.c)，在上面就可以看到刚才保存的 C 语言文件 main.c，双击该文件会自动添加至项目，单击"关闭"按钮关闭对话框。

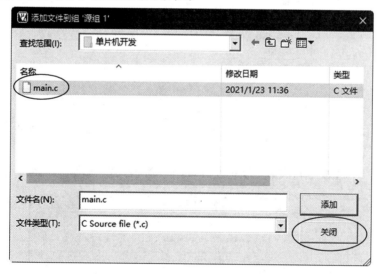

图 4-8-10　添加文件对话框

这时在"源组 1"文件夹前面会出现一个"＋"号，单击后展开就可以看到刚才添加的 main.c 文件。

（3）在代码编辑区输入程序代码。以前面例 4-5 的程序代码为例，输入过程中，Keil 会自动识别关键字，并以不同的颜色提示用户加以注意，如图 4-8-11 所示。这样会使用户少犯错误，有利于提高编程效率，这就是事先保存空白文件的好处。程序输入完毕要及时保存。

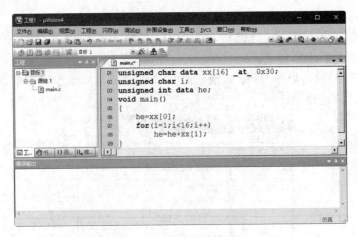

图 4-8-11　程序输入完毕后的状态

　　(4)程序文件编辑完毕后,选择"工程"→"编译"命令(或者按快捷键 F7),或者单击工具栏中的快捷图标来进行编译,如图 4-8-12 所示。

图 4-8-12　编译菜单

　　(5)如果有错误,在下面的信息输出窗口会给出所有错误及其所在的位置、错误的原因,并有 Target not created 提示。双击该处的错误提示,在编辑区对应错误指令处左面出现蓝色箭头提示,然后对当前的错误指令进行修改,如图 4-8-13 所示。

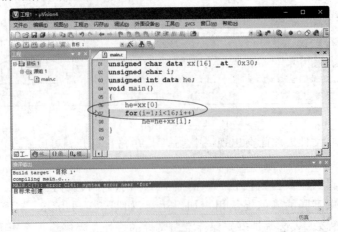

图 4-8-13　错误提示图

（6）将所有提示过的错误进行修改，然后重新进行编译，直至出现"工程 1"－0 Error(s)，0 Warning(s)，说明编译完全通过，如图 4-8-14 所示。有时 Warnings 可能不是 0，但不影响编译通过。

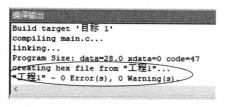

图 4-8-14　编译通过提示图

4.8.3　调试与仿真

编译成功后，就可以进行程序调试与仿真了。选择"调试"→"启动/停止仿真调试"（或者按快捷键 Ctrl＋F5），或者单击工具栏中的快捷图标就可以进入调试界面，如图 4-8-15 所示。

左侧的寄存器窗口给出了常用的寄存器 r0～r7 以及 a、b、sp、dptr、PC、psw 等特殊功能寄存器的值。在执行程序的过程中可以看到，这些值会随着程序的执行发生相应的变化。

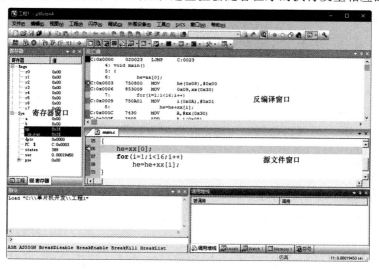

图 4-8-15　调试界面

在存储器窗口的地址栏处输入 C：0x00 后按 Enter 键，可以查看单片机程序存储器的内容，如图 4-8-16 所示。

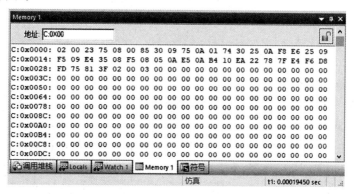

图 4-8-16　程序存储器窗口

如果在存储器窗口的地址栏处输入 D：0x30 后按 Enter 键，可以查看并修改片内数据存储器的内容。在 30H 单元数据位置上右击，在弹出的快捷菜单中选择"Modify Memory at D：0x30"命令，在随后的输入栏中输入数据，就把新数据写入了该单元中。依次进行，分别设置30H～35H 单元中的数据，其余单元数据为 0，如图 4-8-17 所示。同时在左边的"变量观察窗口"中添加了变量 he，初值为 0x0000，以便观察程序执行完后的结果。

在联机调试状态下可以启动程序全速运行、单步运行、设置断点等，选择 Debug→Go 命令，可以启动用户程序全速运行。

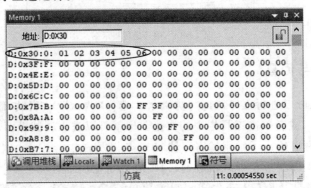

图 4-8-17　数据存储器观察界面

下面介绍几种常用的调试命令及方法。

(1)复位 CPU

用"调试(Debug)"菜单或工具栏中的"复位(Reset CPU)"按钮可以复位 CPU。在不改变程序的情况下，若想使程序重新开始运行，执行此命令即可。执行此命令后程序指针返回000H 地址单元。另外，一些内部特殊功能寄存器在复位期间也将重新赋值。例如，A 将变为00H，DPTR 变为 0000H，SP 变为 07H，I/O 接口变为 0FFH。

(2)运行(F5)

用"调试(Debug)"菜单中的"运行"命令或快捷按钮，即可实现全速运行程序。当然，若程序中已经设置断点，程序将执行到断点处，并等待调试指令。

(3)单步跟踪(F11)

用"调试(Debug)"菜单中的"单步步入(Step)"命令或快捷按钮，可以单步跟踪程序。每执行一次此命令，程序将运行一条指令(以指令为基本执行单元)。当前的指令用黄色箭头标出，每执行一步箭头都会移动，已执行过的语句呈绿色。在汇编语言调试下，可以跟踪到每一个汇编指令的执行。Vision4 处于全速运行期间，Vision4 不允许对任何资源进行查看，也不接受其他命令。

(4)单步运行(F10)

用"调试(Debug)"菜单中的"单步步过(StepOver)"命令或快捷按钮，即可实现单步运行程序，此时单步运行命令将把函数和函数调用当作一个实体来看待，因此单步运行是以语句(该语句不管是单一命令行还是函数调用)为基本执行单元。

(5)执行返回(Ctrl＋F11)

在用单步跟踪命令跟踪到子函数或子程序内部时，使用"调试(Debug)"菜单中的"步出(StepOut of Current Function)"命令或快捷按钮，即可将程序的 PC 指针返回到调用此子程序或函数的下一条语句。

（6）⊗ 停止调试（Ctrl＋F5）

用"调试（Debug）"菜单中的"停止（Stop）"命令或快捷按钮 ⊗ ，即可停止仿真调试。

另外，如果源程序使用了系统资源 P1 口，为了更好地观察这些资源的变化，用户可以打开它们的观察窗口。选择"外围设备"→"I/O－Ports"→"Port1"命令，即可打开并行 I/O 口 P1 的观察窗口。

在本例中，运行程序，查看变量 he 的结果发现，数据变成了 0x0015，这正是 30H 单元开始的 16 个存储单元中数据之和，如图 4-8-18 所示，说明程序编写正确。

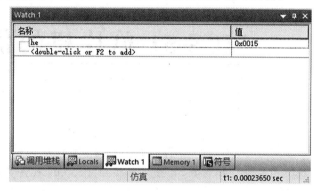

图 4-8-18　程序执行完的结果

本章小结

本章重点介绍了 C51 的数据类型、8051 结构的 C51 定义、单片机的 C 语言程序设计等基础知识。

51 单片机程序设计中，C 语言编程是重点，因此要精通 51 单片机程序设计，学好 C 语言编程是一个必要条件。通过本章的学习，读者可以了解 C51 语言的数据类型、变量与常量、数组、指针、结构、共用体、枚举等概念，熟悉运算符与表达式、程序结构与函数等内容，掌握 C51 语言流程控制语句设计方法，具备单片机基本的 C51 语言程序设计能力。

Keil C51 μVision4 IDE 是针对 51 系列单片机推出的基于 Windows 平台，以 51 系列单片机为开发目标的集成开发环境。用 Keil C51 μVision4 IDE 编辑单片机应用程序的一般步骤是：新建工程，添加源文件，编辑源文件，编译文件等。

思考与练习题

4-1　哪些变量类型是 8051 单片机直接支持的？

4-2　C51 对标准 C 语言进行了哪些扩展？

4-3　C 语言中的 while 和 do-while 的不同点是什么？

4-4　用三种循环方式分别编写程序完成 1＋2＋3＋…＋100 的和。

4-5　编写程序，将外部数据存储器的 000BH 和 000CH 单元的内容互换。

4-6　设 $f_{osc}＝6$ MHz，编写程序，利用延时函数在 P1.0 口产生一串频率大约为 50 Hz 的方波。

第5章

MCS-51 单片机的仿真技术

【本章要点】 本章首先介绍 MCS-51 单片机仿真软件 Proteus 的基本使用方法,然后通过几个简易单片机系统实例的设计和仿真,详细讲解运用 Proteus 软件实现单片机应用系统的设计和仿真的方法。Keil 与 Proteus 可以联合使用,结合二者各自的特点并加以综合运用,可以提高单片机设计与开发的工作效率。

【思政目标】 在讲解 Proteus 的仿真实例时,引入我国缺少集成电路设计与仿真软件的热门话题。利用主题讨论授课方式,并通过在学生之间、师生之间的沟通、交流,增强学生的政治辨识能力,提高爱国热情,增强民族自豪感和责任心。

5.1 ISIS 编辑界面

随着科学技术的发展,计算机技术在电子电路设计中发挥着越来越大的作用。20 世纪 80 年代后期,出现了一批优秀的电子设计自动化(Electronic Design Automation,EDA)软件,如 PSPICE、EWB、Protel99Se 等,EDA 软件工具代表着电子系统设计的技术潮流,已逐步成为电子工程师理想的设计工具,也是电子工程师和高等院校电子类专业学生必须掌握的基本工具。

目前,我国高等院校都在加强 EDA 实验室的软、硬件建设。EDA 软件的品种众多,其中使用比较广泛的电路设计软件有 Protel99Se,AutoCAD 和 EWB 系列的 Multisim 等。

Proteus 软件是英国 Lab Center Electronics 公司研制的 EDA 工具软件。Proteus 包含 ISIS 和 ARES 两个软件,其中 ISIS 是一款电子系统仿真软件,ARES 是电子线路布线软件。Proteus 软件可运行于 Windows 操作系统之上,具有 Windows 的界面和操作风格。利用 Proteus ISIS 软件的VSM(虚拟仿真技术),用户可以对模拟、数字等各种电路进行仿真。Proteus 中配置了各种虚拟仪器,如示波器、逻辑分析仪、频率计、I^2C 调试器等,便于用户测量和记录仿真的波形与数据。

Proteus 软件可用于单片机系统及其外围接口器件的仿真,支持的单片机有 PIC、AVR、68000、HC11 和 8051 等。其中 ISIS 的调试工具不仅可以对寄存器、存储器实时监测,并具有断点调试功能及单步调试功能,还具有对显示器、按钮、键盘等外设进行交互可视化仿真的功能。此外,Proteus 可对汇编程序以及 Keil C51 等开发工具编制的源程序进行调试,可与 Keil

C51 实现联合调试。

　　Proteus 软件的应用克服了传统单片机系统设计与开发受实验室客观条件限制的局限性,给单片机设计与开发带来了极大的便利。单片机课程教学中,应该充分利用 Proteus 软件来提高课程教学效率。

　　Proteus 软件目前在我国高校单片机课程教学中广泛使用的是 7.5 SP3 中文版,本书使用的 Proteus 也为此版本。安装完 Proteus 后,单击 ISIS7 快捷方式,运行 ISIS 7 Professional,会出现如图 5-1-1 所示的窗口界面。

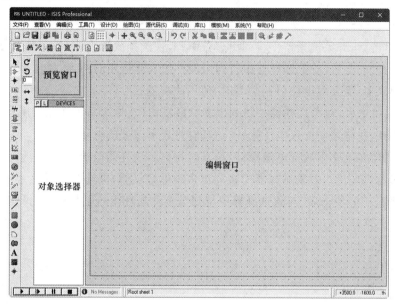

图 5-1-1　ISIS 界面

　　Proteus ISIS 的工作界面是一种标准的 Windows 界面,包括:标题栏、主菜单、标准工具栏、绘图工具栏、状态栏、对象选择按钮、预览对象方位控制按钮、仿真进程控制按钮、预览窗口、对象选择器窗口、原理图编辑窗口。

1. 原理图编辑窗口(The Edit Window)

　　顾名思义,它是用来绘制原理图的。网格方框内为可编辑区,元件要放到它里面。注意,这个窗口是没有滚动条的,你可用预览窗口来改变原理图的可视范围。

2. 预览窗口(The Overview Window)

　　它可显示两个内容,一个是:当在元件列表中选择一个元件时,它会显示该元件的预览图;另一个是,当光标落在原理图编辑窗口时(放置元件到原理图编辑窗口后,或在原理图编辑窗口中单击后),它会显示整张原理图的缩略图,并会显示一个绿色的方框,绿色的方框里面的内容就是当前原理图窗口中显示的内容,因此,可用鼠标在它上面单击来改变绿色的方框的位置,从而改变原理图的可视范围。

3. 模型选择工具栏(Mode Selector Toolbar):

　　模型选择工具栏如图 5-1-2 所示,各个按钮的功能依次如下:

图 5-1-2　模型选择工具栏

编辑:单击编辑窗口内的元件后,编辑元件的属性;

元件放置:单击后,再点选对象选择器中的元件条目,在编辑窗口内放置元件;

节点放置:在电路中放置节点;

线路标号:给线路命名;

文本编辑:输入文字;

画总线:绘制总线;

画方框图:绘制方框图或子电路块;

终端:单击后对象选择器中将列出电源、输入和输出等各种终端,供选择放置;

引脚:单击后,对象选择器中将列出多种引脚,供选择放置;

仿真图表:单击后,对象选择器中将列出多种仿真分析用的图表,供选择使用;

磁带记录器:需要对电路分割仿真时,使用此功能;

激励源:单击后,对象选择器中将列出多种激励源(信号源),供选择使用;

电压探针:在电路中放置电压探针,仿真时将显示该处的电压;

电流探针:在电路中放置电流探针,仿真时将显示该处的电流;

虚拟仪器:单击后,对象选择器中将列出多种虚拟仪器,供选择使用;

2D 画线工具:单击后,对象选择器中将列出多种画直线的工具,供选择使用;

画方框工具;

画圆工具;

画弧线工具;

画任意图形工具;

A 文本编辑:用于插入文字说明;

电路符号:单击后,用 P 键可调出符号库,将需要的符号添加到对象选择器;

标记符号:单击后,对象选择器中将列出多种标记符号,供选择使用。

4. 元件列表区(The Object Selector)

元件列表区如 5-1-3 所示,用于挑选元件(components)、终端接口(terminals)、信号发生器(generators)、仿真图表(graph)等。举例,当选择"元件(components)",单击"P"按钮会打开挑选元件对话框,选择了一个元件后(单击"确定"按钮后),该元件会在元件列表中显示,以后要用到该元件时,只需在元件列表中选择即可。

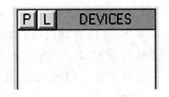

图 5-1-3　元件列表

5. 方向工具栏

方向工具栏如图 5-1-4 所示,前两个为旋转按钮,旋转角度只能是 90°的整数倍。后两个为翻转按钮,能完成水平翻转和垂直翻转。使用方法是先右键单击元件,再单击相应的旋转图标即可。

6. 仿真工具栏

仿真工具栏如图 5-1-5 所示,四个仿真控制按钮功能依次是:运行、单步运行、暂停和停止。

图 5-1-4　方向工具栏

图 5-1-5　仿真工具栏

5.2　电路原理图的设计

与其他 EDA 软件类似,用 Proteus ISIS 设计电路原理图的一般步骤是:建立设计文件→放置元器件→连接线路→电气规则检查→修改,直至获得满意的电路原理图。

下面以图 5-2-1 所示的按钮控制 LED 灯实例电路为例介绍电路原理图的设计过程。

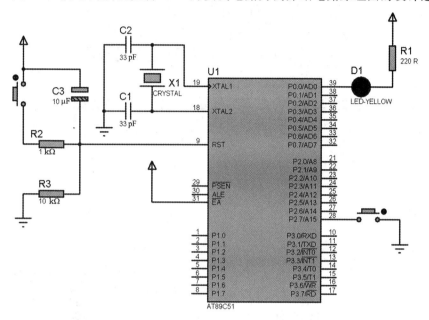

图 5-2-1　按钮控制 LED 灯实例电路图

5.2.1　建立设计文件

1. 创建设计文件夹

Proteus 系统默认的新建设计文件的目录一般是:C:\…\ Labcenter electronics\ Proteus7Professional \TEMPLATES\ DEFAULT. DTF。特别强调的是,在 Proteus 软件使用过程中,系统将会自动产生许多临时文件,强烈建议使用者首先选定期望保存设计文件的硬盘分区,并在其中自行创立专门的文件夹。例如,将文件夹路径设置为:"C:\单片机系统设计\1. 点亮第一盏 LED 灯"。以后在创建设计文件时,只需将存放目标设置为此文件夹,则在 Proteus 软件使用过程中,系统产生的各种项目临时文件将全部自动地存放在该文件夹中。

2. 建立和保存设计文件

在 ISIS 主界面点选菜单项:文件(File)→新建设计(New Design),弹出图 5-2-2 所示的对话框,所示可选的设计文件模板,默认的选项为 DEFAULT 模板,一般单击"确定"即可。

再点选菜单项:文件(File)→保存设计(Save Design),弹出图 5-2-3 所示的对话框。通过浏览方式在"保存在"下拉列表框中选择文件存放路径(例如:C:\单片机系统设计\1. 点亮第一盏 LED 灯),并在"文件名"文本框中输入设计文件名称"按钮控制 LED 灯"(文件名默认以 DSN 做扩展名),文件保存类型一般直接使用默认的设计文件(Design Files),单击"保存",完成设计文件的建立和保存。

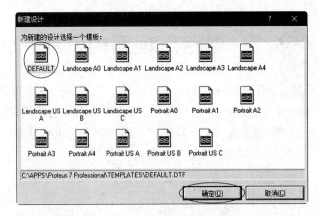

图 5-2-2　选择设计文件模板

图 5-2-3　保存设计文件

5.2.2　电路原理图设计

1. 打开元件库

设计电路原理图的首要任务是从元件库选取绘制电路所需的元件,这一步是最关键且重要的。Proteus ISIS 提供了四种打开元件库的方法,但最常用的方法是单击图 5-1-3 中的对象选择器顶端左侧"P"元件库浏览键,然后会弹出如图 5-2-4 所示的元件库浏览对话框(Pick Devices)。

该对话框,从上到下,从左至右分成:关键字、元器件分类列表、元器件子类列表、制造商列表、元器件查找结果列表、元件符号预览、元件外形封装预览和外形封装选择区域。

2. 从元件库查找元件

Proteus ISIS 提供了多种查找元件的方法,我们只介绍一种复合查找方式。

例如:查找 1 kΩ 电阻。在关键词(Keywords)区域键入 1 kΩ,然后选择类别(Category)中的 Resistors 类,此时将在结果(元件查找结果)列表区出现图 5-2-5 所示信息。根据这些信息可以快速查找到所需元件:MINRES1K(1 kΩ 小型金属膜电阻),单击确定即可,也可在结果列表区该元件的条目上双击,则该元件的条目将被提取到对象选择器中。

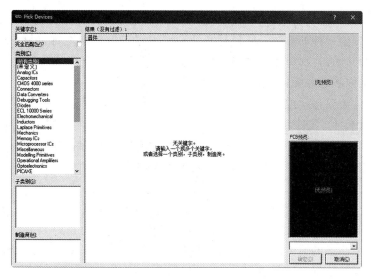

图 5-2-4 元件库浏览对话框

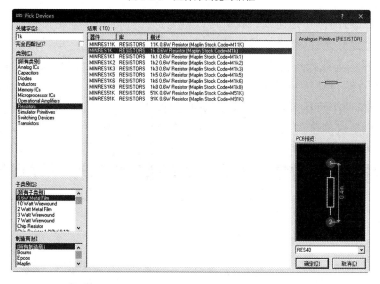

图 5-2-5 元件查找结果列表

Proteus ISIS 的元件库包含数千种元器件,要从其中迅速地提取出所需的元件,尽可能多了解常用元件的英文名称,及其部分描述的含意是十分必要的。同时,还可以参考元件符号和元件外形封装预览区的图形选择元件。

3. 放置元件

用以上介绍的方法将电路需要的元件大部分提取到对象选择器中以后,就可以开始放置元件了。如果以后需要增加元件可以用上述的方法继续查找并提取到对象选择器中。

(1)模型选择工具箱

在绘制电路图时经常要用到 ISIS 编辑程序窗口左边的模型选择工具箱,单击工具箱中不同的工具按键后,鼠标的功能相应地发生改变。模型选择工具箱中各个工具的名称和用法详见图 5-1-2。

(2)放置元件

单击模型选择工具箱的元件放置键,进入元件放置状态,再点选对象选择器中的元件条目,此时预览窗口将出现所选元件的符号。必要时,可以使用图 5-1-4 所示的方向工具栏中的旋转或翻转键来调整元件的方向。将鼠标移动到编辑窗口内单击左键,鼠标下出现该元件的外观,且跟随鼠标移动,再次单击放置该元件。也可以连击左键直接放置该元件。

（3）元件的选中状态和元件的移动、属性编辑

放置好的元件需要移动或者编辑其属性时,首先需要选中相应的元件。要选中单个元件时,将鼠标移到元件上,元件四周出现虚线框,单击元件,符号变成红色则该元件处于选中状态。要选中一部分区域的元件时,单击该区域的左上角,按住鼠标,向右下角拖曳出一片区域后松开鼠标,则该区域内的元件全部被选中,符号和导线等变成红色。在空白处单击,则取消选中状态,颜色复原。

鼠标单击,并保持按住处于选中状态的元件,元件将随鼠标移动;而拖曳处于选中状态的区域内任一元件时,该区域内的元件将全部随鼠标移动。

单击处于选中状态的元件,或连击元件时出现元件属性编辑（Edit Component）对话框,就可以修改或隐藏元件的标号和元件值。

4. 连线

放置元件完成后的操作是连线。我们可以将全部元件放置到编辑窗口内以后,再开始连线,也可以先放置部分元件,再边连线边补充元件。

Proteus ISIS 的连线操作是智能化的,不管用工具箱选定哪种工作模式,当鼠标靠近元件引脚端头时鼠标立刻自动转变成绿色笔,引脚端头出现方框,提示可以执行连线操作。

如果先后单击两个可连接点,ISIS 会自动走线连接两个点;需要指定连线路径时,只要在拐角处单击,分段走线即可。元件放置好以后的编辑窗口如图 5-2-6 所示。完成走线以后的电路如图 5-2-1 所示（图中省略了编辑界面的其他部分）。

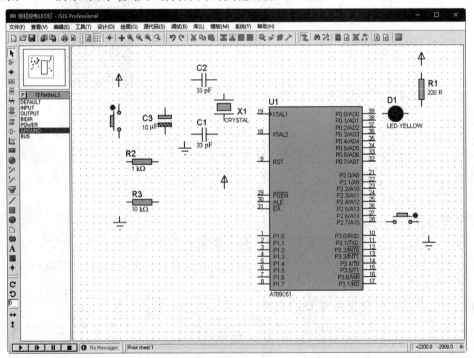

图 5-2-6   放置元件时的对象选择器窗口和编辑窗口

5.2.3　电路测试和材料清单

1. 电路测试

电路图绘制完成后,通常需要进行电气规则测试(Electrical Rule Check)。电气规则测试是利用电路设计软件对用户设计好的电路进行测试,以便能够检查出人为的错误或者疏忽。执行测试后,程序会自动生成报表,报告电路测试结果,提示可能存在的错误,常见的设计错误例如:悬空的管脚、没有连接的电源和地、节点设置等。

在编辑主界面中,点选工具(Tools)→电气规则测试(Electrical Rule Check)菜单命令后,系统执行电气规则测试,并给出电路测试结果报表。对图 5-2-1 所示电路图执行电路测试后结果报表如图 5-2-7 所示。

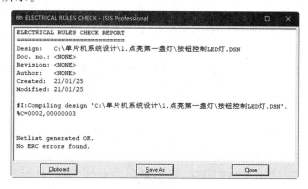

图 5-2-7　电路测试结果报表

从结果报表可以看出,网络表已经建立,电路没有 ERC 错误。

2. 材料清单

Proteus ISIS 提供设计电路的材料清单(Bill of Materials)。提取材料清单的操作,使用菜单命令:工具(Tools)→材料清单(Bill of Materials)→2. ASCII Output 即可。材料清单如图 5-2-8 所示。

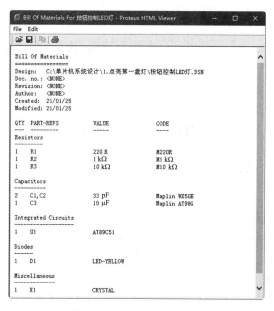

图 5-2-8　材料清单

5.3　ISIS 系统仿真

　　虚拟系统仿真(Virtual System Modeling，VSM)以其简单易用、节约成本等优点在 EDA 技术中扮演的角色越来越重要，然而大部分虚拟仿真技术主要面向一般的模拟和数字的硬件电路。Proteus 软件除了具有与其他 EDA 工具一样的原理图设计、PCB 布线及电路仿真的功能外，其革命性的功能是支持微控制器(含 51 单片机的仿真)。

5.3.1　ISIS 的单片机仿真功能

　　Proteus ISIS 提供的平台，可以使用户在其设计的单片机应用系统电路原理图上，直接运行虚拟仿真应用程序。ISIS 提供的单片机模型有 ARM7、PIC、AVR、Motorola HCXX 以及 8051 系列，ISIS 支持这些微控制器的仿真调试。

　　用户可以对微控制器所有的周围电子器件一起仿真，可以使用动态的键盘、开关、按钮，使用 LED/LCD、RS232、I^2C、SPI 终端等动态外设模型来对设计进行交互仿真，实时观察运行中的输入输出效果。

　　ISIS 也可用于软件开发和调试。ISIS 仿真系统将源代码的编辑和编译整合到同一设计环境中，用户可以在 ISIS 中直接编辑源程序，编译成目标程序后模拟运行，可以很容易地查看到源程序修改后对仿真结果的影响。ISIS 提供足够的调试工具，包括寄存器和存储器的观察窗口，断点和单步模式。

　　ISIS 中定义了源代码编译为目标代码的规则。启动执行源程序，进行仿真时，这些规则将被实时加载，目标代码自动更新。

　　用户也可以不使用 ISIS 提供的 IDE(集成开发环境)，而选择第三方的 IDE，例如对于源码的编辑可以使用 KEIL μVision4。

5.3.2　单片机仿真的基本方法

　　单片机应用系统仿真，首先必须设计好电路原理图；其次要编写出源程序文件，并将源程序文件编译成目标文件；最后将目标文件添加到电路中单片机元件的属性中，就可以仿真运行电路了。

　　电路原理图的设计方法在 5.2 节做了较详细的介绍，下面我们以图 5-2-1 所示的电路为例，介绍结合使用 KEIL μVision4 软件，在 ISIS 中进行单片机应用系统仿真的基本方法。

1. 在 KEIL μVision4 中建立源程序文件

　　关于 KEIL μVision4 软件的使用方法在第 4 章第 8 节中做了详细的说明，特别要说明的是应该先为 KEIL 工程文件创建一个文件夹，用于存放 KEIL 工程系列文件，强烈建议在 ISIS 设计文件夹(如 C:\单片机系统设计\1. 点亮第一盏 LED 灯)中再新建一个文件夹(文件夹名推荐为 CODE)用于存放 KEIL 工程的文件。初学者往往将 KEIL 工程的文件夹存放在桌面上，这种习惯非常不好。

2. 在 KEIL 中编辑程序文件

　　按第 4 章第 8 节所讲的步骤执行即可，该单片机系统程序比较简单，其 C51 代码如下：

```
#include <reg51.h>
```

```
sbit LED = P0^0;
sbit BUTTON = P2^7;
int main()
{
    LED = 1;
    while(1)
    {
        if(BUTTON==0)                //如果按钮被按下了
        {
            while(BUTTON==0);        //等待用户释放按钮
            LED = ! LED;
        }
    }
    return 0;
}
```

3. 在 KEIL 中编译生成目标文件

　　按第 4 章第 8 节所讲步骤执行即可,在此特别强调的是应该打开工程设置选项,点中生成 HEX 文件。具体操作流程如下:单击菜单"工程",再单击"为目标设置选项",在弹出的对话框中选中"输出"栏,再选中"产生 HEX 文件",然后单击"确定"按钮即可,如 5-3-1 所示。

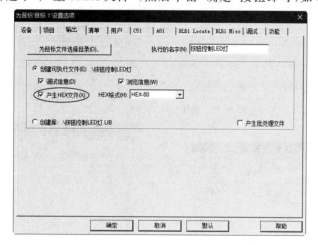

图 5-3-1　输出栏的设置

　　源码编写好后,单击编译按钮(或按 F7 键),KEIL 系统进行编译操作,当编辑输出窗口输出图 5-3-2 所示信息时,说明 HEX 文件生成成功。

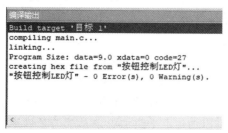

图 5-3-2　编译输出图

4.将目标文件"植入"单片机

在图 5-3-3 所示 ISIS 的编辑窗口中,双击 AT89C1 芯片,将出现编辑元件(Edit Component),元件属性编辑对话框如图 5-3-4 所示。对话框中的 Program File 一栏此时是空白的,单击栏框右侧的文件打开按钮,可以打开文件浏览对话框,如图 5-3-5 所示。在此对话框选中"按钮控制 LED 灯.hex",然后单击"打开"按钮,编辑窗口退回元件属性编辑对话框,Program File 栏出现文件名:CODE/按钮控制 LED 灯.hex,表示目标文件已经"植入"单片机。单击"确定"按钮,完成"植入"操作,回到图 5-3-3 所示的实验电路界面。

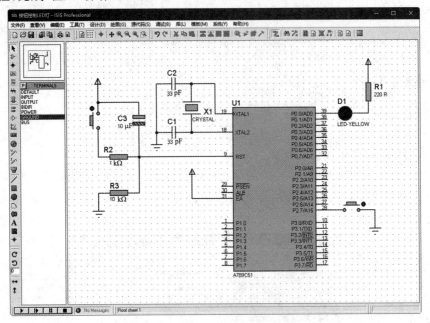

图 5-3-3　按钮控制 LED 灯实验电路图

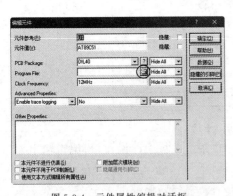

图 5-3-4　元件属性编辑对话框

图 5-3-5　文件浏览对话框

5.仿真运行

编辑窗口左下角布置了一个操作键盘 ▶ ▶ ▮▮ ▮ ,其功能依次为:全速运行、单步运行、暂停和停止。

按下运行键 ▶ ,电路开始仿真运行,如图 5-3-6 所示。这时不仅可以通过显示器件 LED 灯观察系统的输出功能,还可以通过电平指示观察系统的各处电平,红色代表高电平,蓝色代表低电平,灰色代表悬空高阻态。系统仿真时,用户用鼠标单击右下的按钮,LED 灯亮,再次单击按钮,LED 灯灭。

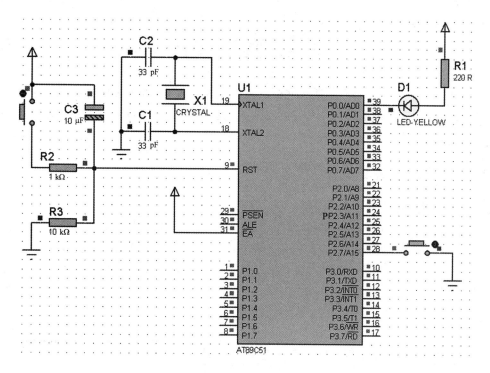

图 5-3-6　电路仿真运行图

　　另外，Proteus ISIS 仿真软件为了方便用户，节省单片机系统设计与开发时间，在单片机系统仿真时，可以省去单片机的最小系统电路，即复位电路与晶振电路，对于 EA 引脚也不需要接高电平，这样可以大幅缩短开发时间，但制作 51 单片机系统实物时，单片机的最小系统电路是不能省去的，否则单片机系统无法正常工作。如图 5-3-7 所示，在 Proteus ISIS 仿真时，不需要复位电路与晶振电路，系统也可以正常仿真。本书以后章节的实例项目中，有些实例省去了复位电路与晶振电路，就不做特别的说明了。

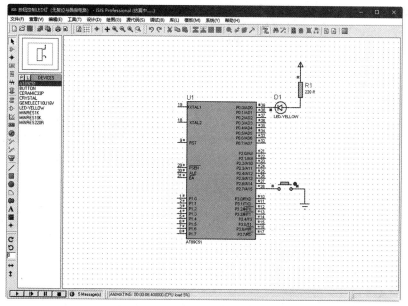

图 5-3-7　无复位电路与晶振电路的仿真图

5.4　仿真实例

利用 Proteus ISIS 软件进行单片机系统的设计与仿真,可以极大地提高单片机系统开发与设计的效率,是单片机系统设计与开放技术人员必须要掌握的技术。下面再通过两个实例的讲解,帮助读者掌握 Proteus ISIS 单片机系统设计与仿真技术。

5.4.1　流水灯系统设计

1. 系统硬件电路设计

本系统电路图与例题 3-36 相同,如图 5-4-1 所示,8 只 LED 连接在 P0 端口,LED 阴极指向 P0,阳极通过限流电阻接+5 V。由于 LED 接在 P0 端口,而 P0 端口内部无上拉电阻,与LED 灯串联的 8 只电阻同时起限流和上拉作用。该系统运行时要求 8 只 LED 从左到右循环滚动点亮,产生走马灯效果。

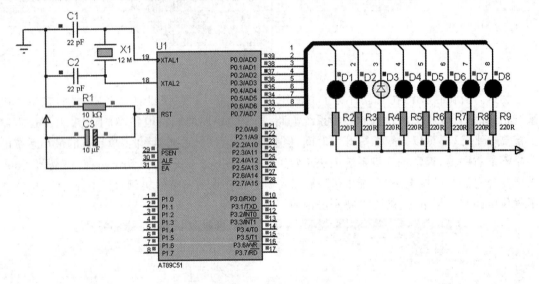

图 5-4-1　流水灯(跑马灯)电路图

2. 系统软件程序设计

在第 3 章例题 3-36 中,我们学习了流水灯的一种编程方案,这次我们换一种编程思路。我们先把二进制数 11111110B 赋给 A(或某变量),再把 A 赋给 P0 口,然后延时 200 毫秒,再把 A 循环左移一位后赋给 P0,依次循环。根据此思想可以写出以下源码。

(1)A51 汇编程序

```
          ORG 0100H
LOOP:    MOV  A, #0FEH
          MOV  R2, #8
OUTPUT: MOV  P0, A
          RL  A
          ACALL DELAY
          DJNZ  R2, OUTPUT
          AJMP  LOOP
```

```
DELAY：  MOV   R6，#0
          MOV   R7，#0
DELAYLOOP：           //延时程序
          DJNZ   R6，DELAYLOOP
          DJNZ   R7，DELAYLOOP
          RET
          END
```

(2)C51 程序

```
#include <reg51.h>
#include <intrins.h>   //需使用循环左移函数_crol_( )
#define uchar unsigned char
#define uint unsigned int
void DelayMS(uint x)
{
    uchar i;
    while(x——)
        for(i=120;i>0;i——);
}
void main( )
{
    P0 = 0xFE;
    while(1)
    {
        P0 = _crol_(P0,1);
        DelayMS(150);
    }
}
```

5.4.2　交通灯系统设计

1. 系统电路设计

本系统电路图如图 5-4-2 所示,12 只 LED 分成东西向和南北向两组,各组指示灯均有相向的 2 只红色、2 只黄色与 2 只绿色的 LED,本系统中对相应的 LED 单独进行了定义,程序运行时模拟了十字路口交通信号灯切换过程与显示效果。

通过本实例的训练,读者应该达到以下要求:1. 掌握交通灯设置的规则;2. 掌握交通灯切换子程序的编写。

2. 系统软件程序设计

程序中用 6 个 sbit 关键词对东西向和南北向的红、黄、绿指示灯分别进行定义,这样便于对它们进行单独控制。本实例将交通指示灯切换的时间设置得较短,这样便于调试与观察。

该系统软件设计的思想是:东西向绿灯亮若干秒后,黄灯闪烁 5 次后红灯亮,红灯亮后,南北向由红灯变为绿灯,绿灯亮若干秒后南北向黄灯闪烁,闪烁 5 次后红灯亮,东西向绿灯亮,如此重复。系统 C51 源码如下:

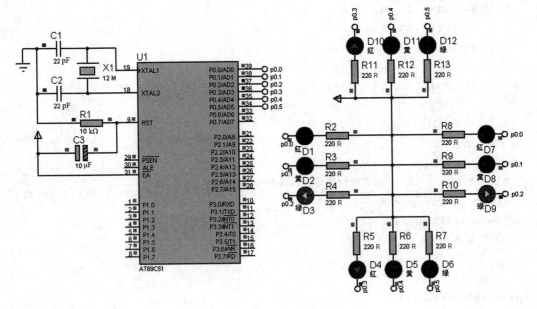

图 5-4-2   交通灯电路图

```
# include <reg52.h>
# define uchar unsigned char
# define uint unsigned int
sbit RED_A=P0^0;    //东西向指示灯
sbit YELLOW_A=P0^1;
sbit GREEN_A=P0^2;
sbit RED_B=P0^3;    //南北向指示灯
sbit YELLOW_B=P0^4;
sbit GREEN_B=P0^5;
uchar Flash_Count = 0;    //闪烁次数
uchar Operation_Type = 1;    //操作类型变量
void DelayMS(uint x)    //延时函数
{
    uchar t;
    while(x——)
        for(t=120;t>0;t——);
}
void Traffic_light()    //交通灯切换子程序
{
    switch(Operation_Type)
    {
        case 1://东西向绿灯亮与南北向红灯亮
                RED_A=1;YELLOW_A=1;GREEN_A=0;
                RED_B=0;YELLOW_B=1;GREEN_B=1;
                DelayMS(2000);
                Operation_Type = 2;//下一操作
                break;
```

```
case 2://东西向黄灯开始闪烁,绿灯关闭
        DelayMS(200);
        YELLOW_A=～YELLOW_A;
        if(++Flash_Count ！=10)return;
        Flash_Count=0;
        Operation_Type = 3;　//下一操作
        break;
case 3://东西向红灯亮与南北向绿灯亮
        RED_A=0;YELLOW_A=1;GREEN_A=1;
        RED_B=1;YELLOW_B=1;GREEN_B=0;
        DelayMS(2000);
        Operation_Type = 4;　//下一操作
        break;
case 4://南北向黄灯开始闪烁
        DelayMS(200);
        YELLOW_B=～YELLOW_B;
        if(++Flash_Count ！=10)return;
        Flash_Count=0;
        Operation_Type = 1;　//回到第一种操作
        break;
    }
}
void main()
{
    while(1)
    {
        Traffic_light();
    }
}
```

本章小结

Proteus 软件是一种可用于单片机系统及其外围接口器件仿真的 EDA 软件,它包含 ISIS 和 ARES 两个软件系统,其中 ISIS 是电路原理图设计及系统仿真软件,ARES 是电子线路 (板)布线软件。

ISIS 编辑程序的主界面的显示区域分成三个窗口。其中,编辑窗口用于放置元件、进行连线、绘制原理图;对象选择器中排列操作者选出的元器件名称;预览窗口一般显示全部原理图的缩影。

用 Proteus ISIS 设计电路原理图的一般步骤是:建立设计文件→放置元器件→连接线路 →电气规则检查→修改,直至获得满意的电路原理图。

用 Proteus 进行单片机应用系统仿真,要编写出源程序文件,并将源程序文件编译成目标文件;而后,将目标文件"植入"电路原理图中的单片机,就可以仿真运行了。

Keil μVision4 IDE 是针对 51 系列单片机推出的基于 Windows 平台，以 51 系列单片机为开发目标的集成开发环境。Keil 与 Proteus 可以联合使用，在单片机应用系统开发工作中，结合 Keil 与 Proteus 各自的特点，加以综合运用可以提高开发工作效率。

学习本章以后，应该达到以下要求：

(1) 熟悉 ISIS 编辑窗口的界面设置和操作工具、掌握编辑窗口的基本操作；能够使用 Proteus ISIS 设计电路原理图；

(2) 熟练掌握使用 Keil μVision4 IDE 编辑应用程序源码；

(3) 掌握综合运用 Keil 与 Proteus 的基本方法。

思考与练习题

5-1　若 5.4.1 中的单片机系统使用 12 MHz 晶振，请粗略计算其汇编延时程序的执行时间为多少？

5-2　若要使 5.4.1 中的单片机系统改为 8 只 LED 灯左右来回循环滚动点亮，该如何修改源程序？

5-3　把 5.2 节中的按钮控制 LED 灯实例改为两个按钮分别控制两只 LED 灯。

第**6**章

MCS-51 单片机的中断系统

【**本章要点**】 中断技术是一项非常重要的计算机技术,是 CPU 与外部设备交换信息的一种方式。计算机引入中断技术以后,可以对控制对象进行实时的处理和控制,中断系统是否比较完善已成为反映计算机功能强弱的重要标志之一。

MCS-51 单片机内部集成有中断控制模块,要利用单片机的中断资源进行控制系统的设计,首先要了解和掌握其中断系统的原理、结构和控制方法。本章先介绍 MCS-51 单片机中断系统的基本概念、结构及工作原理,接着详细讲述与中断系统有关的特殊功能寄存器,并分析中断响应过程、外部中断源的扩展方法,最后通过相应的 CDIO 项目实例的讲解来加深读者的理解。

【**思政目标**】 在讲解中断相关的 CDIO 项目实例时,让学生理解中断是对突发时间进行实时处理的一种有效机制。通过向学生讲授大学生入伍当兵的好处以及为祖国所做的贡献,来提高学生的爱国热情、增强民族自豪感和责任心。

6.1 概 述

6.1.1 中断的概念

中断的现象在我们的日常生活中经常发生,例如当你看书的时候,忽然电话铃响了,这时你就暂停看书去接电话,接完电话后,又从刚才被打断的地方继续往下看。在看书时被电话铃声打断从而去接电话的这一过程称为中断,而引起中断的原因,即中断的来源就称为中断源。在计算机中,中断指的是在计算机执行程序的过程中,如果外界或内部发生了紧急事件,请求 CPU 处理时,CPU 暂停当前程序的执行,转去处理所发生的紧急事件,待处理完毕后,再返回来执行原来被暂停的程序。中断过程如图 6-1-1 所示。

一般把实现中断功能的部件称为中断系统,又称中断机构。中断系统里面有如下一些基本概念。

(1)中断源:引起中断的请求源称为中断源。

(2)中断请求:中断源向 CPU 提出的处理请求,称为中断请求,也叫申请。

(3)中断响应:CPU 暂时中止自身的事务,转去处理事件的过程,称为 CPU 的中断响应。

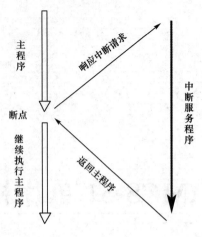

图 6-1-1　中断过程

(4)中断服务程序:CPU 响应中断后,处理中断事件的程序称为中断服务程序。

(5)断点地址:在 CPU 暂时中止执行的程序转去执行中断服务程序时的 PC 值称为断点地址。

(6)中断返回:CPU 执行完中断服务程序后回到断点的过程称为中断返回。

6.1.2　中断的功能

中断是计算机中的一项重要技术,计算机引入中断以后,大大地提高了它的工作效率和处理问题的灵活性。中断的功能主要体现在以下三个方面。

(1)使 CPU 与外设并行工作。计算机的中断系统可以使 CPU 与外设并行工作。CPU 在启动外设后,便继续执行主程序;而外设被启动后,开始进行准备工作。当外设准备就绪时,就向 CPU 发出中断请求,CPU 响应该中断请求并为其服务完毕后,返回断点地址继续运行主程序。外设在得到服务后,也继续进行自己的工作。因此,CPU 可以使多个外设同时工作,并分时为各外设提供服务,从而提高了 CPU 的利用率和系统输入/输出的速度。

(2)实现实时处理。单片机的重要应用领域是进行实时信息的采集、处理和控制。所谓实时,指的是单片机能够对现场采集到的信息及时做出分析和处理,以便对被控对象立即做出响应,使被控对象保持在最佳工作状态。有了中断系统,CPU 就可以及时响应随机输入的各种参数和信息使单片机具备实时处理和控制功能。

(3)故障及时处理。设备在运行时往往会出现一些故障,如断电、存储器奇偶校验出错、运算溢出等。有了中断系统,当出现上述情况时,CPU 可及时转去执行故障处理程序,自行处理故障而不必停机,从而提高了设备的可靠性。

6.2　中断系统的结构与相关 SFR

6.2.1　中断系统的结构

基本型 MCS-51 单片机的中断系统的结构如图 6-2-1 所示。基本型 MCS-51 单片机的中断系统提供 5 个中断源,2 个中断优先级,主要由与中断有关的 4 个特殊功能寄存器 TCON、SCON、IE、IP 和硬件查询电路等组成。

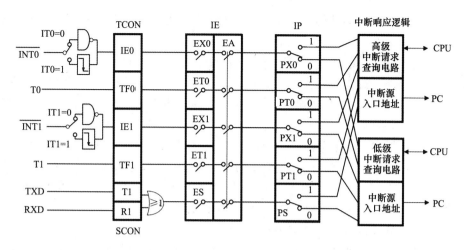

图 6-2-1　基本型 MCS-51 单片机的中断系统的结构

基本型 MCS-51 单片机有 5 个中断源,依次为:

- 外部中断 0($\overline{INT0}$)
- 定时器/计数器 0(T0)
- 外部中断 1($\overline{INT1}$)
- 定时器/计数器 1(T1)
- 串行口中断(TXD/RXD)

这 5 个中断源中,外部中断 0($\overline{INT0}$)和外部中断 1($\overline{INT1}$)是两个外部中断源,分别通过单片机的 P3.2 和 P3.3 两个引脚把中断源从单片机的外部引入内部。定时器/计数器 0(T0)、定时器/计数器 1(T1)和串行口中断(TXD/RXD)是内部中断源,分别来自单片机内部的定时器/计数器和串行口。

4 个特殊功能寄存器 TCON、SCON、IE、IP 在中断控制中起着非常重要的作用,是中断控制的核心,下面会重点介绍。

硬件查询电路主要用于判定 5 个中断源的自然优先级别,MCS-51 中断系统有高与低两级中断优先级。

6.2.2　中断有关的特殊功能寄存器

此类特殊功能寄存器主要用于控制中断的开放和关闭、保存中断信息、设置中断的优先级别等。MCS-51 单片机的中断系统主要由 4 个特殊功能寄存器 TCON、SCON、IE 和 IP 来实现对单片机中断系统的控制。

1. 定时器控制寄存器 TCON

TCON 为定时器/计数器 T0 和 T1 的控制寄存器,其功能是控制定时器的启动和停止,同时也锁存 T0 和 T1 的溢出中断标志及外部中断 0 和 1 的中断标志等。TCON 特殊功能寄存器复位后为 00H,内部共 8 位。其各位的格式如图 6-2-2 所示。

	8FH	8EH	8DH	8CH	8BH	8AH	89H	88H
TCON(88H)	TF1	TR1	TF0	TR0	IE1	IT1	IE0	IT0

图 6-2-2　TCON 各位的格式图

TCON 特殊功能寄存器的字节地址为 88H,TCON 的每个位还可以进行位操作,并且其各位还有位地址与专用名称,图 6-2-2 中上面一行即为各位的位地址。下面介绍一下各位的含义。

• IT0(Interrupt Trigger 0):外部中断 0 的中断触发方式控制位。

IT0＝0 时,外部中断 0 定义为电平触发方式。CPU 在每一个机器周期 S5P2 期间采样外部中断 0 的请求引脚 P3.2 的输入电平,若为低电平,则使相应的中断请求标志位 IE0 置 1;若为高电平,则使 IE0 清 0。

IT0＝1 时,外部中断 0 定义为边沿触发方式(又称跳变触发)。CPU 在每一个机器周期 S5P2 期间采样外部中断 0 的请求引脚 P3.2 的输入电平。如果在相继的两个机器周期采样过程中,一个机器周期采样到 P3.2 引脚为高电平,接着的下一个机器周期采样到 P3.2 为低电平,则使 IE0 置 1。直到 CPU 响应该中断时,才由硬件使 IE0 清 0。

• IE0(Interrupt Enable 0):外部中断 0(P3.2)的中断请求标志位。

当检测到外部中断 0 即 P3.2 引脚上存在有效的中断请求信号时,由硬件使 IE0 置 1。当 CPU 响应中断请求时,需使 IE0 清 0。IE0 的清 0 机制比较复杂,在后面会详细讲解。

• IT1:外部中断 1 的中断触发方式控制位,其含义与 IT0 类同。

• IE1:外部中断 1(P3.3)的中断请求标志位,其含义与 IE0 类同。

• TR0(Timer Run 0):定时器/计数器 T0 运行控制位。可通过软件置 1(TR0＝1)或清 0(TR0＝0)来启动或关闭 T0。

• TF0(Timer Full 0):定时器/计数器 T0 溢出中断请求标志位。当启动 T0 开始计数后,T0 从初值开始加 1 计数,计数器最高位产生溢出时,由硬件使 TF0 置 1,并向 CPU 发出中断请求。当 CPU 响应中断时,硬件将自动对 TF0 清 0。

• TR1:定时器/计数器 T1 运行控制位,其含义与 TR0 类同。

• TF1:定时器/计数器 T1 溢出中断请求标志位,含义与 TF0 类同。

注意:TCON 特殊功能寄存器这 8 位里面,有 IE0、IE1、TF0、TF1 四位是中断请求标志位,基本上是满足一定条件后由硬件自动置 1 和清 0 的,一般不需要用户进行设置;而 IT0、IT1、TR0、TR1 四位则需要用户根据具体的情况进行相应的软件设置。

2. 串行口控制寄存器 SCON

SCON 为串行口控制寄存器,用来对单片机的串行口进行控制。SCON 特殊功能寄存器复位后为 00H,内部共 8 位,字节地址为 98H,各位也可以进行位操作,因此其各位也有位地址与位名称。其各位的格式如图 6-2-3 所示。

	9FH	9EH	9DH	9CH	9BH	9AH	99H	98H
SCON(98H)	SM0	SM1	SM2	REN	TB8	RB8	TI	RI

图 6-2-3　SCON 各位的格式图

SCON 特殊功能寄存器中与中断功能有关的只有最后两位,其中:

• TI(Transmit Interrupt):串行口发送中断请求标志位。

当 CPU 将一个数据写入发送缓冲器 SBUF 时,就启动发送。每发送完一帧串行数据后,硬件置位 TI。CPU 响应中断时,系统硬件并不会清除 TI,必须在中断服务程序中由软件对 TI 清 0。

• RI(Receive Interrupt):串行口接收中断请求标志位。

在串行口允许接收时,每接收完一个串行帧,硬件置位 RI。同样,CPU 响应中断时不会清除 RI,必须在中断服务程序中由软件对 RI 清 0。

注意:这两位是中断请求标志位,在满足条件后由硬件自动置 1,但是硬件不会自动清 0,必须由软件对这两位清 0,即需要用户根据具体的情况进行相应的软件设置。这时因为 RI 和 TI 共用一个中断源,用户需要在中断服务程序中通过查询 RI 和 TI 的值来加以识别。

3. 中断允许寄存器 IE

单片机对中断源的开放或关闭是由中断允许寄存器 IE 控制的。IE 特殊功能寄存器复位后为 00H,内部共 8 位,字节地址为 A8H,各位也可以进行位操作,因此其各位也有位地址与位名称。其各位的格式如图 6-2-4 所示。

	AFH	AEH	ADH	ACH	ABH	AAH	A9H	A8H
IE(A8H)	EA	—	—	ES	ET1	EX1	ET0	EX0

图 6-2-4　IE 各位的格式图

- EA(Enable All):中断允许总控制位。

EA=0,屏蔽所有的中断请求;

EA=1,CPU 开放中断。

对各中断源的中断请求是否允许,还要取决于各中断源的中断允许控制位的状态。这就是所谓的两级控制。

- ES(Enable Serial):串行口中断允许位。

ES=0,禁止串行口中断;

ES=1,允许串行口中断。

- ET1(Enable Timer1):定时器/计数器 T1 的溢出中断允许位。

ET1=0,禁止 T1 中断;

ET1=1,允许 T1 中断。

- EX1(Enable External1):外部中断 1 的溢出中断允许位。

EX1=0,禁止外部中断 1 中断;

EX1=1,允许外部中断 1 中断。

- ET0(Enable Timer0):定时器/计数器 T0 的溢出中断允许位。

ET0=0,禁止 T0 中断;

ET0=1,允许 T0 中断。

- EX0(Enable External0):外部中断 0 的溢出中断允许位。

EX0=0,禁止外部中断 0 中断;

EX0=1,允许外部中断 0 中断。

【例 6-1】　假设允许 INT0、T1 中断,试设置 IE 的值。

解　C51 语言编程可以有两种方法。

(1)用位操作:

```
EX0=1;        //允许外部中断 0 中断
ET0=1;        //允许定时/计数器 0 中断
EX1=1;        //允许外部中断 1 中断
ET1=1;        //允许定时/计数器 1 中断
EA=1;         //开总中断控制
```

(2)用字节操作:

```
IE=0x8F;
```

4. 中断优先级控制寄存器 IP

单片机有 5 个中断源,每个中断源又有两级中断优先级:高优先级和低优先级。每一个中断源都可以通过中断优先级控制寄存器 IP 设置为高优先级中断或者低优先级中断。中断优先级控制寄存器 IP 各位的格式如图 6-2-5 所示。

			BDH	BCH	BBH	BAH	B9H	B8H
IP(B8H)	—	—	—	PS	PT1	PX1	PT0	PX0

图 6-2-5   IP 各位的格式图

- PS(Priority Serial):串行口中断优先级控制位。
- PT1(Priority Timer1):定时器/计数器 T1 中断优先级控制位。
- PX1(Priority External1):外部中断 1 中断优先级控制位。
- PT0(Priority Timer0):定时器/计数器 T0 中断优先级控制位。
- PX0(Priority External0):外部中断 0 中断优先级控制位。

若某控制位为 1,则相应的中断源规定为高级中断;反之为 0,则相应的中断源规定为低级中断。

当 CPU 同时接收到多个中断源的中断请求时,要根据优先级的硬件排队来解决响应哪一个,高优先级的中断源先响应。如果 IP 寄存器的上述某一位为 1,则对应的中断源被设定为高优先级;如果对应位为 0,则对应的中断源被设定为低优先级。对于同级中断源,则有系统默认的优先级顺序,称为自然优先级,见表 6-2-1。

表 6-2-1   中断优先级的排列顺序

中断源	优先级顺序
外部中断 0	最高
定时器/计数器 T0 中断	
外部中断 1	
定时器/计数器 T1 中断	
串行口中断	最低

当 CPU 正在处理一个中断请求时,又出现了另一个优先级比它高的中断请求,此时 CPU 就暂时停止执行原来低优先级中断请求的服务程序,保护当前断点,转去处理高优先级中断请求,在服务完毕后回到原来被中止的中断程序继续执行,此过程称为中断嵌套。两级中断嵌套的处理过程如图 6-2-6 所示。

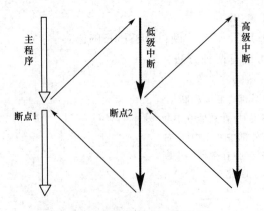

图 6-2-6   两级中断嵌套的处理过程

6.3　中断处理过程

6.3.1　中断处理

中断处理可分为三个阶段,即中断响应、中断处理和中断返回。

1.中断响应

MCS-51 单片机的 CPU 在每一个机器周期内顺序查询每一个中断源。当有中断源申请中断时,先将这些中断请求锁存在各自的中断标志位中,在下一个机器周期这些被置位的中断标志位将会被查到,并按优先级高低进行处理;中断系统将修改程序计数器 PC 的当前值,CPU 转去执行相应的中断服务程序。但下列三个条件中的任何一个都能封锁 CPU 对中断的响应。

(1)CPU 正在处理同级的或高一级的中断。

(2)当前指令未执行完。

(3)当前正在执行的是中断返回指令(RETI)或是对 IE 或 IP 寄存器进行读写的指令。

上述三个条件中,第二条是保证把当前指令执行完,第三条是保证如果正在执行的是 RETI 指令或是对 IE、IP 访问的指令时,必须至少再执行完一条指令之后才会响应中断。

单片机响应中断后必须马上撤除中断源的中断请求位,即置相应中断请求标志位为零。中断请求标志位的撤除方式共有 3 种:

(1)由硬件撤除的中断请求:

①定时器/计数器 0、1。

②跳变触发的外部中断 0、外部中断 1。

(2)由软件撤除的中断请求:

串行接口(RI、TI)。

(3)由硬件＋软件撤除的中断请求:

电平触发的外部中断 0、1。

2.中断处理

如果一个中断被响应,则应按下列过程进行处理:

第 1 步,可以根据需要置相应的优先级触发器状态为 1,以封锁同级和低级的中断请求。

第 2 步,在硬件控制下,将被中断的程序的断点地址(PC 的当前值)压入堆栈进行保护,即保护断点,以便从中断服务程序返回时能继续执行该程序。

第 3 步,根据中断源的类别,在硬件的控制下,程序的执行转到相应的中断入口地址,即将被响应的中断入口地址送入 PC 中,开始执行中断服务程序,并清除中断源的中断请求标志。与各中断源对应的中断入口地址,见表 6-3-1。

表 6-3-1　　　　中断源的入口地址

中断源	入口地址
外部中断 0 $\overline{INT0}$	0003H
定时器/计数器 T0	000BH
外部中断 1 $\overline{INT1}$	0013H
定时器/计数器 T1	001BH
串行口	0023H

由于这 5 个中断源的中断入口地址之间，相互仅间隔 8 个字节单元，一般情况下，8 个字节单元是不足以存放一个中断服务程序的。因此，通常在中断入口处安排一条跳转指令，以跳转到存放在其他地址空间的中断服务程序入口处。

3. 中断返回

中断服务程序的最后一条指令必须是中断返回指令 RETI。CPU 执行 RETI 指令时，对响应中断时所置位的优先级状态触发器清零，然后从堆栈中取出断点地址，送到 PC 中，恢复断点。CPU 从断点处重新执行被中断的程序。如果进行的中断处理需要保护现场，那么应该在中断服务程序的开头部分用 PUSH 指令把有关存储单元的内容压入堆栈，在中断返回前，再用 POP 指令从堆栈中弹出相应存储单元的内容，以完成恢复现场操作。

6.3.2　中断响应时间

外部中断 $\overline{INT0}$ 和 $\overline{INT1}$ 的电平在每个机器周期的 S5P2 期间被采样并锁存在 IE0 和 IE1 中，这个置入 IE0 和 IE1 的状态在下一个机器周期才被查询电路查询。如果产生了一个中断请求，而且满足响应的条件，CPU 则响应中断，由硬件生成一条长调用指令转到相应的服务程序入口（执行这条指令占用 2 个机器周期）。因此，从中断请求有效到执行中断服务程序的第一条指令的时间间隔至少需要三个完整的机器周期。

如果中断请求被前面所述的三个条件之一所封锁，将需要更长的响应时间。若一个同级的或高优先级的中断已经在进行，则延长的等待时间显然取决于正在处理的中断服务程序的长度；如果正在执行的是一条主程序的指令，但还没有进行到最后一个机器周期，则所延长的等待时间不会超过三个机器周期，这是因为 MCS-51 单片机的指令系统中最长的指令（MUL 和 DIV）也只有四个机器周期；若正在执行的是 RETI 指令或者是访问 IE 或 IP 指令，则延长的等待时间不会超过 5 个机器周期（完成正在执行的指令还需要 1 个周期，加上完成下一条指令所需要的最长时间即 4 个周期，如 MUL 和 DIV 指令）。因此，在系统中只有 1 个中断源的情况下，响应时间是在 3 个机器周期到 8 个机器周期之间。

6.3.3　电平触发与跳变触发的区别

外部中断 $\overline{INT0}$ 和 $\overline{INT1}$ 都有 2 种触发方式。下面以外部中断 $\overline{INT0}$ 为例，从触发方式、适用情况和撤除方式 3 个方面说明二者的区别。

当 IT0=0 时，为电平触发，IT0=1 时为跳变触发。

1. 触发方式

电平触发时，IE0 的状态值会随 CPU 在每个机器周期采样的 INT0 电平变化而变化。跳变触发时，IE0 能锁存 INT0 的负跳变，直到 CPU 响应此中断才清 0。

2. 适用情况

电平触发适用于外部中断以低电平输入而且中断服务程序能清除外部中断请求源（又变为高电平）的情况。跳变触发适用于以负脉冲形式输入的外部中断请求。

3. 撤除方式

电平触发中 IE0 的撤除不是自动的，还需要在中断响应后把 INT0 强制改为高电平，一般需采用 D 触发器外围电路，比较烦琐。如图 6-3-1 所示为电平触发方式中断请求撤除电路。此电路用 D 触发器锁存外来的中断请求电平，输出端 Q 接到 $\overline{INT1}$，此处选通信号为正脉冲。

D 触发器的 D 为预置端,R 为清零端。即 D 为置 1 端,R 为置 0 端。D＝1,R＝0 时,Q 为 0,C 由低电平变高电平时,触发器翻转为 1,经非门后为 0,产生中断请求。中断响应后,$\overline{\text{INT1}}$ (IE1)的低电平必须强制改为高电平。这时,只要 P2.6 输出一个负脉冲就可以使 D 触发器置复位(Q＝0),用下面两条指令即可。

CLR　P2.6

SETB P2.6

可见电平触发的撤除是通过软硬件相结合来实现的。

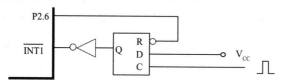

图 6-3-1　电平触发方式中断请求撤除电路

而跳变触发方式的中断请求标志位为自动撤除,用户不需要关心。一般情况下,建议用户尽量选择跳变触发方式。

6.4　外部中断源的扩展

MCS-51 单片机只有两个外部中断源,当实际应用中需要多个外部中断源时,可通过采用硬件请求和软件查询相结合的方法加以扩展。

一般方法是:把多个中断源通过"或非"门接到外部中断输入端,同时又连到某个 I/O 端口,这样每个中断源都能引起中断,然后在中断服务程序中通过查询 I/O 端口的状态来区分是哪个中断源引起的中断。若有多个中断源同时发出中断请求,则查询的次序就决定了同一优先级中断源的优先级。

【例 6-2】　如图 6-4-1 所示为某系统的中断源扩展电路。当系统各部分正常工作时,四个故障源的输入均为低电平,LED 灯全都不亮。当有某个故障发生时,相应的输入线由低电平变为高电平,对应的发光二极管点亮。要求编程实现上述功能。

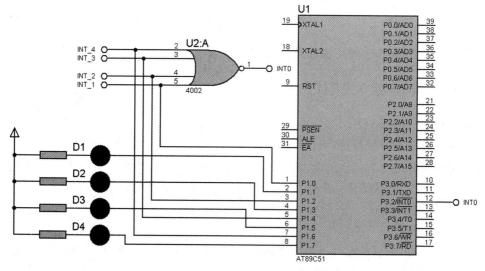

图 6-4-1　某系统的中断源扩展电路

解 C51 语言源码如下：

```
#include<reg51.h>
sbit INT_1=P1^0;
sbit LED1=P1^1;
sbit INT_2=P1^2;
sbit LED2=P1^3;
sbit INT_3=P1^4;
sbit LED3=P1^5;
sbit INT_4=P1^6;
sbit LED4=P1^7;
void  main()
{
    P1=0x55;              //P1.0,P1.2,P1.4,P1.6 为输入,其他引脚输出
    EX0=1;                //允许外部中断 0 中断
    IT0=1;                //选择边沿触发方式
    EA=1;                 //CPU 开中断
    while (1);            //等待中断
}
void int0_server( )interrupt 0
{
    P1=0x55;
    if (INT_1)LED1=0;     //故障 1 为高电平,则 LED1 点亮
    if (INT_2)LED2=0;
    if (INT_3)LED3=0;
    if (INT_4)LED4=0;
}
```

6.5 外部中断 CDIO 项目实例

中断系统虽是硬件系统,但也必须由相应的软件配合才能正确使用。具体到外部中断,既有硬件方面的设置,又有软件方面的编程,二者缺一不可。

6.5.1 外部中断 0 控制 LED 灯

1. 项目构思 (Conceive)

这是一个比较简单的项目,项目要求通过外部中断 0 来控制一盏 LED 灯,可以在外部中断 0 的中断源引脚(P3.2)外接一个 BUTTON 按钮,在 P0.0 口外接一个 LED 灯,用户每按下 BUTTON 键,CPU 就会响应其中断请求,在中断服务程序中把 P0.0 引脚的电平取反即可。

2. 项目设计 (Design)

(1)硬件电路设计

根据项目构思,系统的硬件电路设计如图 6-5-1 所示,其中 R1 与 D1 串联后接到 P0.0 口,当 P0.0 口输出低电平时,D1 亮,输出高电平时,D1 灭。K1 外接在 P3.2 口,用户每按一次

键,就会在 P3.2 口产生 1 个负脉冲,所以外部中断 0 的触发方式应该选择为跳变触发方式。

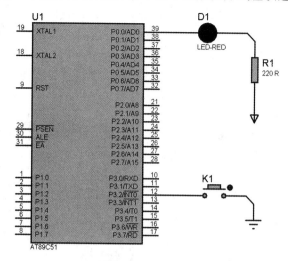

图 6-5-1　外部中断 0 控制 LED 灯电路

(2)软件设计

根据项目构思与硬件电路,系统软件源码设计如下:

①A51 汇编程序源码

```
        ORG 0000H
        AJMP MAIN
        ORG 0003H
        AJMP B_INT0
        ORG 0100H
MAIN：  SETB EA              ;开总中断
        SETB EX0             ;开外部中断 0
        MOV TCON，#01H        ;设置外部中断 0 的触发方式为跳变触发
        SJMP $               ;原地等待
        ORG 0200H
B_INT0：CPL P0.0             ;把 P0.0 口取反
        RETI                 ;中断返回
        END
```

②C51 程序源码

```c
#include <reg51.h>
sbit LED = P0^0;
void main()
{
    LED = 1;
    EA =1;
    EX0 = 1;
    TCON = 0x01;
    while(1);
}
void External_Interrupt_0()interrupt 0      //外部中断 0 中断服务函数
```

```
{
    LED = ~LED;
}
```

3. 项目实现（Implement）

在 Proteus 中加载程序代码并运行仿真，通过操作按键观察程序功能。用户每按一次 K1 键，LED 灯就在亮与灭两种状态转换，如图 6-5-2(a)、6-5-2(b)所示。

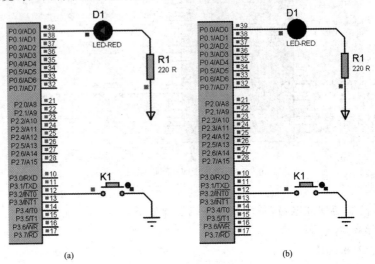

图 6-5-2　程序运行片段仿真

4. 项目运作（Operate）

本项目虽然比较简单，但可以扩展改进为市场产品。例如 P0.0 口可以改为一个继电器来控制 220 V 的照明灯，K1 可以改为触摸式按钮，这样就可以做出触摸式照明开关。

6.5.2　外部中断 0 控制流水灯

1. 项目构思（Conceive）

此项目要求通过外部中断来控制流水灯。系统运行时，8 只 LED 灯依次点亮。按下 K1，流水灯暂停，再次按下 K1，流水灯又依次点亮……

2. 项目设计（Design）

（1）硬件电路设计

根据项目构思，系统的硬件电路设计如图 6-5-3 所示，8 只 LED 灯接在 P0.0 口，构成流水灯。K1 外接在 P3.2 口，为外部中断 0 的中断源。

（2）软件设计

根据项目构思与硬件电路，系统软件源码设计如下：

```
#include <reg51.h>
unsigned char code A[]={0x01,0x02,0x04,0x08,0x10,0x20,0x40,0x80};
void DelayMs(unsigned int x);
int main()
{
    unsigned char i=0;
    F0 = 1;  //流水灯控制 1 启动,0 停止
```

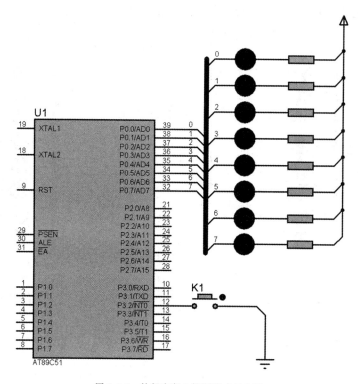

图 6-5-3　外部中断 0 控制流水灯电路

```
ITO = 1；   //INT0 选择跳变触发方式
EX0 = 1；EA = 1；   //允许 INT0 中断
while(1)
{
    if(F0)
    {
        P0 = ~A[i]；
        i = ++i%8；
        DelayMs(150)；
    }
}
return 0；
}
void DelayMs(unsigned int x)   //延时函数
{
    unsigned char i；
    while(x－－)
        for(i=120；i＞0；i－－)；
}
void EX_INT0()interrupt 0   //外部中断 0 函数
{    F0 = ~F0；    }
```

3. 项目实现（Implement）

在 Proteus 中加载程序代码并运行仿真，通过操作按键观察程序功能。用户按下 K1 键，流水灯就会暂停,再次按下流水灯就会继续运行,如图 6-5-4(a)、6-5-4(b)所示。

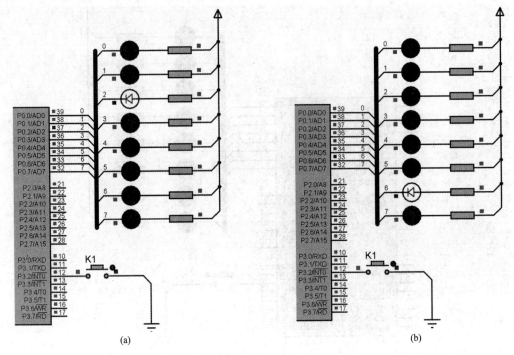

(a)　　　　　　　　　　　　(b)

图 6-5-4　程序运行片段仿真

4. 项目运作(Operate)

流水灯运行时,CPU 全权负责流水灯的状态,如果不采用外部中断很难让流水灯停下来。本项目读者可以进一步拓展,当用户按下 K1 键时,让流水灯改变方向。试写出相应的源码。

本章小结

1. 中断是计算机的一个很重要的技术,在自动检测、实时控制、应急处理方面都要用到。中断过程一般包括中断响应、中断处理和中断返回三个阶段。

2. MCS-51 单片机有 5 个中断源,分别是外部中断 0 和外部中断 1,定时器/计数器 T0 和 T1 的溢出中断,串行口完成一帧的发送或接收中断。这 5 个中断源由系统硬件排定自然优先级,还可由中断优先级寄存器 IP 设定为 2 个优先级。

3. 5 个中断源的中断请求借用定时/计数器的控制寄存器 TCON 和串行控制寄存器 SCON 中的有关位作为标志,某一中断源申请中断有效时,系统硬件将自动置位 TCON 或 SCON 中的相应标志位。外部中断源的触发方式可由 TCON 中的 IT 位设定为电平触发或边沿触发方式。

4. CPU 对所有中断源或某个中断源的开放和禁止,由中断允许寄存器 IE 管理。

5. 外部中断可借用定时器溢出中断扩展,也可采用查询法扩展,还可采用 8259 等多功能芯片扩展外部中断源。

思考与练习题

6-1　什么是中断？单片机中为什么要设立中断？

6-2　MCS-51 单片机中断系统由哪几部分组成？试画出中断系统逻辑结构方框图。

6-3　简述中断源、中断源优先级及中断嵌套的含义。

6-4　MCS-51 单片机能提供几个中断源？几个中断优先级？各个中断源优先级怎样确定？在同一优先级中各个中断源的优先级怎样确定？

6-5　MCS-51 单片机的外部中断有哪两种触发方式？如何选择？对外部中断源的触发脉冲或电平有何要求？

6-6　中断允许寄存器 IE 各位的定义是什么？请写出允许串行口中断的指令。

6-7　简述中断响应的原则。

6-8　简述 MCS-51 单片机中断响应过程。

6-9　在 MCS-51 单片机中，各中断标志是如何产生的？又如何清除这些中断标志？各中断源所对应的中断入口地址是多少？

6-10　MCS-51 单片机中若要把外部中断源扩充为 6 个，可采用哪些方法？如何确定它们的优先级？

第7章

MCS-51 单片机的定时器/计数器

【本章要点】 MCS-51 单片机内部有两个 16 位可编程的定时器/计数器,即 T0 和 T1,它们都具有定时与计数的功能,可用于定时控制、延时和对外部事件计数等场合。与软件延时相比较,具有计时准确且可以使 CPU 与时钟并行工作,不影响 CPU 工作效率的优点。本章先详细讲解 MSC-51 单片机定时器/计数器的结构、工作模式及其使用方法,然后再通过相关的 CDIO 实例讲解来加强读者的理解。

【思政目标】 在讲解定时器相关的 CDIO 项目实例中,通过单片机控制和软件算法实现蜂鸣器播放经典歌曲《东方红》。用红色歌曲提升学生的爱国情感,强化了学生思想政治教育的内涵。

7.1 定时器/计数器的结构

在控制系统中,常常需要进行时间上的定时、延时,或者来对外部事件进行计数。通常采用以下三种方法来实现定时或者计数:

(1)软件法。通过执行一段循环程序来进行时间上的延时,它的优点是没有额外的硬件电路,但牺牲了 CPU 的时间,且不容易得到比较精确的定时时间。

(2)硬件法。完全由硬件电路完成,不占用 CPU 的时间。但当要求改变定时时间的时候只能通过改变电路中的元件参数来实现。

(3)可编程定时器/计数器。利用软件编程来实现定时时间的改变,通过中断或查询来完成定时或者计数功能,当定时时间到或者计数满时置位溢出标志。

MCS-51 单片机的内部带有 2 个 16 位的可编程定时器/计数器模块,因此在应用系统设计中通常采用第三种方式。

基本型 MCS-51 单片机定时器/计数器的内部结构如图 7-1-1 所示。

从图 7-1-1 中可以看出,基本型 MCS-51 单片机的定时器/计数器主要由以下部分构成:

• 两个 16 位的可编程定时器/计数器,即 T0 和 T1,它们都是 16 位的具有加 1 功能的计数器,既可以工作在定时方式,也可以工作在计数方式。

• 每个定时器均由两部分构成:THx 和 TLx。

• 特殊功能寄存器 TMOD 和 TCON 能对 T0 和 T1 进行控制。

• 当工作在计数方式时,引脚 P3.4、P3.5 为输入计数脉冲端口。

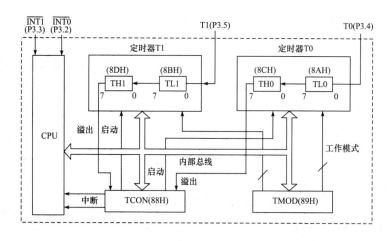

图 7-1-1　基本型 MCS-51 单片机定时器/计数器的内部结构

- 特殊功能寄存器之间是通过内部总线和控制逻辑电路连接起来的。

7.2　定时器/计数器的工作模式

每个定时器都可由软件设置为定时工作方式或计数工作方式及其他灵活多样的可控功能方式。定时器工作不占用 CPU 时间,除非定时器/计数器溢出,才能中断 CPU 的当前操作。

1. 定时工作方式

如图 7-2-1 所示,定时器计数单片机片内振荡器经 12 分频后的脉冲,即每个机器周期使定时器(T0 或 T1)的数值加 1,直至计数满溢出。当单片机采用 12 MHz 晶振时,一个机器周期为 1 μs,计数频率为 1 MHz。

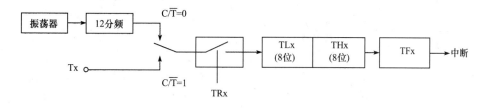

图 7-2-1　定时器/计数器的工作原理

2. 计数工作方式

通过引脚 T0(P3.4)和 T1(P3.5)对外部脉冲信号计数。计数器在每个机器周期的 S5P2 节拍采样引脚电平,若上一个机器周期的 S5P2 节拍采样值为 1(高电平),下一个机器周期 S5P2 节拍采样值为 0(低电平),则计数器的值加 1。

CPU 检测一个由 1 至 0 的下跳变需要两个机器周期,为了确保某个电平在变化之前被采样一次,要求电平保持时间至少是一个完整的机器周期。故最高计数频率为振荡频率的 1/24。如果晶振频率为 12 MHz,则最高计数频率为 0.5 MHz。

注意:单片机作为定时器还是计数器,其最大的区别就是脉冲的来源不同,当来源于晶振分频后的内部脉冲时作为定时器,当来源于 P3.4 和 P3.5 引脚的外部脉冲时作为计数器。

7.2.1　特殊功能寄存器 TMOD 和 TCON

定时器/计数器的工作主要由特殊功能寄存器 TMOD 和 TCON 控制。下面介绍这两个寄存器。

1. 寄存器 TMOD

TMOD 主要用于设定 T0 和 T1 的工作模式。它主要由两部分组成,高 4 位用于设置 T1 的工作模式,低 4 位用于设置 T0 的工作模式。TMOD 的字节地址为 89H,不可位寻址。复位后,TMOD=00H。其内容格式如图 7-2-2 所示。

	D7	D6	D5	D4	D3	D2	D1	D0
TMOD(89H)	GATE	C/$\overline{\text{T}}$	M1	M0	GATE	C/$\overline{\text{T}}$	M1	M0

图 7-2-2　TMOD 内容格式

图中各位具体含义如下:

· GATE——门控位。

GATE=1 时,由外部中断引脚 $\overline{\text{INT0}}$、$\overline{\text{INT1}}$ 和 TR0、TR1 共同来启动定时器。当 $\overline{\text{INT0}}$ 引脚为高电平时,TR0 置位,启动定时器 T0。当 $\overline{\text{INT1}}$ 引脚为高电平时,TR1 置位,启动定时器 T1。

GATE=0 时,仅由 TR0 和 TR1 置位来启动定时器 T0 和 T1。

· C/$\overline{\text{T}}$——定时器/计数器工作方式选择位。

C/$\overline{\text{T}}$=0 时,选择定时器(Timer)方式。

C/$\overline{\text{T}}$=1 时,选择计数器(Counter)方式。

· M1、M0——定时器/计数器工作模式选择位。

单片机的定时器/计数器 T0 一共有 4 种工作模式,T1 则只有 3 种。M1 和 M0 用于对这些工作模式进行选择,见表 7-2-1。

表 7-2-1　　　　　　　　　　定时器/计数器的工作模式

M1	M0	工作模式	功能
0	0	模式 0	13 位定时器/计数器
0	1	模式 1	16 位定时器/计数器
1	0	模式 2	8 位自动重置初值定时器/计数器
1	1	模式 3	定时器 0:TL0 可做 8 位定时器/计数器,TH0 为 8 位定时器 定时器 1:不工作

这 4 种工作模式中模式 0～2 对 T0 和 T1 是一样的,模式 3 对两者不同,T1 不能工作在模式 3,若强行设置为模式 3,则 T1 将停止工作。

TMOD 寄存器各位定义及具体意义如图 7-2-3 所示。

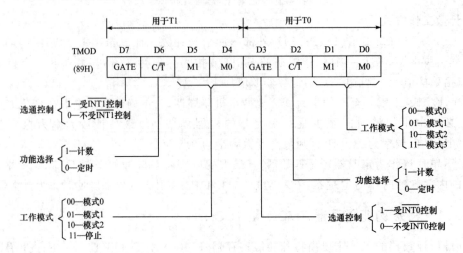

图 7-2-3　TMOD 寄存器各位定义及具体意义

2. 寄存器 TCON

在学习外部中断时,已经了解了 TCON 寄存器。在这里主要使用 TR0 和 TR1 来启动定时器/计数器 T0 或 T1 开始工作。

7.2.2　定时器/计数器的四种模式及应用

1. 模式 0

模式 0 是一个 13 位的定时器/计数器。其逻辑电路如图 7-2-4 所示。

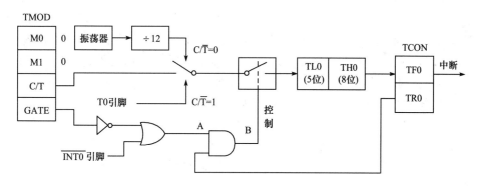

图 7-2-4　T0(或 T1)的模式 0 逻辑电路

在模式 0 状态下,16 位寄存器(TH0 和 TL0)只用了其中的 13 位,包括 TL0 的低 5 位和 TH0 的 8 位,TL0 的高 3 位未用。当 TL0 的低 5 位计满溢出时向 TH0 进位,TH0 溢出时向中断标志 TF0 进位,硬件自动置位 TF0,并向 CPU 申请中断。同时,13 位计数器继续从 0 开始加 1 计数。

作为定时器使用时,其定时时间 t 的计算公式为

$$t = (2^{13} - T0\ 初值) \times 振荡周期 \times 12 = (2^{13} - T0\ 初值) \times 机器周期$$

在实际应用中,定时时间 t 往往是已知的,晶振频率 f_{osc} 也是已知的,需要求的是计数器的初值。对应定时时间 t,计数初值 X 的计算公式为

$$X = 2^{13} - t/t_{CY} = 2^{13} - t \times f_{osc}/12$$

在计数工作方式,计数长度最大为

$$2^{13} = 8\ 192(个外部脉冲)$$

【例 7-1】　设定时器 T0 选择工作模式 0,定时时间 1 ms,$f_{osc} = 6$ MHz。试确定 T0 初值。

解　当 T0 处于工作模式 0 时,加 1 计数器为 13 位。

设 T0 的计数初值为 X,则有

$$X = 2^{13} - 1 \times 10^{-3} \times 6 \times 10^{6}/12 = 8\ 192 - 500 = 7\ 692 = 1\ 1110\ 0000\ 1100B$$

T0 的低 5 位为 01100B,即 0x0C,所以 TL0=0x0C。

T0 的高 8 位为 11110000B,即 0xF0,所以 TH0=0xF0。

2. 模式 1

模式 1 是一个 16 位的定时器/计数器。如图 7-2-5 所示为 T0 的模式 1 逻辑电路。

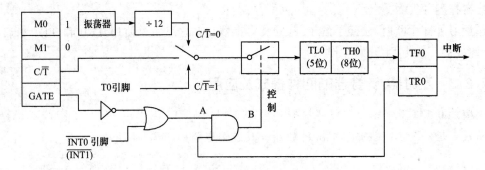

图 7-2-5　T0(或 T1)的模式 1 逻辑电路

在该模式下,TH0 和 TL0 对应的 16 位全部参与计数运算。当 TL0 的 8 位计满溢出时,向 TH0 进位;当 TH0 的 8 位计满溢出时,向中断标志 TF0 进位,硬件自动置位 TF0,并向 CPU 申请中断,同时 16 位计数器继续从 0 开始计数。

在定时工作方式,定时时间 t 对应的初值为

$$X = 2^{16} - t/t_{CY} = 2^{16} - t \times f_{osc}/12$$

在计数工作方式,计数长度最大为

$$2^{16} = 65\ 536 (个外部脉冲)$$

3. 模式 2

T0 的模式 2 是把 TL0 配置成一个可以自动重装载初值的 8 位定时器/计数器。其逻辑电路如图 7-2-6 所示。

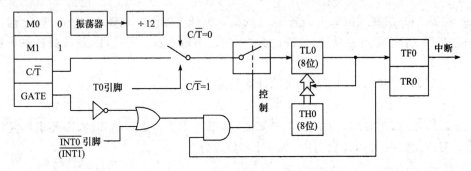

图 7-2-6　T0(或 T1)的模式 2 逻辑电路

在模式 2 中,只有 TL0 用作 8 位计数器参与脉冲计数工作,TH0 不参与计数,只用来保存初值。在系统初始化时,由软件将 TL0 和 TH0 赋相同的初值,当 TL0 计数溢出时,溢出中断标志位 TF0 置 1,同时硬件会自动把 TH0 中的内容重新装载到 TL0 中。

在定时工作方式,定时时间 t 对应的初值为

$$X = 2^8 - t/t_{CY} = 2^8 - t \times f_{osc}/12$$

在计数工作方式,计数长度最大为

$$2^8 = 256 (个外部脉冲)$$

该模式可省去软件中重装常数的语句,能够产生相当精确的定时时间,所以适合作为串行口的波特率发生器。

4. 模式 3

工作模式 3 对 T0 和 T1 来说大不相同。T0 设置为模式 3 时,TL0 和 TH0 被分成两

个相互独立的 8 位计数器,其中 TL0 可工作于定时器方式或计数器方式,而 TH0 只能工作于定时器方式。定时器 T1 没有工作模式 3,如果强行设置 T1 为模式 3,则 T1 停止工作。

T0 的模式 3 逻辑电路如图 7-2-7 所示。在该模式下,TL0 使用了原 T0 的各控制位、引脚和中断源,即 C/$\overline{\text{T}}$、GATE、TR0、TF0、T0(P3.4)引脚、INT0(P3.2)引脚,既可以工作在定时器方式又可以工作在计数器方式,其功能和操作分别与模式 0、模式 1 相同,只是计数位数变为 8 位。

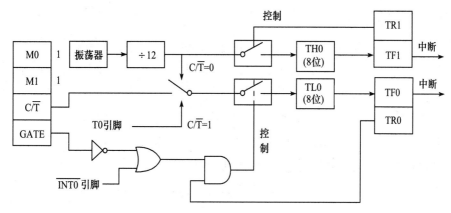

图 7-2-7　T0 的模式 3 逻辑电路

TH0 只能对内部机器周期进行计数,所以只能做 8 位定时器使用。由于它占用了定时器 T1 的控制位 TR1 和 T1 的中断标志 TF1,所以启动和关闭仅受 TR1 的控制。

在 T0 设置为模式 3 时,T1 仍可工作于模式 0～2。T0 的模式 3 时 T1 的逻辑电路如图 7-2-8 所示。

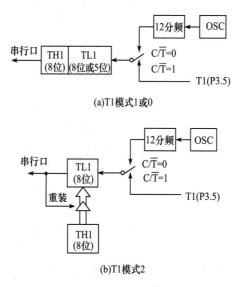

图 7-2-8　T0 的模式 3 时 T1 的逻辑电路

由于 TR1 和 TF1 被定时器 TH0 占用,T1 的计数器开关直接接通运行。当计数器溢出时,只能将输出送入串行口或用于不需要中断的场合,一般用作串口的波特率发生器。

7.3   定时器/计数器的编程

MCS-51 单片机的定时器/计数器 T0 和 T1 分别有定时和计数两种功能,4 种或 3 种工作模式,在使用定时器/计数器之前,必须对其进行初始化编程操作。下面归纳一下具体的初始化步骤。

7.3.1   初始化步骤

单片机定时器/计数器的初始化一般在主函数中进行,步骤包括以下几步:

(1)设置 TMOD。首先要根据功能分析,选择做定时器还是计数器,其次要在 4 种工作模式中选择合适的模式。

(2)设置定时器的计数初值。将初值写入 TH0 和 TL0 或 TH1、TL1。

(3)设置 TCON,启动定时器。也可以使用位操作指令,如 TR0=1。

(4)设置中断允许寄存器 IE。如果需要中断,则要设置中断总开关 EA 和定时器的分开关 ET0 或者 ET1。可以使用位操作指令,例如:EA=1;ET0=1。

7.3.2   编程实例

【例 7-2】   设单片机的振荡频率为 12 MHz,用定时器/计数器 T0 的模式 1 编程,在 P1.0 引脚产生一个周期为 1000 μs 的方波,如图 7-3-1 所示。定时器 T0 采用中断的处理方式。

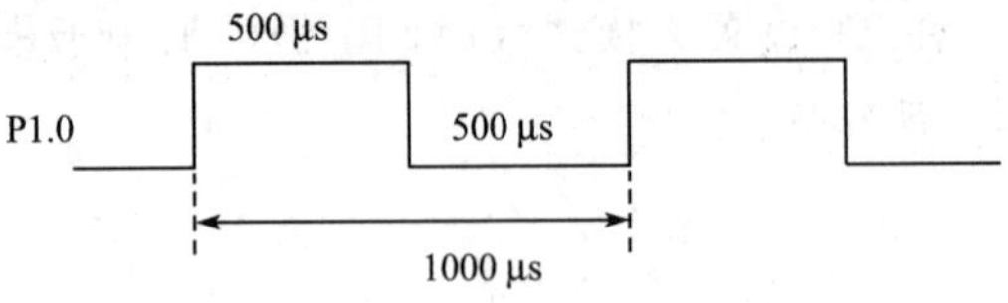

图 7-3-1   方波波形图

分析   定时器的设置一般有如下几方面内容。

(1)工作方式选择

当需要产生波形信号时,往往使用定时器/计数器的定时功能,定时时间到了对输出端进行相应的处理即可。

(2)工作模式选择

根据定时时间长短选择工作模式。定时时间长短依次为模式 1>模式 0>模式 2。如果产生周期性信号,则首选模式 2,不用重装初值。由于定时时间为 500 μs,故选择模式 0 和模式 1 较好。

(3)定时时间计算

周期为 1000 μs 的方波要求定时器的定时时间为 500 μs,每次溢出时,将 P1.0 引脚电平的状态取反,就可以在 P1.0 上产生所需的方波。

(4)计数初值计算

振荡频率为 12 MHz,则机器周期为 1 μs。设计数初值为 X,则有

$$X = 2^{16} - 500 \times 10^{-6} \times 12 \times 10^6 / 12 = 65536 - 500 = 65036 = 0xFE0C$$

所以,定时器的计数初值为:TH0=0xFE,TL0=0x0C。由于 C 语言可以使用表达式,故

编程时可以用以下语句实现：

$$TH0=(65536-500)/256; \quad TL0=(65536-500)\%256;$$

解 C51 源码程序如下：

```
#include <reg52.h>              //包含特殊功能寄存器库
sbit  FB=P1^0;                  //进行引脚的位定义
void main( )
{
    TMOD=0x01;                  //T0 作定时器,工作在模式 1
    TL0=0x0c;
    TH0=0xfe;                   //设置定时器的初值
    ET0=1;                      //允许 T0 中断
    EA=1;                       //允许 CPU 中断
    TR0=1;                      //启动定时器
    while(1);                   //等待中断
}
void  time0_int(void)  interrupt 1    //中断服务程序
{
    TL0=0x0c;  TH0=0xfe;        //定时器重赋初值
    FB=~FB;                     //P1.0 取反,输出方波
}
```

【例 7-3】 设单片机的振荡频率为 12 MHz,用定时器/计数器 T0 编程实现从 P1.0 输出周期为 500 μs 的方波。

分析

(1)定时时间

从 P1.0 输出周期为 500 μs 的方波。定时 250 μs,定时结束对 P1.0 取反。

(2)工作模式

当系统时钟频率为 12 MHz,机器周期为 1 μs,定时器/计数器 0 可以选择模式 0、模式 1 和模式 2。模式 2 最大的定时时间为 256 μs,满足 250 μs 的定时要求,且模式 2 不需要重新赋初值,故选择模式 2。

(3)计数初值 X

初值 $X=2^8-250\times10^{-6}\times12\times10^6/12=256-250=6$,则 $TH0=TL0=6$。

解 (1)采用中断处理方式的 C 语言程序如下：

```
#include <reg52.h>              //包含特殊功能寄存器库
sbit  FB=P1^0;
void  main( )
{
    TMOD=0x02;                  //选择定时器的工作模式
    TL0=0x06;
    TH0=0x06;                   //为定时器赋初值
```

```
    ET0＝1；                        //允许定时器 0 中断
    EA＝1；
    TR0＝1；                        //启动定时器 0
    while(1)；                      //等待中断
}
void   time0_int(void)   interrupt 1
{
    FB＝~FB；
}
```

(2)采用查询方式处理的 C 语言程序如下：

```
# include ＜reg52.h＞                //特殊功能寄存器库
sbit   FB＝P1^0；
void   main()
{
    TMOD＝0x02；
    TL0＝0x06；
    TH0＝0x06；
    TR0＝1；
    while (1)
    {
        while(! TF0)；                //查询计数溢出
        TF0＝0；
        FB＝~FB；
    }
}
```

【例 7-4】 利用定时器 T1 的模式 2 对外部信号进行计数,要求每计满 100 次,将 P1.0 端取反。

分析

(1)工作方式

T1 工作在计数方式,计数脉冲数为 100。

(2)工作模式

采用模式 2,则寄存器 TMOD＝01100000B＝0x60。

(3)计数初值

在模式 2 下,初值 $X = 2^8 - 100 = 156 = 0x9C$。

解　C 语言程序如下：

```
# include ＜reg52.h＞
sbit COUNTER＝P1^0；                //进行位定义
void main (  )
{
```

```
        TMOD=0x60;                        //T1 工作在模式 2,计数
        TL1=0x9c;                         //装入计数(重装)初值
        TH1=0x9c;
        ET1=1;                            //允许定时器 1 中断
        EA=1;                             //开中断
        TR1=1;                            //启动定时器 1
        while(1);
}
void    time0_int(void)    interrupt 3    //中断服务程序
{
        COUNTER=~COUNTER;                 //取反,产生方波
}
```

【例 7-5】　利用定时器精确定时 1s 来控制 LED 灯以秒为单位闪烁。已知 $f_{osc}=$ 12 MHz。

分析

(1)工作模式

定时器/计数器在定时方式下,各个模式最大定时时间分别为:

定时器 $0=(8192-0)\times12/f_{osc}=8.192$ ms;

定时器 $1=(65536-0)\times12/f_{osc}=65.536$ ms;

定时器 $2=(256-0)\times12/f_{osc}=0.256$ ms。

我们会发现,无论选择哪种模式,都无法一次定时 1 s,1 s 需要多次定时才行。这里我们可以选择模式 1,定时时间为 10 ms,设置一个计数器变量,连续定时 100 次后,把 LED 灯对应的引脚取反,即可达到 1s 闪烁 1 次的效果。

(2)计数初值

初值 $X=2^{16}-10\times10^{-3}\times12\times10^{6}/12=65536-10000=55536=0xD8F0$。

解　C 语言程序如下:

```
# include <reg52.h>
sbit LED=P1^0;
unsigned char count=0;                    //计数器变量
void main()
{
        LED=1;                            //定义灯的初始状态为灭
        TMOD=0x10;                        //设置定时器 1 工作在模式 1
        TL1=0xf0;          TH1=0xd8;      //设置定时初值
        TR1=1;                            //启动定时器 1
        ET1=1;                            //允许定时器 1 中断
        EA=1;              while(1);
}
void timer1_int()interrupt 3
```

```
{
    TL1=0xf0;                       //定时器重装初值
    TH1=0xd8;
    if(count==100)                  //定时的时间 10 ms×100=1 s
    {
        LED=~LED;
        count=0;
    }
}
```

7.4 定时器/计数器 CDIO 项目实例

定时与计数功能在单片机系统中有着极其广泛的应用,定时器/计数器单片机系统设计的关键在于选择好其工作方式与模式,设置好其初值,掌握好中断函数的写法。

7.4.1 音阶的演奏

1.项目构思(Conceive)

利用单片机可以使扬声器发出标准的音阶。例如电子琴就是利用单片机来控制发声的。本例设置一个按钮和一个扬声器,当用户按下按钮后,单片机程序控制扬声器发出 DO、RE、ME……的声音。不同的音阶,实际上就是向扬声器输入不同频率的方波。常用音阶的频率如下表所示。

表 7-4-1   常用音阶的频率

简谱	1	2	3	4	5	6	7
音符	C5	D5	E5	F5	G5	A5	B5
频率/Hz	523	587	659	698	784	880	987

本例中,我们采用定时器 T0 来控制方波的频率,T0 选择工作在模式 0,由不同的初值产生不同的频率值。不同音阶对应定时器 T0 初值的计算如下:

方波的宽度:$t = 1 / f \times 1000000(\mu s)$

定时器计数值:$Count = t / 2$

对于 12 MHz 的晶振:

$$TH0 = (8192 - Count)/32$$
$$TL0 = (8192 - Count)\%32$$

例如:对于 C5 的频率为 523Hz,方波宽度 $t=1/523=1912(\mu s)$,定时器计数值:$Count = t/2=956$,对应有 $TH0=(8192-956)/32=226$,$TL0=(8192-956)\%32=4$。为了编程方便,我们把所有要演奏的音阶的初值都计算出来,存放在下面两个数组中。

```
uchar code HI_LIST[ ]=           //14 个音符的 TH0 值
{0,226,229,232,233,236,238,240,241,242,244,245,246,247,248};
```

```
uchar code LO_LIST[ ]=          //14 个音符的 TL0 值
{0,4,13,10,20,3,8,6,2,23,5,26,1,4,3};
```

2. 项目设计(Design)

(1)硬件电路设计

根据项目构思,系统的硬件电路图设计如图 7-4-1 所示,按钮连接在 P1.0 口,扬声器连接在 P3.4 口,用户每按一次键时,扬声器就会演奏 DO、RE、ME……14 个音阶。

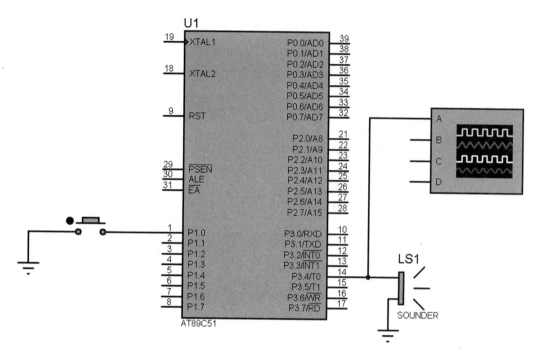

图 7-4-1　音阶演奏系统的硬件电路图

(2)软件设计

根据项目构思与硬件电路图,系统软件源码设计如下:

```
#include <reg52.h>
#define uchar unsigned char
#define uint unsigned int
uchar i=0;                      //音符索引
sbit SPK = P3^4;                //扬声器
sbit K1 = P1^0;                 //按钮 K1
uchar code HI_LIST[ ]=          //14 个音符的 TH0 值
{
    0,226,229,232,233,236,238,240,241,242,244,245,246,247,248
};
uchar code LO_LIST[ ]=          //14 个音符的 TL0 值
{
```

```
    0,4,13,10,20,3,8,6,2,23,5,26,1,4,3
};
void T0_INT()interrupt 1          //T0 中断函数
{
    TL0 = LO_LIST[i];
    TH0 = HI_LIST[i];
    SPK = ! SPK;
}
void DelayMS(uint ms)             //延时函数
{    uchar t;
     while(ms--)
       for(t=0;t<120;t++);
}
void main()
{
    IE = 0x82;                    //开 T0
    TMOD = 0x00;                  //方式 0
    while(1)
    {
        while(K1==1);            //等待 K1 按下
        while(K1==0);            //等待 K1 释放
        for(i=1;i<15;i++)
        {
            TR0 = 1;             //启动 T0,播放 i 的音阶
            DelayMS(500);        //延时播放 0.5 s
            TR0 = 0;             //停止播放
            DelayMS(50);         //禁音 50 ms
        }
    }
}
```

3. 项目实现(Implement)

在 Proteus 中加载程序代码并运行仿真,通过操作按键观察程序功能。用户每按一次 K1 键,扬声器就会演奏 14 个音阶,仿真时电脑的音响也会发出相应的声音。为了更好地观察扬声器输入的波形,特连接了一个虚拟示波器,不同音阶下测出的波形如图 7-4-2(a)~7-4-2(d) 所示。

4. 项目运作(Operate)

本项目虽然只能演奏音阶,但具有较好的扩展性。例如不同的音阶,再加上不同的节拍,就可以演奏歌曲了。此系统软件做适当的修改就可以变成一个音乐播放器或电子门铃了。也可以设置多个按键,不同的键对应不同的音阶,就可以变成电子琴了。

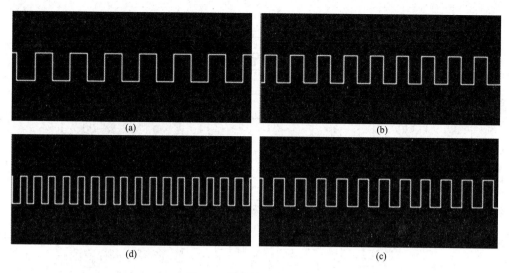

图 7-4-2　程序运行片段仿真图

7.4.2　霓虹灯

1. 项目构思（Conceive）

系统运行时,8 只霓虹灯每隔 0.25 s,变换一种花样,一共 36 种状态循环。36 种状态对应 36 个值,存放在一个数组中。0.25 s 的定时可以用 T1 的方式 1 来实现,每次定时 50 ms,每满 5 次定时即可得到 0.25 s。

2. 项目设计（Design）

（1）硬件电路设计

根据项目构思,设计的系统的硬件电路图如图 7-4-3 所示,在 P1 口连接了缓冲器 74LS245 来驱动 8 只霓虹灯。

（2）软件设计

根据项目构思与硬件电路图,系统软件源码设计如下:

```c
#include<reg51.h>
#define uchar unsigned char
uchar i;        //i 为状态变化值
uchar code table[]=
{
    0x01,0x03,0x07,0x0F,0x1F,0x3F,0x7F,0xFF,0xFE,
    ,0xF8,0xF0,0xE0,0xC0,0x80,0x00,0xFF,0x00,
    0xFE,0xFD,0xFB,0xF7,0xEF,0xDF,0xBF,0x7F,0xBF,
    0xDF,0xEF,0xF7,0xFB,0xFD,0xFE,0x00,0xFF,0x00
};      //共 36 种状态
void main()
{
    i=0;
```

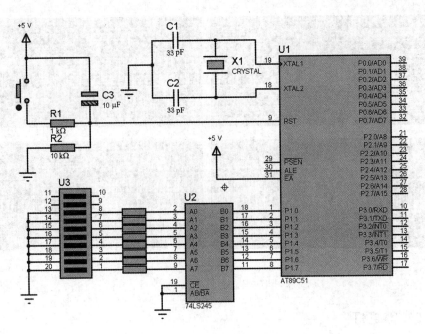

图 7-4-3　霓虹灯系统的硬件电路图

```
        P1＝table[i]；
        TMOD＝0x10；              //T1 工作方式为方式 1
        TH1＝(65536－50000)/256；  //定时 50 ms
        TL1＝(65536－50000)%256；
        EA＝1；
        ET1＝1；
        TR1＝1；
        while(1)；
}
void T1_timer()interrupt 3
{
        static uchar T_Count＝0；   //静态局部变量 T_Count 用于计数中断次数
        TH1＝(65536－50000)/256；   //定时 50 ms
        TL1＝(65536－50000)%256；
        if(＋＋T_Count＝＝5)        //定时 50 ms×5＝250 ms
        {
            T_Count＝0；
            if(＋＋i＝＝36)i＝0；
            P1＝table[i]；
        }
}
```

3. 项目实现(Implement)

在 Proteus 中加载程序代码并运行仿真,通过 8 只条形 LED 灯模拟的霓虹灯观察程序的功能。霓虹灯变化情况,如图 7-4-4(a)、7-4-4(b)所示。

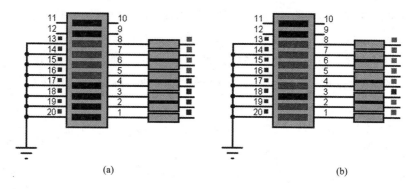

图 7-4-4　程序运行片段仿真图

4. 项目运作(Operate)

　　本霓虹灯系统虽然比较简单,但读者可以进一步拓展。把霓虹灯的数量增加到 16 只、或 32 只,把霓虹灯的状态值由 36 种增加到 64 种或 128 种,其视觉效果会大幅增加。

本章小结

　　1. 51 系列单片机内有两个 16 位可编程的定时计数器,即定时器 T0 和定时器 T1。它们都具有定时和事件计数功能。在定时脉冲或是外部事件脉冲到来时,会使计数器对每个脉冲加 1 计数,当加到计数器为全 1 时,再输入一个脉冲就使计数器溢出为零,且溢出脉冲使 TCON 中计数器溢出标志位 TF0 或 TF1 置 1,向 CPU 发出中断请求信号。

　　2. T0 由 TH0 和 TL0 组成,T1 由 TH1 和 TL1 组成。这些寄存器用于存放定时/计数值或初值。TMOD 是两个定时器/计数器的工作方式控制寄存器,由它确定定时器/计数器的工作方式和功能。TCON 是两个定时器/计数器的控制寄存器,用于控制 T0、T1 的启停以及设置溢出标志等

　　3. 通过对特殊功能寄存器 TMOD 中的控制位 C/T 的设置来选择定时器方式或计数器方式;通过对 M1、M0 两位的设置来选择定时器/计数器的四种工作模式。其中,模式 0 为 13 位计数器,模式 1 为 16 位计数器,模式 2 为具有自动重装初值功能的 8 位计数器,模式 3 为 T0 分为两个独立的 8 位计数器,T1 停止工作。

　　4. 定时器/计数器的启、停由 TMOD 中的 GATE 位和 TCON 中的 TR1、TR0 位控制(软件控制),或由 INT0、INT1 引脚输入的外部信号控制(硬件控制)。

思考与练习题

　　7-1　51 单片机的定时器/计数器主要有哪些功能?

　　7-2　51 单片机内设有几个可编程的定时器/计数器? 作为定时器或计数器应用时它们的速率分别为晶振频率的多少倍?

　　7-3　定时器/计数器方式寄存器 TMOD 各位的含义是什么? 定时器/计数器控制寄存器 TCON 各位的含义是什么?

7-4 已知单片机系统时钟频率为 12 MHz,若要求定时值分别为 0.1 ms、1 ms 和 10 ms,定时器 T0 工作在方式 0、方式 1 和方式 3 时,定时器对应的初值各为多少?

7-5 定时器/计数器 T0 已预置为 156,且选定用于模式 2 的计数方式,现在 T0 引脚上输入周期为 1 ms 的脉冲,试问:①此时定时器/计数器 T0 的实际用途是什么? ②在什么情况下,定时器/计数器 T0 溢出?

7-6 试用 T1 设计一个程序,每隔 500 ms,从 P1.1 引脚输出一个正脉冲,其宽度为 2 ms(晶振频率为 12 MHz)。

7-7 利用定时器/计数器 T0 方式 2 计数,外部计数信号由 P3.4 引入,要求每计满 150 次在 P1.0 引脚输出取反。用中断方式编写初始化程序,并画出硬件连线图。

7-8 如果系统的晶振频率为 12 MHz,利用定时器/计数器 T0,在 P1.0 引脚输出周期为 10ms 的方波。

7-9 如何利用定时器/计数器来测量单次正冲宽度?采用何种工作方式可获得最大的量程? 设晶振频率为 6 MHz,求允许测量的最大脉冲宽度是多少?

7-10 试编制一段程序,其功能为:当 P1.0 引脚的电平上跳时,对 P1.1 的输入脉冲进行计数,当 P1.0 引脚的电平下跳时,停止计数,并将计数值写入 R6 与 R7。

7-11 试用中断技术设计一个发光二极管 LED 闪烁电路,闪烁周期为 2 s,要求亮 1 s 再暗 1 s。

7-12 试用中断方法设计秒、分脉冲发生器,即由 AT89C51 的 P1.0 每秒产生一个机器周期的正脉冲,由 P1.1 每分钟产生一个机器周期的正脉冲。

第8章

MCS-51 单片机的串行接口

【本章要点】 MCS-51 单片机内部有一个全双工串行通信接口,它是单片机的重要组成部分之一,是用来组成单片机远程控制系统、实现单片机和 PC 信息交换的重要功能单元。当单片机的并行口资源不够用时,还可以用串行口来扩展外部并行输入输出。本章先介绍数据通信的方式,再详细讲解单片机串行口结构及工作原理,最后通过相关 CDIO 实例的讲解来加强读者的理解。

【思政目标】 在讲解串口通信技术时,引入当今通信技术,让学生积极了解 5G 专利情况。教育学生发愤图强、不断创新,增强国家技术自主研发的能力和水平。

8.1 数据通信的方式

一般把单片机与外部设备的信息交换称为数据通信,通常有并行通信和串行通信两种方式。

并行通信是指单位信息的多位数据同时传送,如图 8-1-1 所示。其优点是传送速度快,效率高;缺点是数据有多少位,就需要多少根传送线,当通信距离比较远时硬件成本比较高。

串行通信是指单位信息的各位数据按先后次序一位一位分时传送。其优点是只需一对传输线,如图 8-2-2 所示,大大降低了传送成本,特别适用于远距离通信;缺点是传送速度较低。

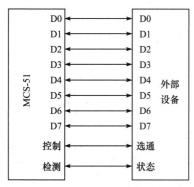

图 8-1-1　并行通信示意图

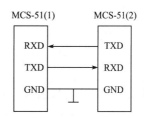

图 8-1-2　串行通信示意图

串行通信中的数据传送通常是在两个端点之间进行,按照数据流动的方向可分成单工、半双工、全双工三种传送模式。其中：

• 单工模式（Simplex）：使用一根传输线，只允许单方向传送数据。

• 半双工模式（Half Duplex）：使用一根传输线，允许向两个方向中的任一方向传送数据，但不能同时进行。

• 全双工模式（Full Duplex）：使用两根传输线，通信双方的发送和接收能同时进行。

这三种传送模式的示意图如图 8-1-3 所示。

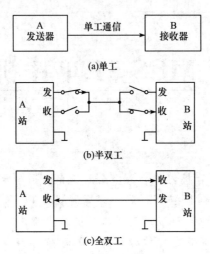

图 8-1-3　三种传送模式示意图

串行通信根据发送器和接收器之间的时钟关系又分为异步通信和同步通信。

1. 异步通信

异步通信中，发送器和接收器以各自独立的时钟作为基准，即双方不是共用同一个时钟信号，如图 8-1-4 所示。在异步通信中，被传送的数据先要进行打包处理。打包时，系统会把要传送的数据前面加上一个起始位和一个奇偶校验位（根据需求情况也可以不要），后面再加上一个停止位，组成一个数据包，其数据帧格式如图 8-1-5 所示。我们把这一组数据信息称为一个帧。每一个字节数据都要以帧信息的形式进行传送。

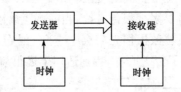

图 8-1-4　异步通信时钟方式图

图 8-1-5　异步通信的数据帧格式图

起始位：用低电平表示，占用 1 位，用来通知接收方一个待接收的字符开始到达。

数据位:紧跟在起始位后面,一般是 8 位,但也可以是 5 位、6 位或 7 位。传输时低位在前,高位在后。

奇偶校验位:占用 1 位,用以验证串行通信中接收数据的准确性。如果约定不加校验位,这一位就可以省去。在进行单片机多机通信时,这一位用作地址/数据帧标志。

停止位:用高电平表示,可以占用 1 位、1.5 位或 2 位,用来表示一个传送字符的结束。同时也为下一个字符传送做好准备。线路上在没有数据传送时始终保持为高电平状态。

在异步通信中,通信双方必须先做好以下约定:

(1)字符帧格式。双方要先约定好字符的编码形式、数据位的位数、是否加奇偶校验位、停止位的位数等。例如,字符采用 ASCII 码,有效数据为 7 位,加奇偶校验位,停止位为 1 位,则一帧信息共包含 10 位数据。

(2)波特率(Baud Rate)。波特率是指数据的传送速率,即每秒钟传送的二进制位数,单位为位/秒(b/s),称为波特,也常表示为 bps。例如,数据传送速率为每秒钟 10 个字符,若每个字符的一帧为 11 位,则传送波特率为

$$11(b/字符) \times 10(字符/s) = 110\ b/s$$

在异步通信中,因为通信双方所用的时钟不相同,要保证数据收发的步调一致,发送端和接收端必须使用相同的波特率。异步通信的波特率范围一般为 50~19200 b/s。

2. 同步通信

同步通信中,发送器和接收器用同一个时钟来协调收发工作,增加了硬件设备的复杂性,一般用于传送数据块。在数据块发送开始,先发送一个或两个同步字符,使发送方与接收方取得同步,然后开始发送数据。数据块的各个字符之间没有起始位和停止位,这样通信速度就得到了提高。同步通信的时钟方式及数据格式如图 8-1-6 所示。

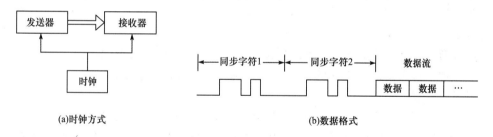

图 8-1-6　同步通信的时钟方式及数据格式图

同步通信中的同步字符可以由用户约定,也可以采用统一标准格式。如果是单同步字符,一般使用 ASCII 码中规定的 SYN 代码 16H;如果是双同步字符,一般采用国际通用标准代码 EB90H。

8.2　串行接口的结构及原理

8.2.1　串口的结构

51 系列单片机内部有一个功能很强的全双工串行异步通信接口(UART Universal Asynchronous Receiver/Transmitter),结构如图 8-2-1 所示。它有一个发送缓冲器和一个接收缓冲器,二者在物理上是独立的。这两个缓冲器具有相同的名字(SBUF)和地址(99H),但

不会冲突。发送缓冲器只能写入,不能读出,用于存储要发送的数据;接收缓冲器只能读出,不能写入,用于存储接收到的数据。这两个缓冲器都和单片机内部总线相连,CPU 可以随时进行读写操作。

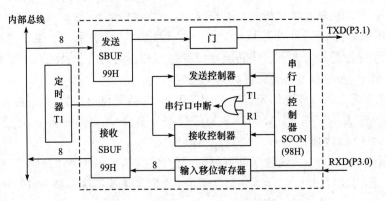

图 8-2-1　MCS-51 单片机串口结构图

串口对外有两条独立的收、发信号线 RXD 和 TXD,分别对应单片机的 P3.1 和 P3.0 引脚,因此单片机可以工作于全双工模式,同时接收和发送数据。

1. 数据接收过程

当 RXD 引脚上有一帧串行数据到来时,如果串口设置为允许接收状态,且接收中断标志位 RI=0,那么在串口移位时钟的同步下,数据会进入"串入并出"的输入移位寄存器。一帧信息接收完毕,系统硬件自动置位接收中断标志位 RI,向 CPU 发出中断请求,同时把移位寄存器中的数据并行送入接收 SBUF 中。

要想让单片机串口能够接收到数据,一定要保证两点:

- 串口允许接收;
- RI=0。

串口收到数据后,CPU 要及时将数据从接收 SBUF 中读走,并将 RI 标志位清 0,为下一次数据接收做好准备。读取 SBUF 的语句很简单,如 ACC=SBUF。

2. 数据发送过程

当要把一个数据通过串口向外发送时,只需要把这个数据写入发送 SBUF 中就可以了。例如,执行语句:SBUF=ACC,ACC 累加器中的数据就自动被打包成帧信息,并在移位时钟的同步下开始一位一位发送。一帧信息发送完毕,系统会自动置位发送中断标志位 TI,以通知 CPU 数据发送完毕。

需要注意的是:CPU 往串口发送数据,必须要在发送 SBUF 为空的情况下进行。如果是连续发送多个数据,则必须要在上一个数据发送完毕,才能再开始发送下一个。因此编程时,启动一次数据发送后,要等到 TI 置 1 后再启动下一个发送操作,同时还要在程序中及时使 TI 清 0。

8.2.2　相关的特殊功能寄存器

单片机对串行口的控制是通过相关的特殊功能寄存器来实现的,主要有两个:串口控制寄存器 SCON 和电源控制寄存器 PCON。

1. 串口控制寄存器 SCON

SCON 是一个可位寻址的专用寄存器,用于定义串行通信口的工作方式和反映串行口状态,其字节地址为 98H,复位值为 0000 0000B,具体内容格式如图 8-2-2 所示。

	D7	D6	D5	D4	D3	D2	D1	D0
SCON (98H)	SM0	SM1	SM2	REN	TB8	RB8	TI	RI

图 8-2-2　SCON 内容格式图

各位含义如下:

SM0 和 SM1:串口工作方式选择位,可通过软件置位或清 0。MCS-51 单片机的串口一共有四种工作方式,与 SM0、SM1 数值的对应关系如表 8-2-1 所示。f_{osc} 为单片机的振荡频率。

表 8-2-1　　　　　　　　串口工作方式

SM0 SM1	方式	功能	波特率
00	0	8 位移位寄存器方式	$f_{osc}/12$
01	1	10 位通用异步接收器/发送器	可变
10	2	11 位通用异步接收器/发送器	$f_{osc}/32$ 或 $f_{osc}/64$
11	3	11 位通用异步接收器/发送器	可变

SM2:多机通信控制位,主要用于工作方式 2 和 3。在方式 0 必须设置为 0。在方式 1 中,若 SM2=1,只有接收到有效的停止位时才能置位 RI。在方式 2 和 3 中,当 SM2=1 时,只有接收到的第九位数据(RB8)为 1 时,才把前 8 位数据送入 SBUF,并置位 RI 发出中断申请,否则将收到的数据丢弃;当 SM2=0 时,无论第九位数据是 1 还是 0,都将前 8 位数据送入 SBUF,并置位 RI 发出中断申请。

REN:允许串口接收控制位。若 REN=1,则允许串口接收数据;若 REN=0,则禁止串口接收。

TB8:发送数据的第九位。在方式 2 和 3 中,要发送的数据一共是 9 位,前 8 位数据通过指令写入 SBUF 中,第九位数据要写到 TB8 这一位,通过软件使其置 1 或清 0 即可。在双机通信中,TB8 主要用作奇偶校验位使用。在多机通信中,TB8 为 1 代表前 8 位写入的是地址,为 0 代表前 8 位写入的是数据。

RB8:接收数据的第九位。在方式 2、方式 3 中和 TB8 对应,从发送方的 TB8 发过来的第九位数据被自动接收到 RB8 这一位,接收方可进行奇偶校验或识别帧类型。在方式 1,若 SM2=0,则 RB8 接收到的是停止位。在方式 0 中不使用 RB8。

TI:发送中断标志位。工作方式 0 下,发送完第 8 位数据后由硬件自动置位。在其他工作方式,当开始发送停止位时由硬件自动置位。TI 置位代表一帧信息发送完毕,同时会向 CPU 申请中断。编程时,可采用软件查询 TI 标志位的方法判断数据发送是否结束,也可使用串口中断功能。在下一次发送数据前,必须先由软件使 TI 清 0。

RI:接收中断标志位。当串口接收到一帧数据后硬件自动置位 RI,同时向 CPU 发出中断请求。编程时可采用软件查询方法或中断方法,在读出 SBUF 中的数据后必须由软件使 RI 清 0。

关于 TI 和 RI 在应用中需注意的是:串口的发送中断和接收中断是同一个中断源,CPU 事先并不知道是发送还是接收产生的中断请求。所以,在全双工通信编程时,必须先判别是 TI 置 1 还是 RI 置 1。

2. 电源控制寄存器 PCON

电源控制寄存器 PCON 主要是对单片机的电压进行控制管理的,但其最高位 SMOD 是串口波特率系数的控制位。PCON 内容格式如图 8-2-3 所示。

	D7	D6	D5	D4	D3	D2	D1	D0
PCON(87H)	SMOD	—	—	—	GF1	GF0	PD	IDL

图 8-2-3　PCON 内容格式图

SMOD 称为波特率倍增位。当串口工作在方式 1、方式 2 和方式 3 时，若 SMOD＝1，则串口的波特率加倍。系统复位时默认 SMOD＝0。PCON 寄存器不能进行位寻址，要设置 SMOD 位数值时需要采用按字节方式操作，如 PCON＝PCON|0x80。

8.3　串行接口的工作方式及应用

8.3.1　串行口的工作方式

MCS-51 单片机串行口共有四种工作方式，分别是方式 0、方式 1、方式 2 和方式 3，其具体功能分述如下。

1. 方式 0 (移位寄存器 I/O)

方式 0 是移位寄存器输入/输出方式，波特率固定为 $f_{osc}/12$。当单片机的并行 I/O 口不够用时，可以通过在串口外接移位寄存器的方法实现外部并行数据的输入/输出。此方式下，串行数据从 RXD(P3.0 引脚)输入/输出，TXD(P3.1 引脚)专用于输出时钟脉冲给外部移位寄存器。收发的数据为 8 位，低位在前，高位在后，无起始位、奇偶校验位及停止位。

（1）扩展并行输出

扩展并行输出电路如图 8-3-1 所示。74LS164 是一个 8 位的"串入并出"移位寄存器，串行数据高位在前，低位在后。时钟信号从 CLK 输入，串行数据从 A、B 端输入，并行数据从 Q0~Q7 引脚输出。

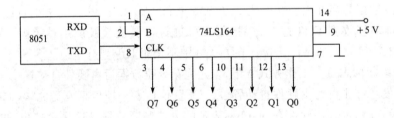

图 8-3-1　扩展并行输出电路图

串口发送过程：

当执行一条写入串口缓冲器指令(如 SBUF＝ACC)时，串口把 SBUF 中的 8 位数据按照低位在前、高位在后的顺序(注意：和 74LS164 的数据顺序相反)以 $f_{osc}/12$ 的波特率从 RXD 端输出，发送完毕系统硬件置中断标志 TI＝1，申请中断。在下一次发送数据前，须由软件将 TI 清零。

【例 8-1】 串口控制流水灯(串行数据转并行数据)。本例电路如图 8-3-2 所示，单片机工作在方式 0，即移位寄存器输入/输出方式，串行数据通过 RXD 输出给 74LS164 转为并行数据，来控制 8 只 LED 灯滚动显示。

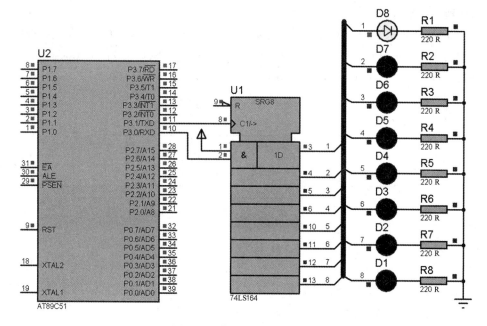

图 8-3-2 串口控制流水灯电路图

系统 C51 源码如下：

```c
#include <reg52.h>
#include <intrins.h>
#define uchar unsigned char
#define uint unsigned int
void Delay(uint x)
{
    uchar i;
    while(x--)
        for(i=120;i>0;i--);
}
void main()
{
    uchar c = 0x80;
    SCON = 0x00;            //模式 0
    TI = 0;
    while(1)
    {
        c = _crol_(c,1);
        SBUF = c;
        while(TI==0);        //等待发送完毕
        TI = 0;
        Delay(200);
    }
}
```

（2）扩展并行输入

扩展并行输入的外接电路如图 8-3-3 所示。74LS165 是一个 8 位的"并入串出"移位寄存器，并行数据从 A～F 引脚输入，串行数据在时钟的同步下从 SO 端串行输出，高位在前，低位在后。SH/$\overline{\text{LD}}$ 为 0 时输入并行数据（置数），为 1 时打开串行输出（移位）。

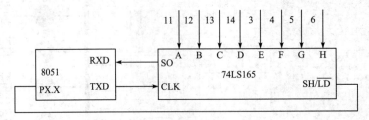

图 8-3-3　扩展并行输入的外接电路图

串口接收过程：

在满足 REN＝1、RI＝0 条件时，串口就可以自动接收数据。接收的数据按照低位在前、高位在后的顺序（注意：和 74LS165 的数据顺序相反）存放，接收到第 8 位数据时硬件自动置位中断标志 RI，申请中断。再次接收前必须先用指令使 RI 清 0。

【例 8-2】　8 路开关通过串口控制 8 盏 LED 灯（扩展并行输入）。本例电路如图 8-3-4 所示，74LS165 的并行数据输入端为 8 位拨码开关，串行输出端 SO 连接单片机的 RXD 引脚，单片机的 TXD 引脚发送时钟脉冲到 74LS165 的 CLK 引脚。74LS165 的 SH/LD 引脚连接在单片机的 P2.5 引脚上。先为低电平置数（load），后为高电平移位（shift）。系统运行时，单片机将串口输入的 8 位拨码开关的值送至 P0 口，控制 8 只 LED 灯。

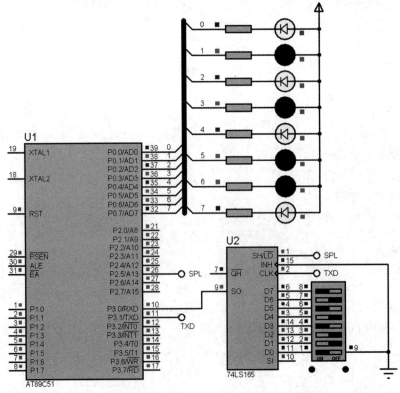

图 8-3-4　8 路开关通过串口控制 8 盏 LED 灯电路图

系统 C51 源码如下：

```
#include <reg52.h>
#define uchar unsigned char
#define uint unsigned int
sbit SPL = P2^5;                    //shift and load
void Delay(uint x)
{
    uchar i;
    while(x--)
        for(i=120;i>0;i--);
}
void main()
{
    SCON = 0x10;                    //模式 0,并允许接受
    while(1)
    {
        SPL = 0;                    //置数(load),读入并行输入的 8 位数据
        SPL = 1;                    //移位(shift),并口输入被封锁,串行转换开始
        while(RI == 0);             //等待接收完所有数据
        RI = 0;
        P0 = SBUF;
        Delay(20);
    }
}
```

2. 方式 1(波特率可变的 10 位异步通信接口)

方式 1 为 10 位通用异步接收/发送方式,一帧信息包含 10 位数据,格式为:1 个起始位 0, 8 个数据位,1 个停止位 1。此方式下串口的波特率可以编程改变。

(1)数据发送

发送时,只要将数据写入 SBUF,在串口由硬件自动加入起始位和停止位,构成一个完整的帧格式。然后在移位脉冲的作用下,由 TXD 端串行输出。一帧数据发送完毕后硬件自动置 TI＝1。再次发送数据前,须用指令将 TI 清 0。

(2)数据接收

在 REN＝1 的前提下,当系统采样到 RXD 有从 1 向 0 的跳变时,就认为接收到起始位。随后在移位脉冲的控制下,数据从 RXD 端输入到"串入并出"移位寄存器中。等九位数据(8 个数据位、1 个停止位)接收完,还要看是否满足以下两个条件:

- RI＝0;
- SM2＝0 或 SM2＝1 时接收到的停止位＝1。

若有任一条件不满足,则所接收的数据帧就会丢失。在满足上述接收条件时,接收到的 8 位数据位进入接收缓冲器 SBUF,停止位送入 RB8,并置中断标志位 RI＝1。再次接收数据前,需用指令将 RI 清 0。

(3)波特率

波特率 ＝(2^{SMOD}/32)×(T1 溢出率)。

3. 方式 2(波特率固定的 11 位异步通信接口)

方式 2 为 11 位通用异步接收/发送方式,一帧信息包含 11 位数据,其帧格式为:1 个起始位 0,8 个数据位,1 个附加的第九位,1 个停止位 1。

(1)数据发送

发送数据时,必须先将附加的第九位数据写入 TB8 这一位,然后再将 8 位数据写入 SBUF,接下来由串口硬件自动加入起始位和停止位,构成一个完整的 11 位帧格式,并在移位脉冲的作用下,由 TXD 端串行输出。一帧数据发送完毕后硬件自动置 TI=1。再次发送数据前,需用指令将 TI 清 0。

(2)数据接收

方式 2 接收的过程同方式 1 基本相似,不同之处是方式 1 中的第九位是停止位,而方式 2 的第九位是有效数据。接下来是否能够有效接收的条件为:

· RI=0;

· SM2=0 或 SM2=1 时接收到的第九位数据=1。

若有任一条件不满足,则所接收的数据帧就会丢失。在满足上述接收条件时,接收到的 8 位数据位进入接收缓冲器 SBUF,第九位送入 RB8,并置中断标志位 RI=1。再次接收数据前,需用指令将 RI 清 0。

(3)波特率

波特率 = $(2^{SMOD}/64) \times f_{osc}$。此方式下的波特率固定为 $f_{osc}/32$ 或 $f_{osc}/64$,取决于寄存器 PCON 中 SMOD 这一位的数值。

4. 方式 3(波特率可变的 11 位异步通信接口)

方式 3 也是 11 位通用异步接收/发送方式,数据发送和接收过程同方式 2 一样,但其波特率同方式 1 一样可以编程改变。

8.3.2   波特率的设计

串行通信时,收发双方必须使用完全相同的波特率才能保证数据被可靠接收。在工程应用中,通信波特率的选择还与通信设备、传输距离、线路状况等因素有关,需要根据实际情况正确选择。

51 单片机串口的四种工作方式中,方式 0 和方式 2 的波特率都是固定的,方式 1 和方式 3 的波特率可变,因此可按照实际需要来设计确定,具有更强的实用性。方式 1、方式 3 的波特率是由定时器 T1 的溢出率决定的,同时受 SMOD 数值的影响,具体情况如图 8-3-5 所示。

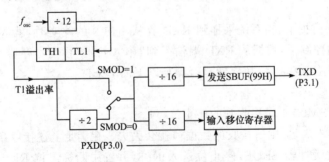

图 8-3-5   串口方式 1、3 波特率的产生图

定时器 T1 作为波特率发生器,从图 8-3-5 中可以看出,方式 1、方式 3 的波特率由下面的公式计算得到:

$$方式 1、方式 3 的波特率 = (2^{SMOD}/32) \times (T1 溢出率) \tag{8-1}$$

因为

$$T1 溢出率 = (f_{osc}/12)/(2^n - 初值) \tag{8-2}$$

所以

$$方式 1、方式 3 的波特率 = (2^{SMOD}/32) \times (f_{osc}/12)/(2^n - 初值) \tag{8-3}$$

串口通信时要求波特率必须非常准确。因为定时器 T1 计满溢出后需要重装初值,在定时器模式 0、1 下需要在软件中完成,这样就会造成时间上的延迟,从而导致波特率不准确。定时器的模式 2 具有硬件自动重装初值的功能,不存在时间延迟,所以用它来设计波特率最合适。

在典型应用中,定时器 T1 选用定时器模式 2,此时 $n=8$,设定时器的初值为 X,于是

$$X = 256 - [f_{osc} \times (SMOD+1)]/(384 \times 波特率) \tag{8-4}$$

【例 8-3】　AT89C51 单片机的振荡频率为 11.059 2 MHz,选用定时器 T1 工作模式 2 作为波特率发生器,要求串口工作在方式 1 的波特率为 2400 b/s,求 T1 的初值 X。

解　设置波特率控制位(SMOD)=0,由式(8-4)可得

$$X = 256 - [11.059\ 2 \times 10^6 \times (0+1)]/(384 \times 2400) = 244$$

所以,(TH1)=(TL1)=244。

串行通信的波特率通常按规范取 1200、2400、4800、9600、…,若晶振的频率为 12 MHz 和 6 MHz,则计算得出的初值 X 就不是一个整数,取整后就会造成波特率误差而影响通信结果。本例中,系统晶体振荡频率使用 11.0592 MHz 是为了使初值计算结果为整数,从而保证精确的波特率,这也是串行通信电路设计中常用的振荡频率。

在实际应用中,一旦遇到串行通信的波特率很低的情况,如果 T1 的模式 2 定时时间不够时,只能将定时器 T1 置于模式 0 或模式 1。此种情况下,由于 T1 溢出后需要中断服务程序重装初值,可采用对初值理论值微调的办法消除或减少因中断响应时间和重装指令时间造成的波特率误差。

8.3.3　初始化步骤

串行口在使用之前需要先进行初始化编程,才能按要求输入/输出数据。一般的初始化步骤包括:

(1)设定串口工作方式。设置 SCON 中的 SM0、SM1。

(2)如果采用中断方式编程,则需要打开串行口中断。设置中断控制寄存器 IE 中的 EA =1,ES=1。

(3)设定 SMOD 的状态,以控制波特率是否加倍。

(4)工作方式为 1 或 3 时,需进行波特率设计,设置定时器 T1。T1 一般设置为定时方式模式 2,所以一般有 TMOD=0x20。再利用式(8-4)计算计数器的初值,并赋值给 TH1、TL1。最后启动定时器 T1,即 TR1=1。

8.4　串行接口 CDIO 项目实例

单片机串口通信技术在远程控制系统及远程数据采集系统中有着极其广泛的应用,精通串口通信技术是单片机开发人员必须要掌握的技能。

8.4.1　串口控制 16 只 LED 流水灯

1. 项目构思（Conceive）

对于流水灯的控制可以用并口方式,如 8 位的流水灯就可以用 1 个并口。当流水灯的位数过多时,用并口控制方式就会造成系统 I/O 接口资源严重浪费的情况,这时用串口外加移位寄存器方式更合理。74LS164 移位寄存器有一个非常奇特而又实用的功能,那就是可以进行级联。16 位的流水灯可以用两个级联的 74LS164 控制。单片机通过串口可以把数据发送到这两个级联的 74LS164,就可以控制 16 只 LED 灯。编程时要注意,远离单片机串口的 74LS164 的数据要先发送,而靠近单片机串口的 74LS164 的数据要晚发送。

2. 项目设计（Design）

（1）硬件电路设计

根据项目构思,系统的硬件电路如图 8-4-1 所示,第 1 个移位寄存器 74LS164 的输入端接在单片机的 RXD 端,第 2 个移位寄存器 74LS164 的输入端为第 1 个移位寄存器 74LS164 的 12 脚,构成了级联模式。两个移位寄存器 74LS164 的 CLK 端并联后接在单片机的 TXD 引脚,由其提供时钟。16 只 LED 灯分别接在两个移位寄存器 74LS164 的并行输出端。

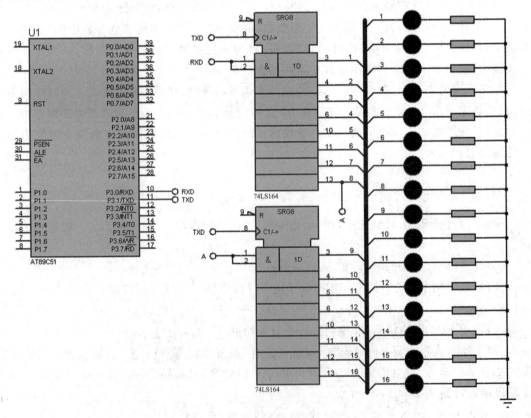

图 8-4-1　串口控制 16 只 LED 流水灯电路图

（2）软件设计

根据项目构思与硬件电路图,系统软件源码设计如下:

```
#include <reg52.h>
#include <intrins.h>
```

```
# define uint unsigned int
# define uchar unsigned char
void Delay(uint x)                                    //延时子程序
{
    uchar i;
    while(x――)
        for(i=0;i<120;i++);
}
void main()
{
    uchar i,c = 0x80;
    SCON = 0x00; //方式 0
    while(1)
    {
        for(i=0;i<8;i++)
        {
          c = _crol_(c,1);                            //c 左移一位
          SBUF = c; while(TI==0);TI=0;                //发送 c
          SBUF = 0x00;while(TI==0);TI=0; //发送 0
          Delay(200);
        }
        for(i=0;i<8;i++)
        {
            c = _crol_(c,1);                          //c 左移一位
            SBUF = 0x00; while(TI==0); TI=0;          //发送 0
            SBUF = c; while(TI==0);   TI=0;           //发送 c
            Delay(200);
        }
    }
}
```

在主函数中我们先定义变量 i 和 c,i 是循环变量,c 是串口要发送的数据,其初值为 0x80,
左移一位后为 0x01。然后把串口控制寄存器 SCON 设置为 0x00,这样串口就工作在方式 0。

在 while(1)主流程中,有 2 个 for 循环语句。每一个 for 循环语句,都是循环 8 次,每次发
送两个数据,其中一个是变量 c,一个是 0。这两个数据分别送给了两个移位寄存器 164。再
次强调,远离单片机串口的 164 的数据要先发送,而靠近单片机串口的 164 的数据要晚发送。
我们先看第一个 for 循环语句,先是 c 左移一位,然后先后发送 c 和 0,再延时,其功能是让连
接在远离串口的 164 上的 8 只 LED 灯滚动点亮,而让连接在靠近串口的 164 上的 8 只 LED
保持熄灭的状态。而第二个 for 循环语句的功能类似,只是更改了发送的顺序,先发送 0,再发
送 c。两个 for 循环语句就实现了 16 只 LED 灯滚动点亮的效果。

3. 项目实现(Implement)

在 Proteus 中加载程序代码并运行仿真,通过 16 只 LED 灯的亮灭来观察程序的功能,16
只 LED 灯构成了由下往上依次点亮的流水灯,如图 8-4-2(a)、(b)所示。

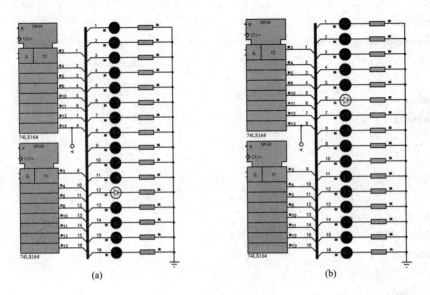

(a)　　　　　　　　　　(b)

图 8-4-2　程序运行片段仿真图

4. 项目运作(Operate)

本项目具有非常好的扩展性,16 只 LED 灯可以扩展为 24 只、32 只、甚至 128 只,流水灯的依次点亮也可以变为按一定规律的花样模式点亮。在大城市夜晚,许多大厦外墙按某种花样变化点亮的彩灯系统,正是该系统的扩展运用。

8.4.2　甲机通过串口控制乙机

1. 项目构思(Conceive)

甲机的 K1 按键可通过串口控制乙机的 LED1 闪烁,LED2 闪烁,LED1 和 LED2 同时闪烁,或者关闭所有 LED。已知单片机晶振频率为 11.0592 MHz,要求系统波特率为 2400 bps。

(1)串口工作方式选择

由于要求系统波特率为 2400 bps,只能选择方式 1 与方式 3,而方式 3 为 11 位帧长,带奇偶校验位,比较麻烦,故选择方式 1 比较合适。

(2)编码设计

甲机负责向外发送字符 A、B、C,或者停止发送。乙机根据接收到的字符完成 LED1 闪烁,LED2 闪烁,两个 LED 都闪烁,或者都关闭。

(3)T1 的初值设置

定时器 T1 的工作方式选择方式 2,具有自动重载初值。其初值计算如下:

$$方式 1 波特率 = 2^{SMOD} \times T1_{溢出率}/32$$

$$T1_{溢出率} = 2400 \times 32 = 76800 = 1/T1 定时　(SMOD=0)$$

得

$$76800 = 1/(256-X)Tcy$$

$$Tcy = 12/11.0592 = 1.085\ \mu s$$

$$256 - X = 1/0.083228 = 12$$

故 X=244(d)= F4H。

2. 项目设计(Design)

(1)硬件电路设计

根据项目构思,我们设计的系统硬件电路如图 8-4-3 所示,甲机的 K1 按键连接在 P1.0
口,乙机的 2 只 LED 灯分别接在 P0.0 和 P0.3 口。甲机的 TXD 引脚接在乙机的 RXD 引脚
上。甲机负责指令的发送,乙机负责指令的接收。

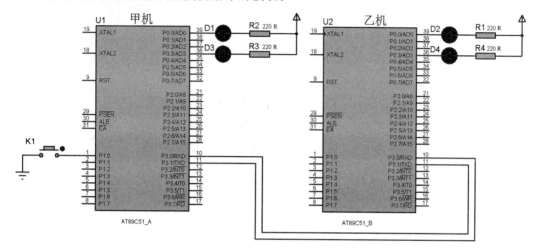

图 8-4-3　甲机通过串口控制乙机电路图

(2)软件设计

根据项目构思与硬件电路图,系统软件源码设计如下:

①甲机源码

```
#include <reg52.h>
#define uint unsigned int
#define uchar unsigned char
sbit LED1 = P0^0; sbit LED2 = P0^3; sbit K1 = P1^0;
void Delay(uint x)                      //延时
{
    uchar i;
    while(x——)
        for(i=0;i<120;i++);
}
void Send(uchar c)
{
    SBUF = c; while(TI == 0); TI = 0;
}
void main()
{
    uchar Operation_NO = 0;   SCON = 0x40;      //串口工作在方式1
    TMOD = 0x20;   PCON = 0x00;
    TH1 = 0xf4;   TL1 = 0xf4;               //T1 工作在模式 2,8 位重载。波特率为 2400 bps
    TI = 0;   TR1 = 1;
```

```c
    while(1)
    {
        if(K1 == 0)                          //如果 K1 被按下
        {
            while(K1==0);                    //等 K1 被释放
            Operation_NO=(Operation_NO+1)%4;
        }
        switch(Operation_NO)
        {
            case 0: LED1=LED2=1; break;
            case 1: Send('A');  LED1=~LED1; LED2=1; break;
            case 2: Send('B');  LED2=~LED2; LED1=1; break;
            case 3: Send('C');  LED1=~LED1; LED2=LED1; break;
        }
        Delay(100);
    }
}
```

②乙机源码

```c
#include <reg52.h>
#define uint unsigned int
#define uchar unsigned char
sbit LED1 = P0^0; sbit LED2 = P0^3;
void Delay(uint x)                          //延时子程序
{
    uchar i;
    while(x--)
        for(i=0;i<120;i++);
}
void main()
{
    SCON = 0x50; TMOD = 0x20;               //串口工作在模式 1,允许接收
    TH1 = 0xf4; TL1 = 0xf4; PCON = 0x00;    //波特率为 2400 bps,同甲机
    RI = 0;   TR1 = 1;
    LED1 = LED2 =1; //两个 LED 灯都灭
    while(1)
    {
        if(RI)                              //如果 RI 为 1,即接收完了一帧数据
        {
            RI = 0;
            switch(SBUF)
            {
                case 'A': LED1=~LED1; LED2=1; break;
```

```
        case 'B'：LED2＝～LED2；LED1＝1；break；
        case 'C'：LED1＝～LED1；LED2＝LED1；
      }
    }
    else
      LED1＝LED2＝1；                      //如果没有接收到数据,两灯都灭
      Delay(100)；
  }
}
```

3. 项目实现(Implement)

在 Proteus 中加载程序代码并运行仿真,通过操作按键观察程序功能。用户按下甲机的 K1 键后,乙机的第 1 只 LED 灯闪烁,再次按下第 2 只 LED 灯闪烁,再次按下,2 只 LED 灯都闪烁,如图 8-4-4(a)至 8-4-4(c)所示。

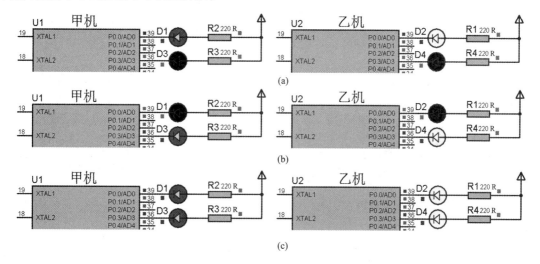

图 8-4-4　程序运行仿真图

4. 项目运作(Operate)

该系统具有非常强的拓展功能,在此基础上,可以设计与开发出很多单片机远程控制系统,例如温度采集系统、电机遥控系统、温湿度远程控制系统和烟雾报警系统等。

本章小结

1. 计算机之间的通信有并行通信和串行通信两种。并行通信中,数据的所有位是同时进行传送的,优点是速度快,缺点是需要较多的数据线,有多少位数据就需要多少根线,导致数据传送的距离有限。串行通信中,数据是按一定的顺序一位一位地传送,速度慢,但只需要两根传送线,特别适用于长距离通信。

2. 按照串行数据的同步方式,串行通信可以分为同步通信和异步通信两类。

3. 51 系列单片机内部有一个功能很强的全双工串行异步通信接口(UART)。

4. 串行接口有四种工作方式:同步移位寄存器输入/输出方式、8 位异步通信方式及波特

率不同的两种 9 位的异步通信方式。方式 0 和方式 2 的波特率是固定的,而方式 1 和方式 3 的波特率是可变的,由定时器 T1 的溢出率来决定。

思考与练习题

8-1　简述并行通信与串行通信各自的优缺点。

8-2　画出串行异步通信的字符帧格式图,并简述各位的含义。

8-3　简述串行控制寄存器 SCON 各位的含义。

8-4　什么是波特率?简述串行口各种工作方式下波特率的计算方法。

8-5　请设计一个远程流水灯控制系统,甲机通过串口控制乙机的 8 只 LED 流水灯,让其向上滚动、向下滚动或停止。

第9章

MCS-51 单片机的并行总线扩展

【本章要点】 51 单片机有 4 个并行 I/O 接口和 1 个串行口。对于简单的系统,可以直接使用这些接口与外部芯片或设备相连接。而当系统比较复杂时,往往感觉 I/O 接口不够用,需要采用接口电路扩展来实现;另外有时单片机内部的存储器资源不够用,也需要采用接口电路来实现扩展。本章先介绍 51 单片机的并行三总线结构和并行 I/O 设备的扩展,然后详细讲解存储器的扩展及接口,最后通过 CDIO 实例的讲解来加深读者的理解。

【思政目标】 在讲解并行总线扩展 CDIO 项目实例中提出单片机外设扩展的多种方案,让学生分组讨论,选择使用元件最少最优化的方案,尽量节约元件。培养学生的环保和节约意识,树立正确的生态文明观念。

9.1 并行总线的结构

MCS-51 单片机的内部集成了一定的硬件资源,如 ROM、RAM、定时器、I/O 接口、中断源等功能部件,这使得单片机只需加上晶振和复位电路就可以完成一定的控制任务,我们称之为单片机的最小系统。但是,单片机内部的资源是有限的,像 AT89C51 只有 256 B 的 RAM 存储器、4 KB 的 ROM 存储器,内部没有 A/D 转换器和 D/A 转换器,当需要设计一个较为复杂的系统时,这些资源就不够用了。因此,掌握单片机外部资源的扩展技术是很有必要的。

MCS-51 单片机能够很方便地进行外部资源扩展,扩展方式一般分为串行扩展和并行扩展。串行扩展采用串行通信的方式,数据传输速度慢,指令执行效率低。并行扩展通常采用总线操作的方式,数据传输速度快,指令执行效率高。

在并行总线扩展中,访问片外设备的信号线采用三总线结构,即数据总线、地址总线和控制总线。MCS-51 单片机片外三总线结构如图 9-1-1 所示。

(1)数据总线

MCS-51 单片机的数据总线由 P0 口提供,用于单片机对外访问数据的输入/输出。因为 P0 口只有 8 位,一次处理的并行数据最大只有 8 位,所以 MCS-51 单片机属于 8 位单片机。

(2)地址总线

MCS-51 单片机的地址线一共有 16 根,因此可寻址的地址范围为 0000H～FFFFH,一共

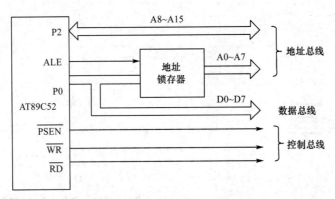

图 9-1-1　MCS-51 单片机片外三总线结构图

2^{16} B 即 64 KB 存储空间。这 16 根地址线分别由 P2 口提供高 8 位地址线,由 P0 口提供低 8 位地址线。

P0 口是数据/地址的复用口,在执行总线操作时,P0 口要先输出低 8 位地址信息,然后再输入/输出数据,所以低 8 位地址信息只是短暂出现的。为了使 P0 口在换为数据信息时,之前的低 8 位地址信息不会丢失,必须要在 P0 口出现地址的时候将其锁存起来,并一直保持到总线操作结束。采用的方法是在 P0 口接一个地址锁存器,如图 9-1-1 所示。当 P0 口输出地址信息的同时,ALE 引脚会自动输出一个脉冲信号,控制地址锁存器把地址信息 A0～A7 锁存到输出端。

（3）控制总线

单片机在对外部设备进行读写时,除了地址信息和数据信息外,必要的沟通联络也是决定成败的关键。当单片机要写一个数据给外部设备时,在送出地址信息和数据的同时,还要发出一个控制信号用来通知外部设备接收该数据,我们称之为写选通信号。当单片机要从外部设备读取一个数据时,同样也需要发出一个控制信号用来通知外部设备把数据送到数据总线上,我们称之为读选通信号。这些控制信号共同组成了单片机的控制总线。

MCS-51 单片机的控制总线主要包括 ALE、$\overline{\text{PSEN}}$、$\overline{\text{WR}}$ 和 $\overline{\text{RD}}$ 四个。其中:

（1）ALE:执行总线操作时提供地址锁存信号;

（2）$\overline{\text{PSEN}}$:访问片外程序存储器时输出读选通控制信号;

（3）$\overline{\text{WR}}$:访问片外数据存储器时输出"写选通"控制信号,占用 P3.6 引脚;

（4）$\overline{\text{RD}}$:访问片外数据存储器时输出"读选通"控制信号,占用 P3.7 引脚。

9.2　并行 I/O 设备的扩展

9.2.1　常用的锁存器

使用 TTL、CMOS 锁存器和三态门电路芯片扩展单片机的 I/O 接口,具有电路简单、成本低、配置灵活、使用方便的优点,是组成 I/O 接口电路的基本方法。常用的 TTL 或 CMOS 芯片有 74LS373、74LS273、74LS244 和 74LS245 等,如图 9-2-1 所示。P0 口负载能力是 8 个 LSTTL 电路,P1、P2 和 P3 口的负载能力是 4 个 LSTTL 电路。当外接芯片过多,超过 I/O 接口的负载能力时,系统将不能可靠工作,此时应加用总线缓冲器来驱动外设。

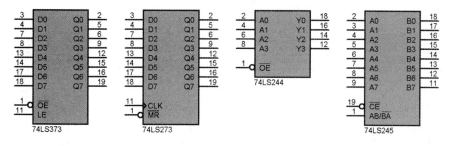

图 9-2-1 74LS373、74LS273、74LS244 和 74LS245 的引脚图

74LS373 常用作地址锁存器,是带三态缓冲输出的 8D 锁存器。当使能端 LE 为高电平时,D 端数据传送给 Q 端,而在 LE 跳变为低电平瞬间实现锁存,Q 端不再受 D 端影响。$\overline{OE}$ 为输出控制端,为低电平时输出三态门打开,锁存器中的信息可以经三态门输出。

74LS273 是不带三态门,而带清零端 CLR 的 8D 触发器。在时钟 CLK 的上升沿触发器的 D 端数据送至 Q 端。在 CLR 端为低时,8 个 D 触发器中的内容将被清除,输出全零,正常工作时该端应接高电平。

74LS244 是 8 位三态单向总线缓冲器。常用的单向三态缓冲器还有 74LS241,以及反向输出的 74LS240。这些缓冲器有 8 个三态门,分成两组,分别由控制端 1G 和 2G 控制。

74LS245 是常用的双向总线驱动器,有 16 个三态门,每个方向是 8 个,在控制端 $\overline{CE}$ 为低电平时,由 DIR 端控制数据传送方向,DIR=1 时方向由 A 到 B,DIR=0 时方向由 B 到 A。

9.2.2 并行 I/O 设备扩展实例

该并行 I/O 设备扩展实例电路如图 9-2-2 所示,该系统运行时,8 位 DIP 开关控制 8 只 LED 灯。其中 74LS245 作为输入接口,74LS273 作为输出接口的 I/O 扩展电路,外部芯片或设备与片外 RAM 统一编址,用"MOVX"指令进行输入/输出操作。本系统输入/输出操作在 P2.0 为 0 时有效,74LS245 与 74LS273 的地址均为 FEFFH。执行"MOVX"读指令时,$\overline{RD}$ 信号有效,输出低电平;执行"MOVX"写指令时,$\overline{WR}$ 信号有效,输出低电平。

该系统中 P0 口为双向数据线,按键数据从 74LS244 输入,LED 数据通过 74LS273 输出。74LS273 为无三态门带清零端 CLR 的 8D 触发器。CLK 上升沿使 D 端数据送至 Q 端,CLR 为低电平时,触发器的内容全将清除,输出全为零。74LS245 为 8 位三态双向总线缓冲器。

输入信号由 P2.0 和 $\overline{RD}$ 合成,两者同为低时,"或"门输出零,选通 74LS245,外部开关信息输入总线。

输出信号由 P2.0 和 $\overline{WR}$ 合成,两者同为低时,"或"门输出零,P0 口数据锁存到 74LS273,驱动 LED。

该系统的 A51 汇编源码如下:

```
        ORG 0000H
        AJMP MAIN
        ORG 0100H
MAIN:   MOV DPTR,#0FEFFH
L0:     MOVX A,@DPTR;读操作,把 74LS245 的值读入 A
        MOVX @DPTR,A;写操作,把 A 的值写入 74LS273
        SJMP L0
        END
```

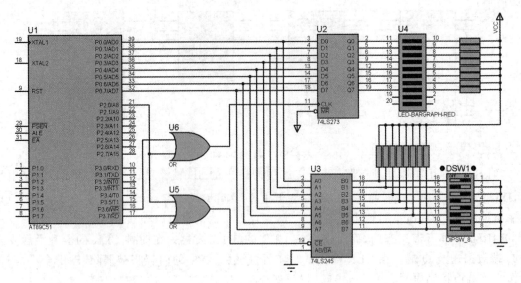

图 9-2-2   并行 I/O 设备扩展实例电路图

该系统的 C51 源码如下：

```
#include <reg51.h>
#include <absacc.h>
#define uchar unsigned char
#define KEY_LED XBYTE[0xFEFF]    //对片外数据存储器 0xFEFF 单元进行访问
void main()
{   uchar t;
    while(1)
    {   t=KEY_LED;                //读操作,把 74LS245 的值读入变量 t
        KEY_LED=t;                //写操作,把变量 t 的值写入 74LS273
    }
}
```

9.3   片外 RAM 的扩展

9.3.1   常用静态 RAM 芯片

常用的 RAM 有静态 RAM(SRAM)和动态 RAM(DRAM)。

动态 RAM 采用位结构形式,具有集成度高、功耗低、价格低等特点,多用于构成大容量存储系统,如 PC 机的内存条。动态 RAM 需要专门的刷新电路来刷新存储的数据,因此在单片机扩展 RAM 中很少用到。

静态 RAM 有不同的规格型号,容量也有多种,如 6264(8 K×8 位)、62256(32 K×8 位)、628128(128 K×8 位)等。静态 RAM 的工作原理类似,下面以 SRAM 6264 为例介绍其基本特性及与单片机的连接。

SRAM6264 采用 CMOS 工艺制造,由单一+5 V 电源供电,额定功耗为 200 mV,为 28 脚双列直插式封装,其外部引脚如图 9-3-1 所示。

图 9-3-1   SRAM6264 引脚图

其引脚功能如下：

• A0～A12：地址输入线。SRAM6264 共有 13 根地址线，对应其片内存储空间为 2^{13} B＝8 KB。其地址范围为 0000H～1FFFH。

• D0～D7：双向三态数据线，共 8 根，表示其内部每个存储单元可存放一个 8 位二进制数。

• CE,CS：片选信号 1 和片选信号 2。当 SRAM6264 的 CS 为高电平，且 $\overline{CE}$ 为低电平时，内部的存储单元才能被读写。

• $\overline{OE}$：读允许信号输入线，低电平有效。

• $\overline{WE}$：写允许信号输入线，低电平有效。

• V_{CC}：工作电源，＋5 V。

• GND：线路地。

9.3.2　SRAM6264 接口设计

单片机在扩展外部 SRAM6264（以下简写为 6264）时的电路设计结构分为两种情况：一是扩展单片 6264，二是扩展多片 6264。

1. 扩展单片 6264

扩展单片 6264 时的接口电路设计比较简单，只要按照三总线结构将单片机的地址线、数据线、控制线同 6264 的地址线、数据线、控制线对应连接即可，如图 9-3-2 所示。

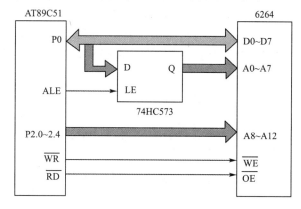

图 9-3-2　单片机扩展单片 6264 接口电路

其中 74HC573 是具有输出三态门的电平允许的 8 位锁存器。LE 为锁存控制端，信号为高电平时，锁存器的输出端 Q 与输入端 D 数据相同；当 LE 信号从高电平变为低电平时（下降沿），输入的数据就被锁存在锁存器中，之后输入端 D 的数据变化不会再影响 Q 端。该 LE 信号由单片机的 ALE 信号来控制。

（1）写数据过程

当单片机执行写外 RAM 存储单元的指令时，总线操作的过程分为以下几个步骤：

①P0 口先输出片外存储单元地址的低 8 位，P2 口输出地址的高 8 位。

②ALE 引脚输出脉冲信号，在脉冲的高电平阶段，P0 口的低 8 位地址从 74HC573 的 D 端输入，从 Q 端输出，加到 6264 的地址引脚 A0～A7 上。

③在 ALE 脉冲的下降沿，74HC573 进入锁存状态，低 8 位地址锁存在 Q 端。

④P0 口输出数据信息到 6264 的数据端口 D0～D7。

⑤单片机 $\overline{\text{WR}}$ 引脚向外输出一负脉冲到 6264 的写允许信号输入端 $\overline{\text{WE}}$。

⑥6264 将数据存储到地址 $A_0 \sim A_{12}$ 所对应的存储单元中。

（2）读数据过程

当单片机执行一条读片外 RAM 存储单元的指令时，总线操作的过程分为以下几个步骤。

①P0 口先输出片外存储单元地址的低 8 位，P2 口输出地址的高 8 位。

②ALE 引脚输出脉冲信号，在脉冲的高电平阶段，P0 口的低 8 位地址从 74HC573 的 D 端输入，从 Q 端输出，加到 6264 的地址引脚 A0～A7 上。

③在 ALE 脉冲的下降沿，74HC573 进入锁存状态，低 8 位地址锁存在 Q 端。

④单片机 $\overline{\text{RD}}$ 引脚向外输出一负脉冲到 6264 的读允许信号输入端 $\overline{\text{OE}}$。

⑤6264 将地址 A0～A12 对应存储单元中的数据取出送到端口 D0～D7，数据通过 P0 口进入单片机内部总线。

2. 扩展多片 6264

在单片机扩展多片 6264 时，要涉及如何实现存储芯片片选的问题，这又直接关系到每个芯片存储单元的地址编码，一般分为线选法和译码法两种。

（1）线选法

所谓线选法，就是直接以单片机的地址线作为存储器芯片的片选信号，只需把用到的地址线与存储器芯片的片选端直接相连即可。采用线选法扩展三片 6264 的接口电路如图 9-3-3 所示。

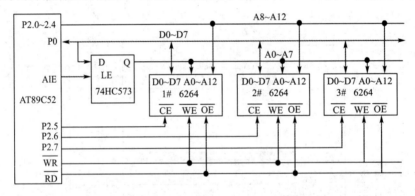

图 9-3-3　单片机线选法扩展三片 6264 的接口电路图

这里利用了单片机空余的高三位地址线分别作为三片 6264 的片选信号，要选择某一片 6264 工作，只需在对应的地址线输出低电平即可，不工作的 6264 地址线则输出高电平。当对这三片 6264 进行访问时，必须事先确定好每片 6264 的存储空间地址范围。

当第 1 片 6264 工作时，应使 P2.5＝0，而其他两片 6264 必须无效，所以同时还要使 P2.6＝1，P2.7＝1。6264 内部存储单元地址分别对应 A0～A12 的值，所以，最终可以确定其 16 位地址范围是 C000H～DFFFH。同样的方法可以确定第 2 片、第 3 片 6264 存储空间的地址范围分别是 A000H～BFFFH、6000H～7FFFH。

采用"线选法"扩展多片 6264 的电路设计比较简单，但是我们会发现，如果要扩展三片以上的 6264，单片机已经没有空余的地址线可以用了。此外，三片 6264 之间的地址范围不连贯，使用起来很不方便。

（2）译码法

译码法是使用地址译码器对系统的片外地址进行译码，以其译码输出作为存储器芯片的片选信号。采用译码法扩展三片 6264 的接口电路如图 9-3-4 所示。

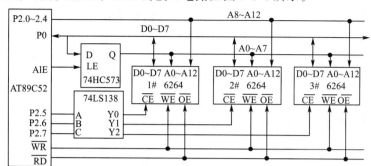

图 9-3-4　单片机译码法扩展三片 6264 的接口电路图

图 9-3-4 中使用了一片 3-8 译码器 74LS138。单片机空余的高三位地址线接到译码器的输入端 A、B、C，译码器的输出信号 Y0、Y1、Y2 分别作为三片 6264 的片选信号。Y0 输出低电平时，对应 CBA＝000；Y1 输出低电平时，对应 CBA＝001；Y2 输出低电平时，对应 CBA＝010，由此可以确定这三片 6264 的地址范围分别为 0000H～1FFFH、2000H～3FFFH、4000H～5FFFH。

采用译码法扩展存储器，虽然电路上稍微复杂了点，但最多可以扩展 8 片 6264，且几片6264 之间的地址是连贯的，应用起来比较方便。

9.3.3　访问片外 RAM 的软件编程

单片机采用总线方式访问片外 RAM，在编程时需要使用直接对片外存储单元读写的指令。使用 C 语言编程，直接操作存储单元的方法有两个：一是使用指向外部数据存储区的专用指针；二是通过指针定义的宏访问外部存储器。

下面向片外 RAM 的 30H 单元写入数据 60H，然后把 7FFFH 单元的数据读到累加器 A，读者可以看看这两种方式编程有何不同。

1. 使用指针变量

在程序文件开始，首先要定义一个指向外部数据存储区的专用指针变量，然后针对指针变量进行读写操作。程序写法为：

```
unsigned char xdata * xpt；        //定义指向片外 RAM 的专用指针
xpt＝0x30；                        //存储单元地址送指针变量
* xpt＝0x60；                      //将数据 60H 送入片外 RAM 的 30H 单元中
xpt＝0x7fff；                      //存储单元地址送指针变量
ACC＝ * xpt；                      //将片外 RAM 的 7FFFH 单元中的数据送到累加器 A
```

2. 使用指针定义的宏

C51 编译器提供了两组用指针定义的绝对存储器访问的宏。这些宏定义原型放在absacc.h 文件中，使用时需要用预处理命令把该头文件包含到文件中。程序写法为：

```
＃include ＜absacc.h＞         //添加头文件
XBYTE[0x30]＝0x60；            //将数据 60H 送入片外 RAM 的 30H 单元中
ACC＝XBYTE[0x7fff]；          //将片外 RAM 的 7FFFH 单元中的数据送到累加器 A
```

对比这两种方法，使用指针定义的宏的方法更为简便些，在 C51 程序设计中，强烈推荐使用这种方法。

9.4　并行总线扩展 CDIO 项目实例

传统的外设大多采用并行总线与单片机相连接,掌握单片机并行总线的接口技术可以扩展单片机 I/O 接口或存储器。

9.4.1　74LS138 译码器控制的流水灯

1. 项目构思(Conceive)

8 位流水灯实现的方式很多,可以直接使用一个并口,也可以用串口外加移位寄存器 74LS164 来实现,前者浪费单片机的 I/O 接口,后者编程稍微有点麻烦。而使用译码器来控制流水灯,不但可以节约 I/O 接口,而且编程非常方便。本例单片机外接一片 3-8 译码器 74LS138,在 P2 口低三位依次输入 000、001、010、……、111,即可通过译码器控制 8 只 LED 灯滚动点亮。

2. 项目设计(Design)

(1)硬件电路设计

根据项目构思,系统的硬件电路设计如图 9-4-1 所示,其中译码器 74LS138 的输入端由单片机的 P2 口的低三位控制,8 位输出口外接了 8 只 LED 灯。

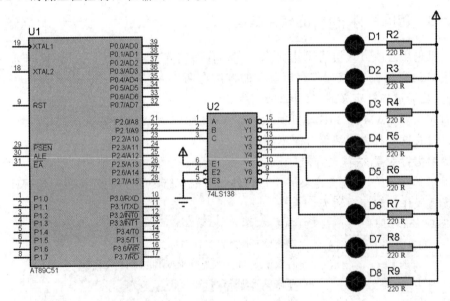

图 9-4-1　74LS138 控制流水灯电路图

(2)软件设计

根据项目构思与硬件电路图,系统软件源码设计如下:

```
#include <reg52.h>
#define uint unsigned int
#define uchar unsigned char
void Delay(uint x)
{
    uchar i;
```

```
    while(x－－)
        for(i＝0;i<120;i++);
}
void main()
{
    P2 = 0x00;
    while(1)
    {
        P2 = (P2+1)%8;
        Delay(200);
    }
}
```

从源码可以看出,采用译码器控制流水灯编程非常方便。

3. 项目实现(Implement)

在 Proteus 中加载程序代码并运行仿真,通过 LED 灯的亮灭观察程序功能。系统运行后,LED 灯从上往下,依次点亮,形成了流水灯,如图 9-4-2(a)、图 9-4-2(b)所示。

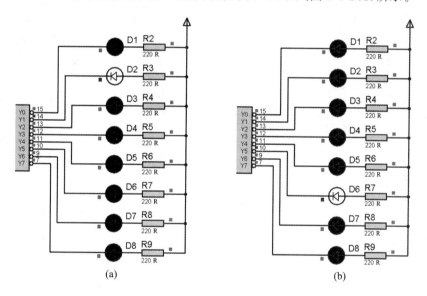

(a)　　　　　　(b)

图 9-4-2　程序运行片段仿真图

4. 项目运作(Operate)

本项目虽然比较简单,但可以扩展改进为产品。例如使用 2 个 74LS138 就可以扩展为 16 位的流水灯,使用 4 个 74LS138 就可以扩展为 32 位的流水灯,相比其他的方案,本方案编程比较容易。

9.4.2　外扩 8KRAM

1. 项目构思(Conceive)

AT89C51 单片机片内 RAM 只有 256 个字节,用户实际可用的只有 100 来个字节,有时需要外扩 RAM。本例单片机采用一片 6264 外扩 8 KB SRAM,并向 6264 的 10H 单元开始连续写入 11～20 十个数据,来测试外扩 RAM 是否成功。

2. 项目设计(Design)

(1)硬件电路设计

根据项目构思,并依照前面介绍的并行总线接口电路设计方法,在 Proteus 中设计的硬件电路如图 9-4-3 所示。地址锁存器选用的是 74LS373。其中数据总线连接方案是:单片机的 P0 口接 6264 的 D0～D7 口;地址总线连接的方案是:低 8 位为单片机 P0 口通过地址锁存器 74LS373 连接在 6264 的 A0～A7 口,高 5 位为单片机的 P2.0～P2.4 连接在 6264 的 A8～A12;控制总线连接的方案是:单片机 ALE 连接在 74LS373 的 LE 口,$\overline{WR}$ 和 $\overline{RD}$ 分别连接在 6264 的 $\overline{WE}$ 和 $\overline{OE}$ 口。

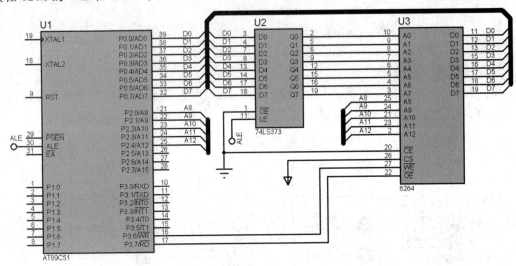

图 9-4-3　外扩 8 KB RAM 电路图

(2)软件设计

根据项目构思与硬件电路图,系统软件源码设计如下:

```c
#include <reg52.h>
#include <absacc.h>
void delay()                    //延时 100 ms 左右
{
    unsigned int j,k;
    for(j=100;j>0;j--)
        for(k=120;k>0;k--);
}
void main()
{
    unsigned char i,m;
    while(1)
    {
        m=11;
        for (i=0;i<10;i++)   //向 6264 的 10H 单元开始写入 10 个数据
        {
            XBYTE[0x10+i]=m;
```

```
        m++;
        delay();
      }
   }
}
```

3. 项目实现(Implement)

在 Proteus ISIS 界面中,将程序编译后生成的 HEX 文件加载到单片机,单击"运行"按钮启动仿真,稍等后单击"暂停"按钮暂停仿真,再选择调试→Memory Contents→U3 命令,打开 6264 存储器窗口,就可以观察程序运行结果,如图 9-4-4 所示。从 6264 的 10H 单元开始连续写入了 11~20 对应的十六进制数据 0BH~14H。

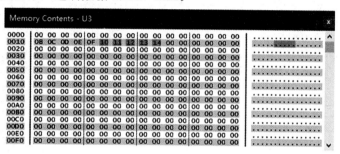

图 9-4-4　程序运行片段仿真图

4. 项目运作(Operate)

在一些数据采集系统中,需要外接大量的 RAM,这时可以通过外扩多片 6264 来实现。单片机扩展多片 6264 的接口电路设计前面已经介绍,其软件编程方法和扩展单片 6264 的方法一样,在此不再赘述。

本章小结

1. 51 单片机有 4 个并行 I/O 接口和一些控制口线,与外部芯片或设备相连接时,构成地址总线、数据总线和控制总线组成的三总线结构。

2. 使用 TTL 或 CMOS 电路芯片,并行方式扩展单片机的 I/O 接口,是组成 I/O 接口电路的基本方法之一。

3. 程序存储器一般不考虑外部扩展。单片机的数据存储器容量比较小,一般使用静态 RAM,有时需要外部扩展。

4. 当单片机控制系统需要同时扩展多片外部芯片或设备时,需要选择合适的片选方法。常用的片选方法有线选法和译码法两种。

思考与练习题

9-1　请画出 51 单片机 3 总线结构图。

9-2　试设计一个用 8 位钮子开关控制 8 个发光二极管的接口电路,并编写程序。

9-3　试设计一个用 2 个 74LS138 译码器控制的 16 位流水灯的系统,请画出相应电路图,并编写程序。

9-4 图 1 为某单片机系统片外存储器扩展的电路图,试问:

(1)哪些芯片为程序存储器 ROM,哪些芯片为数据存储器 RAM?

(2)请写出这四块存储芯片的地址空间。

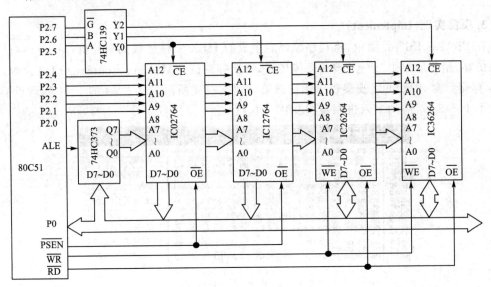

图 1 习题 9-4 电路

第 10 章

MCS-51 单片机的开关量接口

【本章要点】 开关量是指具有二值状态信息的量,如二极管的导通和截止,继电器触点的闭合与断开,按钮的按下与松开等。单片机应用系统常常需要开关量信息的获取与控制,如仪器仪表面板上指令的下达、功能的选择、报警与指示等,这些都是 CPU 通过对开关量的处理来实现的。开关量的二值状态在计算机的软件中用"0"和"1"表示,硬件中则用"低电平"和"高电平"实现。CPU 通过输入接口电路获取物理器件的开关状态,通过输出接口电路控制物理器件的开关状态。本章先介绍一些开关接口电路与处理方法,接着介绍键盘接口,重点讲解矩阵键盘,然后对常见的开关量输出控制元件继电器、电机、蜂鸣器和可控硅的接口电路和技术也进行相应的讲解,最后通过 CDIO 实例的讲解来加深读者的理解。

【思政目标】 在讲解开关量相关的 CDIO 项目实例时,引入继电器可以做定时炸弹也可以做洗衣机、电饭煲等家用电器的话题,让学生讨论职业道德问题。鼓励学生积极学习单片机技术,用于创造创新,发明新的电子产品,用于解决生产生活中的各种问题,提高人们的生活质量。

10.1　开关量输入接口

常见的开关量输入电气元件有钮子开关、按钮、行程开关等。它们在电气上呈现的"通"或"断"两种状态,必须通过相应的开关量输入接口电路才能传递给 CPU。

10.1.1　开关接口

1. 钮子开关

钮子开关是双端开关器件,可以人为操作,使两个接点接通或断开。图 10-1-1 是钮子开关接口电路。图 10-1-1(a) 是简单接口,开关和电阻串联,钮子开关接通时,P1.0 为低电平;反之 P1.0 为高电平。

电气开关在接通或断开时,经常出现抖动,产生多次操作开关的假象。这种情况,人没有感觉,但单片机能够识别,并有可能导致误操作,甚至造成非常严重的后果。因此,使用开关器件时通常需要考虑消抖措施,可以采用硬件消抖,也可以采用软件消抖。图 10-1-1(b) 加入

R2、C 滤波电路和反相器,起消抖的作用,输出电平和开关状态与图 10-1-1(a)相反。该接口电路也适用于其他开关量输入器件。

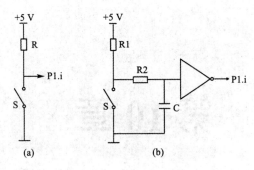

【例 10-1】 开关控制 LED 灯。本例电路如图 10-1-2 所示,两个钮子开关 S1、S2 可分别控制 LED1、LED2 的点亮和熄灭。

本系统软件设计比较简单,就是反复查询两个钮子开关的状态值,并送至两个 LED 灯。源码如下:

图 10-1-1　钮子开关接口电路图

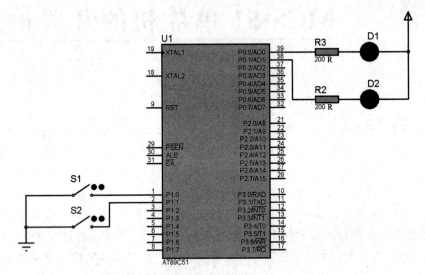

图 10-1-2　钮子开关控制 LED 灯电路图

```c
#include <reg51.h>
sbit S1 = P1^0;
sbit S2 = P1^1;
sbit LED1 = P0^0;
sbit LED2 = P0^1;
void main()
{
    while(1)
    {
        LED1 = S1;
        LED2 = S2;
    }
}
```

2. 行程(接近)开关接口

行程开关亦称限位开关或位置开关。主要用于改变生产机械的运动方向、行程以及限位保护。例如,将行程开关安装于生产机械行程终点处,可限制其行程。当运动物体碰撞行程开关的顶杆或滚轮时,其动断触点断开、动合触点接通。图 10-1-3 是行程开关符号图。行程开关又称为无触点行程开关。当运动物体与之接近到一定距离时产生相应的动作,不需要接触。

在单片机应用系统中,为了防止现场的强电磁干扰,或输入/输出通道的大电流、高电压干扰脉冲窜入单片机核心控制部分,通常需要采用通道隔离技术。光电耦合器,简称电耦,是最常用的隔离器件之一。光电耦合器由封装在管壳内的一个发光二极管和一个光敏三极管组成。光电耦合器以光为媒介传输信号,发光二极管加上正向输入电压(大于 1.1 V)就会发光,光信号作用在光敏三极管基极产生基极光电流,光敏三极管外接电路就会导通,输出电信号。

行程开关动合触点与单片机的接口如图 10-1-4 所示。在触点断开时送往单片机引脚的是低电平;当触点闭合时,光电耦合器的二极管导通发光,使光敏三极管导通,送往单片机引脚的是高电平。光电隔离电路中发光二极管与光敏三极管回路必须分别供电,且不得共地,以保证电气隔离效果。

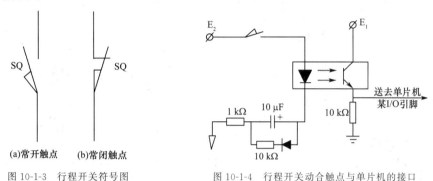

图 10-1-3　行程开关符号图　　　　图 10-1-4　行程开关动合触点与单片机的接口

10.1.2　键盘接口

在单片机系统中,用户常常要通过按键来设置或控制系统功能。按键是单片机系统中最基本的人机交互输入设备。键盘的结构形式有很多种,如机械式、电容式、电感式、薄膜式等,其中机械式和电容式最为常用。薄膜开关具有结构简单、体积小、防尘、防水等优点,也得到了越来越广泛的应用。

1. 按键的识别

在单片机系统中,单片机与按键的基本连接电路如图 10-1-5 所示。当按键 K 未被按下时,P1.0 输入为高电平;当 K 闭合时,P1.0 输入变为低电平;当 K 抬起时,P1.0 再次回到高电平。通过判断 P1.0 引脚的电平便可知道按键的状态。

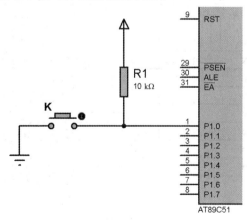

图 10-1-5　单片机与按键的基本连接电路图

2. 按键的抖动

对于机械式按键,由于机械触点的弹性作用,按键在闭合和断开时不会立即达到稳定状态,而是伴随一连串的抖动。按键抖动过程如图 10-1-6 所示。抖动时间由按键的机械特性决定,一般为 5~10 ms。按键抖动会导致一次按键被单片机误读多次,产生错误操作。为确保 CPU 对一次按键闭合只做一次处理,必须消除抖动问题。

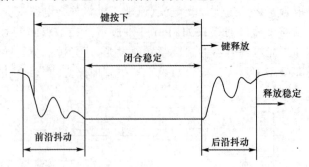

图 10-1-6　按键抖动过程

去除按键抖动的方法有硬件和软件两种。

硬件去抖是给每个按键加上 RC 滤波电路,或者利用 RS 触发器去抖。这种方法会造成电路设计复杂,硬件成本高的问题。

软件去抖是单片机在检测到有键按下后,先执行 10~20 ms 的延时程序,然后再次检测按键是否仍然闭合。如果仍然闭合,则认为有键按下,否则认为是按键抖动引起的,不做响应。

在单片机系统电路设计中,当需要使用多个按键时,键盘结构可采用独立式和矩阵式两种。

3. 独立式键盘设计

独立式键盘结构是指每个按键独立地占用单片机的一根 I/O 线,如图 10-1-7 所示。当任何一个键按下时,与之连接的 I/O 线变为低电平,没有按下的键保持高电平。这种结构的优点是电路简单,编程简单;缺点是按键数量较多时,要占用较多的 I/O 线,只适用于按键数量较少的场合。

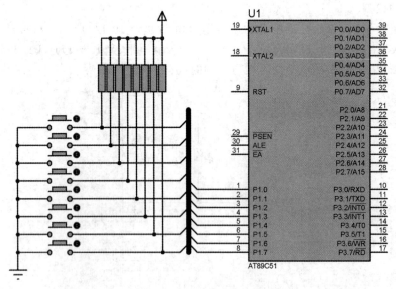

图 10-1-7　独立式键盘连接图

独立式键盘的查询过程为:逐位读入每个 I/O 线的状态,为高电平 1,表明按键没有按下,继续读入下一位;为低电平 0,则说明该 I/O 线所接的按键按下,转向该键的功能处理子程序。

【例 10-2】　一位计数器。接口电路如图 10-1-8 所示,每按一次"＋1"键,显示数值＋1,至 9 回 0;每按一次"－1"键,显示数值减 1,至 0 回 9。

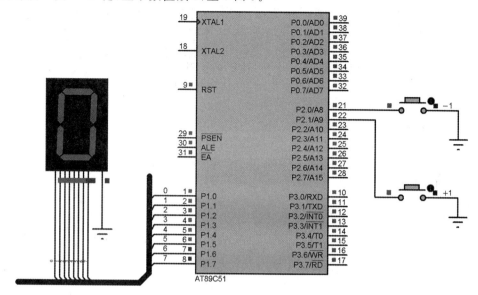

图 10-1-8　一位计数器接口电路图

该系统的 A51 汇编源码如下:

```
        ORG 0000H
        MOV P1,＃3FH              ;显示"0"
LOOP:   JB   P2.1,NEXT            ;"＋1"键没按下,转"－1"键
        LCALL  DELAY10ms          ;消抖延时
        JB   P2.1,NEXT            ;"＋1"键确实没按,转"－1"键
        JNB  P2.1,$               ;等待"＋1"键松开
        INC  R0                   ;要显示的值加 1
        CJNE R0,＃10,DSP          ;显示没超过 9,跳转显示
        MOV  R0,＃0               ;超过 9,回 0
        SJMP DSP                  ;转显示
NEXT:   JB   P2.0,LOOP            ;"－1"键没按下,转"＋1"键
        LCALL DELAY10ms           ;消抖延时
        JB   P2.0,LOOP            ;"－1"键确实没按,转"＋1"键
        JNB  P2.0,$               ;等待"－1"键松开
        DEC  R0                   ;要显示的值减 1
        CJNE R0,＃0FFH,DSP        ;显示不低于 0,转显示
        MOV  R0,＃9               ;低于 0,回 9
DSP:    MOV  DPTR,＃CC_TAB        ;指向字形码表首地址
        MOV  A,R0                 ;取显示字符
        MOVC A,@A＋DPTR           ;获得显示字符字形码
        MOV  P1,A                 ;字符显示
        SJMP LOOP                 ;转"＋1"键
DELAY10ms:
        MOV  R6,＃20
```

```
LOP:    MOV   R7,#250
        DJNZ  R7,
        DJNZ  R6,LOP
        RET
CC_TAB:
        DB 3FH,06H,5BH,4FH,66H,6DH,7DH,07H,7FH,6FH
        END
```

该系统的 C51 源码如下：

```c
#include<reg51.h>
#define uint unsigned int
#define uchar unsigned char
sbit KEY1=P2^0;
sbit KEY2=P2^1;
uchar num;                       //计数器
uchar code table[]={0x3f,0x06,0x5B,0x4f,0x66,0x6d,0x7d,0x07,0x7f,0x6f};
void DelayMS(uint x)            //延时子程序
{
    uint i;
    while(x--)
    for(i=0;i<120;i++);
}
void display()
{
    P1=table[num];
    DelayMS(5);
}
void KeyScan()                  //按键扫描子程序
{
    if(KEY1==0)                 //如果-1键按下
    {
        DelayMS(10);            //延时防抖
        if(KEY1==0)
        {
            while(! KEY1);      //等待释放
            num--;
            if(num==-1)num=9;
        }
    }
    if(KEY2==0)                 //如果"+1"键按下
    {
        DelayMS(10);
        if(KEY2==0)
        {
            while(! KEY2);
```

```
            num++;
            if(num==10)num=0;
        }
    }
}
void main()
{
    num=0;
    while(1)
    {
        KeyScan();              //扫描按键
        Display();              //显示
    }
}
```

10.2　矩阵式键盘接口

当单片机系统需要使用的按键数量较多时,通常将它们按照一定方式组合成行列式键盘结构,又叫矩阵式键盘结构。

10.2.1　矩阵式键盘结构

如图 10-2-1 所示为一个 4×4 的矩阵式键盘结构,键盘分为 4 行和 4 列。这 4 根行线和 4 根列线都接到单片机的 P2 口。4 根列线的另一端分别通过 10 kΩ 电阻接到+5 V 电源。为了便于表示,给这些行线和列线分别从 0 开始编上序号,依次为 0、1、2、3。每条行线与每条列线的交叉处通过一个按键将二者连接。所有按键也都从 0 开始编上号码,称为键值。按键的键值同其所在的行号和列号的关系满足下式:

$$键值=行号×4+列号$$

利用行列式结构,只需 M 条行线和 N 条列线,即可组成具有 $M × N$ 个按键的键盘,但占用的 I/O 接口线条数只有 $M + N$ 个。

矩阵式键盘能够节约单片机的 I/O 接口线,但在对按下键的键值识别上比较复杂。对矩阵式键盘扫描的方法通常分为行扫描法和行列反转扫描法。

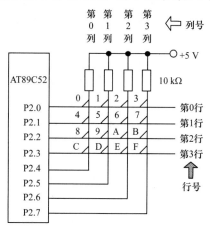

图 10-2-1　4×4 的矩阵式键盘连接图

10.2.2　行扫描法原理及编程

行扫描法的扫描过程一共分为三个步骤。

(1)判别键盘中有无键按下。

具体方法为:单片机向所有行线输出低电平 0,然后读入所有列线的电平状态。如果不全为 1,则说明有键按下;如果全为 1,则说明没有键按下。

基本原理:如图 10-2-1 所示,在没有键按下时,4 根列线的电平均为高电平 1,一旦有键按下,则该键所在的列线与行线接通。由于行线端口的锁存器输出低电平,所以列线就被拉至低电平,从而使读入的 4 根列线电平状态不全为 1。

在软件去抖的系统设计中,当判断有键按下后,为了防止是由抖动引起的,应该延时 10～20 ms,然后再次进行判断以进行确认。

(2)查找按下键所在位置。

方法:依次给每条行线送低电平,读入列线状态。如果全为 1,则说明按下的键不在此行;如果不全为 1,则说明按下的键必在此行,并且位于电平是 0 的那根列线上。

(3)计算按键键值。

根据步骤(2)中确定的按键的行号和列号,利用前面的键值计算公式求出按键键值。

下面是针对图 10-2-1 采用行扫描法编写的 4×4 矩阵键盘扫描子程序。

```
unsigned char keyscan()                //键盘扫描子程序,带返回值
{
    unsigned char row,col=0,m=0xff;     //定义行号、列号、键值,键值默认为 0xff
    P2=0xf0;
    if((P2&0xf0)==0xf0)                 //列值全 1,无键按下
        return m;                       //返回键值 0xff
    delay20ms();                        //有键按下,延时去抖
    if((P2&0xf0)==0xf0)                 //无键按下,说明上次是抖动引起
        return m;                       //返回键值 0xff
    for(row=0;row<4;row++)              //仍然有键按下,从 0 开始逐行扫描
    {
        P2=~(1<<row);                   //扫描值 0xfe 送 P2
        m=P2&0xf0;                      //读列线状态
        if(m!=0xf0)                     //列线不全为 1
        {
            while(m&(1<<(col+4)))
            col++;                      //所按键不在该列,查找下一列号
            m=row*4+col;                //按键在该列,计算键值
            P2=0xf0;
            while((P2&0xf0)!=0xf0);      //键未抬起,等待
            break;                      //已找到键值,退出 for 循环
        }
    }
    return m;                           //返回键值
}
```

10.2.3　行列反转扫描法原理及编程

采用行列反转扫描法的扫描过程也分为三个步骤。

(1)判别键盘中有无键按下。

判别方法和行扫描法相同。

（2）列线变为输出，行线变为输入，再读。

具体过程：将第（1）步中读取到的四根列线状态值从列线端口输出，然后读入所有行线端口的电平状态。

（3）定位求键值。

将第（1）步读取到的列线值和第（2）步读取到的行线值合并为一个 8 位二进制数，再通过查表确定按下键的键值。

在查表前，首先要按照上述方法将每一个按键按下时所产生的 8 位二进制数统计出来，然后在 code 区建立一个常数表。对于图 10-2-1 中的 16 个按键，建立的常数表为：

```
Keycode[16]={   0xee,0xde,0xbe,0x7e,
                0xed,0xdd,0xbd,0x7d,
                0xeb,0xdb,0xbb,0x7b,
                0xe7,0xd7,0xb7,0x77 };
```

表中数值的顺序和按键的编号顺序一一对应。编写行列反转扫描法扫键盘程序时，在第（3）步得到某个键按下时产生的 8 位二进制数后，通过查找该数值在表中的位置，就可以确定按键的编号（键值）。此数组有些难记，也可以将该数组中的元素按位取反后再存储。如：

```
Keycode[16]={   0x11,0x12,0x14,0x18,
                0x21,0x22,0x24,0x28,
                0x41,0x42,0x44,0x48,
                0x81,0x82,0x84,0x88 };
```

针对图 10-2-1 采用行列反转扫描法编写的键盘扫描子程序如下：

```
unsigned char Keys_Scan()                    //键盘扫描子程序
{
    unsigned char sCode,kCode,i,k;
    unsigned char code KeyCodeTable[]={      //矩阵键盘按键特征码 16 个按键
                        0x11,0x12,0x14,0x18,
                        0x21,0x22,0x24,0x28,
                        0x41,0x42,0x44,0x48,
                        0x81,0x82,0x84,0x88 };
    P2 = 0xf0;                               //全局扫描
    if((P2&0xf0)! =0xf0)                     //有键按下
    {   DelayMS(10);                         //延时消抖
        if((P2 & 0xf0)! =0xf0)               //真有键按下
        {   sCode = 0xfe;                    //扫描第 0 行
            for(k=0;k<4;k++)                 //扫描行
            {   P2 = sCode;
                if((P2 & 0xf0)! =0xf0)       //按键在本行
                {   kCode =~P2;
                    for(i=0;i<16;i++)        //找键号
                    if(kCode == KeyCodeTable[i])
                        return i;            //返回按键号
                }
```

```
            else
                sCode = _crol_(sCode,1);    //扫描下一行
        }
    }
}
    return -1;                              //没键按下则返回-1
}
```

【例 10-3】 本例电路如图 10-2-2 所示,本例为 4×4 的矩阵键盘,用户每按下某个键的时候,连接在 P0 口的数码管能显示当前的按键号,连接在 P3.0 口的扬声器会发声响一下。

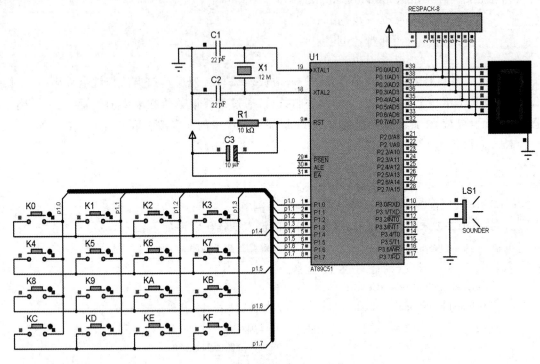

图 10-2-2   矩阵键盘显示电路图

系统 C51 源码如下:

```
#include <reg51.h>
#include <intrins.h>
#define uchar unsigned char
#define uint unsigned int
sbit BEEP = P3^0;
uchar code DSY_CODE[]=
{  0xc0,0xf9,0xa4,0xb0,0x99,0x92,0x82,0xf8,0x80,0x90,0x88,
   0x83,0xc6,0xa1,0x86,0x8e };                //0~9,A~F 的数码管段码共阳码
uchar code KeyCodeTable[]=
{  0x11,0x12,0x14,0x18,0x21,0x22,0x24,0x28,0x41,0x42,0x44,
   0x48,0x81,0x82,0x84,0x88 };                //矩阵键盘按键特征码 16 个按键
void DelayMS(uint ms)                         //延时函数
{
```

```
        uchar t;
        while(ms——)
            for(t=0;t<120;t++);
}
void Beep()                              //Sounder 扬声器
{
    uchari;
    for(i=0;i<100;i++){ DelayMS(1);BEEP =~BEEP;}
    BEEP = 1;
}
uchar Keys_Scan()                        //矩阵键盘扫描子程序
{
    uchar sCode,kCode,i,k;  P1 = 0xf0;   //全局扫描
    if((P1&0xf0)!=0xf0)                  //有键按下
    {  DelayMS(10);                      //延时消抖
        if((P1 & 0xf0)!=0xf0)            //真有键按下
        {  sCode = 0xfe;                 //扫描第 0 行
            for(k=0;k<4;k++)             //扫描行
            {  P1 = sCode;
                if((P1 & 0xf0)!=0xf0)// 在本行
                {  kCode =~P1;
                    for(i=0;i<16;i++)//找键号
                    if(kCode == KeyCodeTable[i])  return i;  //返回按键号
                }
                else
                    sCode = _crol_(sCode,1);//扫描下一行
            }
        }
    }
    return -1;
}
void main()
{
    ucharKeyNO = -1;//按键号,-1 表示无按键
    P0=0xbf;//显示 0
    while(1)
    {
        KeyNO = Keys_Scan();//扫描键盘
        if(KeyNO!=-1)                     //有键按下
        {
            P0 =~DSY_CODE[KeyNO];
            Beep();
```

```
            }
        DelayMS(100);
    }
}
```

10.3　开关量输出接口

很多控制系统都需要计算机来控制开关量的输出状态。例如温度控制系统可以控制电炉的通、断电的时间来达到调节炉温的目的。控制通、断电一般采用继电器或晶闸管作为执行器。此类执行器在工作的过程中，需要较大的功率，可能还会产生较强的电磁干扰，因此采用计算机控制时需要电气隔离和功率驱动。这是开关量输出接口必须要考虑和解决的两个问题。

10.3.1　继电器输出接口

1. 常规继电器

常规继电器是电气控制中常用的控制器件之一，一般由电磁线圈和触点（动合或动断）构成。当线圈通电时，由于磁场的作用，使触点闭合（或断开）；当线圈断电后，触点断开（或闭合）。一般线圈可以用直流低压（常用的有 5 V、9 V、12 V 和 24 V 等）控制，而触点则接在市电（交流 220/380 V）回路中以控制电器的得电与否。

不同的继电器，其线圈驱动电流的大小以及带负载的能力不同。选用时须考虑：

①继电器线圈额定电压和触点额定电流；

②触点的对数和种类（动断、动合）；

③触点释放/吸合时间；

④体积封装、工作环境。

2. 固态继电器

继电器在动作瞬间，触点易产生火花，且容易氧化，因而影响可靠性。为克服这种接触式继电器的缺点，可以选用非接触式的固态继电器。

固态继电器（简称 SSR）采用晶体管或晶闸管代替常规继电器的触点，并把光电隔离融为一体。因此固态继电器实际上是一种具有光电隔离的无触点开关。它有动作电流低、体积小、无噪声、开关速度快、工作可靠等优点，目前应用广泛。固态继电器有直流型和交流型，两种类型内部组成不同，应用场合也不同。直流型用于带动直流负载，交流型则用于带动交流负载。

【例 10-4】　继电器控制照明设备。本例电路如图 10-3-1 所示，用继电器控制大功率照明设备。运行本例时，按下 K1 键可点亮灯，再次按下时则关闭灯。电路中的继电器采用 PNP 三极管驱动，三极管的基极连接在单片机的 P2.4 口。当 P2.4 口输出低电平时，三极管 Q1 导通，继电器 RL1 闭合，灯 L1 发光；当 P2.4 口输出高电平时，三极管 Q1 截止，继电器 RL1 断开，灯 L1 不发光。另外由于继电器内部有线圈，属于感性元件，故并联了一个反向二极管，起续流作用。

补充：PNP 三极管工作时是集电极接低电压，发射极接高电压，基极输入电压升高时趋向截止，基极输入电压降低时趋向导通；NPN 三极管工作时是集电极接高电压，发射极接低电压，基极输入电压升高时趋向导通，基极输入电压降低时趋向截止。

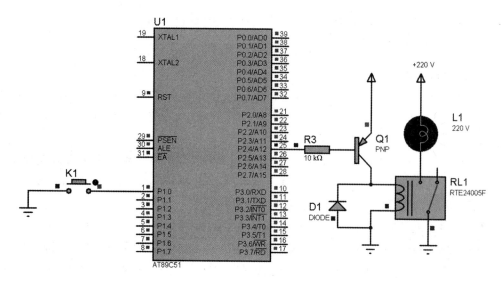

图 10-3-1　继电器控制照明设备电路图

该系统的 C51 源码如下：

```c
#include <reg52.h>
#define uchar unsigned char
#define uint unsigned int
sbit K1 = P1^0;
sbit RELAY = P2^4;
void DelayMS(uint ms)
{
    uchar t;
    while(ms--)for(t=0;t<120;t++);
}
void main()
{
    P1 = 0xff;
    RELAY = 1;
    while(1)
    {
        if(K1==0)                      //如果键按下了
        {
            DelayMS(10);               //延时消去抖动
            if(K1==0)                  //确定键是真的按下了
            {
                while(K1==0);          //等待键释放
                RELAY =~RELAY;
            }
        }
        DelayMS(20);
    }
}
```

10.3.2　电机控制接口

1. 直流电机控制接口

直流电机具有良好的启动特性和调速特性,转矩大、维修便宜和节能环保等优点,在现代工业领域有着极其广泛的应用。直流电机的驱动比较简单,直流电机只有两个电极。所加电压高,电机转动快,改变电压方向,则电机反转。

直流电机可以采用 PWM(Pulse Width Modulation)调压技术对电机进行调速控制。脉冲宽度调制技术是利用微处理器的数字输出来对模拟电路进行控制的一种非常有效的技术,广泛应用在从测量、通信到功率控制与变换的许多领域中。

【例 10-5】　正反转可控的直流电机系统。本系统电路如图 10-3-2 所示,该系统运行时,按 K1 电机正转,按 K2 点击反转,按 K3 点击停止。直流电机采用了常见的 H 桥驱动电路。A 点为低电平时,Q3、Q2 截止,Q7、Q1 导通,电机左端为高电平;B 点为高电平时,Q8、Q4 截止,Q6、Q5 导通,电机右端为低电平;电机正转。反之,若 A 点为高电平,B 点为低电平时,则电机反转。A 点 B 点电平相同,则电机停止转动。

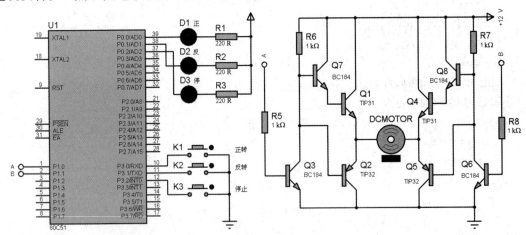

图 10-3-2　正反转可控的直流电机系统电路图

该系统的 C51 源码如下:

```
#include <reg52.h>
sbit K1= P3^0; sbit K2 = P3^1; sbit K3 = P3^2;
sbit LED1 = P0^0;   sbit LED2 = P0^1;   sbit LED3 = P0^2;
sbit MA = P1^0;   sbit MB = P1^1;
void main(void)
{
    LED1 = 1;   LED2 = 1; LED3 = 0;
    while(1)
    {
        if(K1 == 0)
        {
            while(K1 == 0);
            LED1 = 0; LED2 = 1; LED3 = 1;
```

```
            MA = 0;MB = 1;
    }                        //K1 按下,A 点低电平,B 点高电平,电机正转
            if(K2 == 0)
    {
        while(K2 == 0);
        LED1 = 1;LED2 = 0;LED3 = 1;
        MA= 1;MB = 0;
    }                        //K2 按下,A 点高电平,B 点低电平,电机反转
    if(K3 == 0)
    {
        while(K3 == 0);
        LED1 = 1;LED2 = 1;LED3 = 0;
        MA = 1;MB= 1;
    }                        //K3 按下,A 点高电平,B 点高电平,电机停止
    }
}
```

2. 步进电机控制接口

(1)步进电机及其工作方式

步进电机也称为脉冲电机。用单片机输出的数字脉冲,可以控制电机的旋转角度和速度。步进电机在要求快速启停精确定位的场合作为执行部件,被广泛应用。

步进电机有如下特点:

给步进脉冲电机就转,称为移步,不给步进脉冲电机就不转,称为锁步;

步距角在 0.36°~90°,可以精确控制;

步进脉冲的频率越高,步进电机转得越快;

改变各相的通电方式,可以改变电机的运行方式;

改变通电顺序,可以控制步进电机的正、反转。

三相步进电机有以下 3 种工作方式:

①单相三拍工作方式,其电机控制绕组 A、B、C 相的正转通电顺序为:A→B→C→A;反转通电顺序为:A→C→B→A。

②三相六拍工作方式,正转的绕组通电顺序为:A→AB→B→BC→C→CA→A;反转的通电顺序为:A→AC→C→CB→B→BA→A。

③双三拍工作方式,正转的绕组通电顺序为:AB→BC→CA→AB;反转的通电顺序为 AB→AC→CB→BA。

(2)步进电机的驱动

步进电机的驱动电路需要根据步进电机的功率大小采用不同的驱动元件,最小的可以直接由单片机 I/O 接口驱动,较大的常用晶体管驱动,还可以用大功率的场效应管、达林顿管等作为驱动元件。

步进电机的驱动电路形式可以分为全电压驱动和高低压驱动两种。高低压驱动方式的电路复杂一些。步进电机常用的驱动方式是全电压驱动,即在电机移步与锁步时都加载额定电压。为防止电机过流及改善驱动特性,需加限流电阻。由于步进电机锁步时,限流电阻要消耗大量的功率,因此限流电阻要有较大的功率容量,并且开关也要有较高的负载能力。

10.3.3　蜂鸣器接口

蜂鸣器是一种一体化结构的电子讯响器,采用直流电压供电,广泛应用于计算机、打印机、复印机、报警器、电子玩具、汽车电子设备、电话机、定时器等电子产品中作发声器件。蜂鸣器主要分为压电式蜂鸣器和电磁式蜂鸣器两种类型。蜂鸣器是双端器件,属于感性负载,驱动需要一定的电流,蜂鸣器常并联反向二极管起续流作用。

【例 10-6】 按钮控制蜂鸣器。本系统电路如图 10-3-3 所示,该系统运行时,用户按下按钮,蜂鸣器就发声,松开按钮,蜂鸣器停止发声。当单片机 P2.0 口输出低电平时,三极管 Q1 导通,蜂鸣器发声,当 P2.0 口输出高电平时,三极管 Q1 截止,蜂鸣器停止发声。二极管 D1 反向并联在蜂鸣器上,起续流作用,当 Q1 导通状态转换到截止状态时,蜂鸣器内部线圈积蓄的能量将通过 D1 释放。

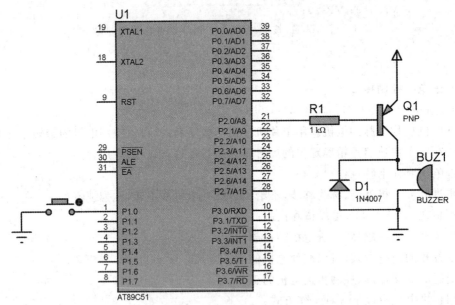

图 10-3-3　按钮控制蜂鸣器电路图

该系统的 C51 源码如下:

```c
#include <reg51.h>
sbit KEY = P1^0;
sbit BEEP = P2^0;
void main()
{
    BEEP = 1;                //蜂鸣器默认不响
    while(1)
    {
        BEEP = KEY;
    }
}
```

10.3.4　可控硅接口

可控硅(Silicon Controlled Rectifier)简称 SCR,是一种大功率电器元件,也称晶闸管。它具有体积小、效率高、寿命长等优点。在自动控制系统中,可作为大功率驱动器件,实现用小功率控件控制大功率设备。它在交直流电机调速系统、调功系统及随动系统中得到了广泛的应用。可控硅有单向可控硅和双向可控硅两种。

1. 单向可控硅

单向可控硅有三个引极,电气符号如图 10-3-4 所示,其中 A 为阳极,K 为阴极,G 为门极。当阳极电位高于阴极电位且门极电流增加到一定值(触发电流)时,可控硅 A、K 间由阻断变为导通。一旦导通,即使门极电流为 0 可控硅仍然导通。只有在 A、K 间施加反向电压,才能阻断。单向可控硅多用于直流大电流场合和交流整流。

2. 双向可控硅

双向可控硅相当于两个单向可控硅反并联,具有双向导电特性,但门极只有一个。其电气符号如图 10-3-5 所示。双向可控硅的通断状态由门极 G 与第二电极 T2 间施加正脉冲(或负脉冲)使其正向(或反向)导通。施加在 G 与 T2 间的脉冲称为触发脉冲,其幅值应大于 4 V,宽度不低于 20 μs。由于双向可控硅的双向导电性,在工作过程中它不存在反向耐压问题,因此特别适合作交流无触点开关使用。

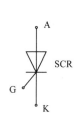

图 10-3-4　单向可控硅电气符号

图 10-3-5　双向可控硅电气符号

10.4　开关量接口 CDIO 项目实例

单片机应用系统常常需要开关量信息的获取与控制,如仪器仪表面板上指令的下达、功能的选择、报警与指示以及控制系统中的一些执行机构的操作等,这些都是 CPU 通过对开关量的处理来实现的。开关量接口技术为单片机开发人员必须要掌握的技能。

10.4.1　可调速的直流电机控制系统

1. 项目构思(Conceive)

例题 10-5 讲解了一套直流电机控制系统,该系统利用 H 桥驱动电路控制电机,可以实现电机正转、反转和停止等操作,能不能加上调速功能呢,答案是肯定的,利用 PWM 调压技术就可以实现。

2. 项目设计(Design)

(1)硬件电路设计

根据项目构思,直流电机控制系统电路如图 10-4-1 所示。本系统在例题 10-5 的基础上再增加两个按钮,一个用于加速,另一个用于减速。

(2)软件设计

根据项目构思与硬件电路图,系统软件源码设计如下:

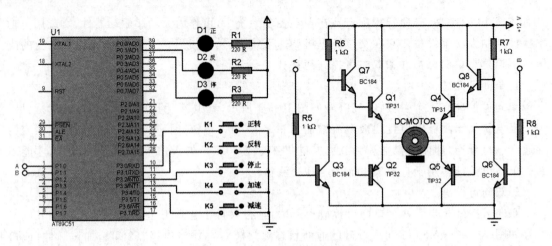

图 10-4-1 直流电机控制系统电路图

```
#include <reg52.h>
#define uint unsigned int
#define uchar unsigned char
sbit K1 = P3^0;                     //正转按钮
sbit K2 = P3^1;                     //反转按钮
sbit K3 = P3^2;                     //停止按钮
sbit K4 = P3^3;                     //加速按钮
sbit K5 = P3^4;                     //减速按钮
sbit LED1 = P0^0;
sbit LED2 = P0^1;
sbit LED3 = P0^2;
sbit MA = P1^0;                     //A 点
sbit MB = P1^1;                     //B 点
uchar DS;                           //DS 代表电机状态 0 停止 1 正转 2 反转
uchar SPEED;                        //SPEED 代表转速级别,1~10
uchar count;                        //PWM 占空比控制 0 ~ 9
void zhengzhuan()                   //正转
{
    LED1 = 0;  LED2 = 1;
    LED3 = 1;  DS  = 1;
}
void fanzhuan()                     //反转
{
    LED1 = 1;  LED2 = 0;
    LED3 = 1;  DS  = 2;
}
void stop()                         //停止
{
    LED1 = 1;  LED2 = 1;
    LED3 = 0;  DS  = 0;
}
```

```
void Key_Scan()
{
    if(K1 == 0)                    //如果正转键被按下
    {
        while(K1 == 0);zhengzhuan();
    }
    if(K2 == 0)                    //如果反转键被按下
    {
        while(K2 == 0);fanzhuan();
    }
    if(K3 == 0)                    //如果停止键被按下
    {
        while(K3 == 0);stop();
    }
    if(K4 == 0)                    //如果加速键被按下
    {
        while(K4 == 0);
        if(SPEED<10)SPEED++;
    }
    if(K5 == 0)                    //如果减速键被按下
    {
        while(K5 == 0);
        if(SPEED>1)SPEED--;
    }
}
void main(void)
{
    LED1 = 1;LED2 = 1;LED3 = 0;    //系统启动默认电机是停止状态
    DS = 0;
    SPEED = 5;                     //代表电机转动默认的速度为中速 5 档
    count = 0;
    TMOD = 0x02;                   //T0 方式 2,自动重载初值,用于 PWM 调压
    TH0 = 256-100;
    TL0 = 256-100;                 //定时 100 微秒
    EA = 1;  ET0 = 1;TR0 = 1;      //启动定时器 T0
    while(1)
    Key_Scan();
}
void timer0()interrupt 1           //定时器 T0 中断服务函数,用于控制电机的状态
{
    if(++count>9)count = 0;        //时间片序号加 1,从 0~9 循环变化
    switch(DS)
    {
        case 0:  MA = 1;           //停止
```

```
                MB = 1;
                break;
      case 1:    MA = 0;              //正转
               if(count < SPEED)
                   MB = 1;
               else
                   MB = 0;
               break;
      case 2:    MB = 0;              //反转
               if(count < SPEED)
                   MA = 1;
               else
                   MA = 0;
      }
   }
```

3. 项目实现(Implement)

在 Proteus 中加载程序代码并运行仿真,通过操作按键观察程序功能。电机的不同状态如图 10-4-2(a)~图 10-4-2(d)所示。

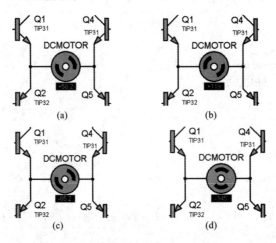

图 10-4-2　程序运行片段仿真图

4. 项目运作(Operate)

该系统在实际工业领域有着广泛的应用,例如该系统加上一个数字温度传感器 DS18B20 就可以变成温控电机调速系统,现在汽车内部的自动空调就是用这种方案实现的。该系统加上串口通信,就可以变成遥控电机系统。该系统加上线状 CCD 及其他传感器,就可以变成智能车系统。总之,该系统的扩展性非常好。

10.4.2　电子琴

1. 项目构思(Conceive)

在第 7 章学习了利用定时器来演奏音阶,本章又学习了矩阵键盘接口技术,能不能设计一个系统,按不同的键就演奏不同的音阶? 当然可以,这正是本例电子琴。

2. 项目设计(Design)

(1)硬件电路设计

根据项目构思,电子琴电路如图 10-4-3 所示,矩阵键盘连接在 P1 口,数码管连接在 P0 口用来显示用户的按键号,扬声器连接在 P3.0 口。

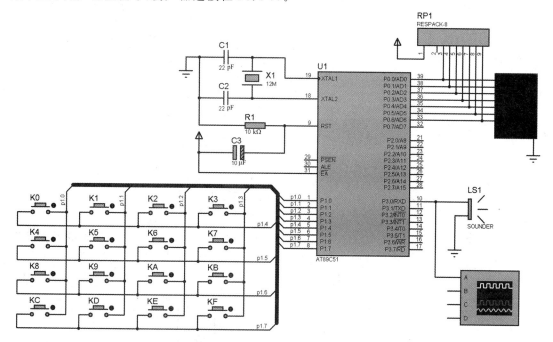

图 10-4-3　电子琴电路图

(2)软件设计

根据项目构思与硬件电路图,系统软件源码设计如下:

```
#include <reg51. h>
#include <intrins. h>
#define uchar unsigned char
#define uint unsigned int
sbit BEEP = P3^0;
ucharKeyNO = −1;                       //按键号,−1 表示无按键
uchar code DSY_CODE[]=                  //0～9,A～F 的数码管段码
{
    0xc0,0xf9,0xa4,0xb0,0x99,0x92,0x82,0xf8,
    0x80,0x90,0x88,0x83,0xc6,0xa1,0x86,0x8e
};
uchar code KeyCodeTable[]=              //矩阵键盘按键特征码 16 个按键
{
    0x11,0x12,0x14,0x18,0x21,0x22,0x24,0x28,
    0x41,0x42,0x44,0x48,0x81,0x82,0x84,0x88
};
uint code Tone_Delay_Table[]=          //16 个音阶的初值
{
    64021, 64103, 64260, 64400, 64524, 64580, 64684, 64777,
```

```
        64820，64898，64968，65030，65058，65110，65157，65178
};
void DelayMS(uintms)                        //延时函数
{
    uchar t;
    while(ms－－)
        for(t=0;t<120;t++);
}
ucharKeys_Scan()                            //矩阵键盘扫描
{
    uchar sCode,kCode,i,k;
    P1 = 0xf0;                              //全局扫描
    if(P1! =0xf0)                           //有键按下
    {
        DelayMS(10);                        //延时消抖
        if(P1! =0xf0)                       //真有键按下
        {
            sCode = 0xfe;                   //扫描第 0 行
            for(k=0;k<4;k++)                //扫描行
            {
                P1 = sCode;
                if((P1 & 0xf0)! =0xf0)      // 在本行
                {
                    kCode =～P1;
                    for(i=0;i<16;i++)       //找键号
                    {
                        if(kCode == KeyCodeTable[i])
                        return i;           //返回按键号
                    }
                }
                else
                    sCode = _crol_(sCode,1);  //扫描下一行
            }
        }
    }
    return －1;
}
void Play_Tone()interrupt 1                 //定时器 T0 中断服务函数
{
    TH0=   Tone_Delay_Table[KeyNO] / 256;
    TL0  =   Tone_Delay_Table[KeyNO] % 256;
    BEEP =～BEEP;                           //扬声器演奏音阶
}
void main()
```

```
{
    P0 = 0xBF;                          //数码管默认显示 0
    TMOD = 0x01;                        //设置 T0 为定时模式 1
    IE = 0x82;
    while(1)
    {
        KeyNO = Keys_Scan();            //扫描键盘
        if(KeyNO! = -1)                 //如果有键按下
        {
            P0 = ~DSY_CODE[KeyNO];      //显示按键号
            TR0 =1;                     //启动定时器,演奏音阶
        }
        else
        TR0 = 0;                        //没有按键则关闭定时器
        DelayMS(2);
    }
}
```

3. 项目实现(Implement)

在 Proteus 中加载程序代码并运行仿真,通过操作按键观察程序功能。用户按下不同的键,数码管就会显示其按键号,扬声器就会演奏相应的音阶,如图 10-4-4(a)~10-4-4(d)所示。

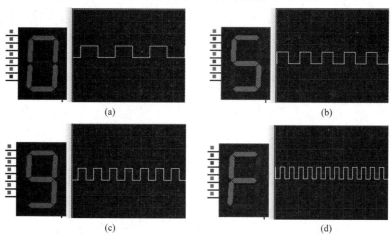

图 10-4-4　程序运行片段仿真图

4. 项目运作(Operate)

市场上购买的电子琴不止只有 16 个按键,可能有 64 个按键,另外还可能内置了多首歌曲,这样的系统该如何进一步扩展呢?

本章小结

1.单片机应用系统常常需要进行开关量信息的获取与控制。开关量信息的获取通过开关输入接口实现,而开关量的控制通过输出接口实现。

2.常见的开关量输入器件有钮子开关、行程(接近)开关接口、按键、继电器的触点等。它

们的共同特点是经过电路将器件的物理开关状态转换成电平状态，转换电路都比较简单。

3.键盘是比较复杂的开关量接口，是向单片机输入控制参数或命令以实现人机联系的输入设备。键盘信号的响应过程包括：键监测、键消抖、键释放、键识别、键处理。单片机应用系统中用得最多的是用户自行设计的非编码键盘，包括独立式和矩阵式两种。

独立连接式键盘接口的特点是每个键独立占用一根输入线，结构简单，编程方便。但随着键数的增多，所占用的 I/O 接口线也增加。

矩阵连接式键盘接口包括键盘开关矩阵、输出（行线）锁存器、输入（列线）缓冲器。其特点是占用 I/O 接口线少，但程序编制比较复杂。

4.需要开关量控制的器件很多，常见的有继电器、可控硅、晶体管、蜂鸣器、步进电机等。一般情况下，输出口输出的电平信号必须通过光电隔离和功率驱动，才能控制开关器件。

5.对于开关量接口，可以采用单片机的并口、串口，也可以采用扩展的 I/O 接口。

思考与练习题

10-1 简述单片机的键盘处理过程。

10-2 何谓键抖动？它对单片机系统有什么影响？如何消除？

10-3 什么是键值？它与键编码有何关系？

10-4 如何发挥键定义的功能？

10-5 请用 P1 口设计一个 3×3 的键盘接口电路，并编写相应的键盘扫描程序。

10-6 试设计一个按键加 1 和一个按键减 1 并具有两位数码管显示的计数器。

第 11 章

MCS-51 单片机的显示接口

【本章要点】 单片机系统往往离不开显示功能,它是人机交互的重要窗口。可以实现显示的器件有很多种,包括发光二极管、LED 数码管、LED 点阵屏和液晶显示器(LCD)等。本章先讲解 LED 数码管的接口技术,接着介绍 LED 点阵接口技术,然后讲解 LCD 接口技术,最后通过 CDIO 项目实例的讲解来加深读者的理解。

【思政目标】 在 LED 数码管教学中设计一个教学案例,通过数码管显示 2022 年北京冬季奥运会倒计时的功能。通过 2022 年北京冬季奥运会召开这个时事热点,提升学生的时代责任感和爱国热情。

11.1 LED 数码管显示接口

11.1.1 LED 数码管的结构及显示原理

LED 数码管具有结构简单、价格低廉、应用方便等优点,是单片机系统中最基本、使用最广泛的显示器件之一。LED 数码管是使用 7 个发光二极管排列成 8 字型,再使用一个发光二极管作为小数点所构成的一个显示器件,主要用于显示数字、符号及小数,通常称其为七段LED 数码管,实物如图 11-1-1 所示,有 1 位、2 位、3 位、4 位等不同结构形式。

1. 内部结构

七段 LED 数码管内部结构如图 11-1-2 所示。7 个发光二极管按照 8 字形排列,用字母 a ～g 来表示,分别对应字形的七段。小数点用字符 dp 表示。在电气连接上,这 8 个发光二极管的阴极连接在一起引出一根线,称之为公共端;8 个二极管的阳极分别引出,用以控制每一段发光二极管的亮灭,称之为段选端。因此一个 LED 数码管共有 9 个功能引脚。

在实际应用中,LED 数码管分为共阴极和共阳极两种类型。在 LED 数码管内部,如果是把 8 个发光二极管的阴极连接在一起作为公共端,则称这种结构为共阴极,使用时公共端通常接地,如图 11-1-3(a)所示。相反,也可以把 8 个发光二极管的阳极连接在一起作为公共端,这种结构称为共阳极,使用时公共端通常接＋5 V 电源,如图 11-1-3(b)所示。

图 11-1-1　七段 LED 数码管实物图

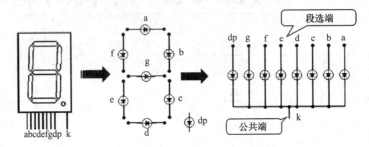

图 11-1-2　七段 LED 数码管内部结构图

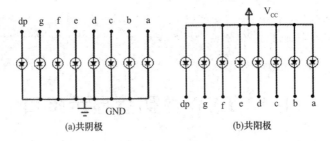

(a)共阴极　　　　　　　　　　　(b)共阳极

图 11-1-3　两种 LED 数码管类型图

2. 显示原理

要想让数码管显示 0~9 等不同的数字,只需要让对应段的发光二极管点亮即可。例如要显示数字 7,由图 11-1-4(a)、图 11-1-4(b)可知,需要使 a、b、c 三段的发光二极管点亮。对于共阴极 LED 数码管来说,在公共端接地的条件下,只需要给 a、b、c 这三个段选端送高电平 1,其他的段选端都送低电平 0 即可,如图 11-1-4(c)所示。

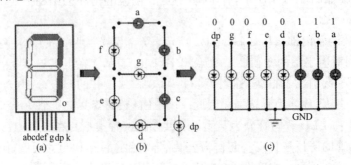

图 11-1-4　数字 7 的 LED 数码管显示原理图

加在段选端的代码构成了一个 8 位的二进制数。按照从 a~g~dp 由低到高的顺序排列,可以得到数字 7 的显示代码为 00000111B，即十六进制数 07H，把它称为数字 7 的共阴极七段码。

对于共阳极 LED 数码管来说，同样要显示数字 7，在公共端接电源 V_{CC} 的条件下，需要给 a、b、c 这三个段选端送低电平 0，其他的段选端都送高电平 1，因此得到的数字 7 的显示代码为 11111000B，即 F8H，把它称为 7 的共阳极七段码。

由此可知，所使用的 LED 数码管的类型不同，在显示相同数字时使用的七段码是不一样的。在实际编程应用时，必须首先认清电路所接 LED 数码管的类型。

每一个要显示的数字或符号都分别对应一个七段码值。为了便于应用，针对共阴极和共阳极两种类型的数码管，把部分常用字符的七段码总结并制成了七段码码表，其中共阴极和共阳极两种类型的数码管对应的码值相互为反码，如表 11-1-1 所示。所有段码值的数位排列顺序都是以 a 段为最低位，小数点段为最高位得到的。需要注意的是，表 11-1-1 中的段码值是在小数点不亮的情况下得到的。如果在应用中需要使用小数点，则还需要自行修改。

表 11-1-1　常用字符的七段码码表

显示字符	0	1	2	3	4	5	6	7	8
共阴极段码	3FH	06H	5BH	4FH	66H	6DH	7DH	07H	7FH
共阳极段码	C0H	F9H	A4H	B0H	99H	92H	82H	F8H	80H
显示字符	9	A	B	C	D	E	F	—	灭
共阴极段码	6FH	77H	7CH	39H	5EH	79H	71H	40H	00H
共阳极段码	90H	88H	83H	C6H	A1H	86H	8EH	BFH	FFH

在单片机系统中使用 LED 数码管显示时，是通过单片机的 I/O 接口输出高、低电平来实现对显示内容的控制。将要显示的字符转换成七段码的过程可以分为硬件译码和软件译码两种方法。采用硬件译码是通过"BCD-七段码"译码器实现的，单片机输出数字的 BCD 码，译码器将其转换成七段码后直接点亮 LED 数码管中相应段的发光二极管。这种方法简化了单片机的程序，但硬件电路会相对复杂。软件译码是通过程序查表的方法进行，硬件电路比较简单，在单片机系统中比较常用。

11.1.2　LED 数码管静态显示及实例

所谓静态显示，是当数码管显示某个字符时，公共端接固定电平，相应段的发光二极管恒定地导通或截止，直到显示另一个字符为止。LED 静态显示接口的特点如下：
- 所有 LED 数码管的 com 端接地或接+5 V；
- 每个数码管的字形端各接独立的输出口；
- 显示字形码通过输出口输送至各数码管；
- 被显示的数据只要输出一次，在显示内容刷新之前不必重复输出。

1. 硬件译码显示接口

硬件译码方案是在电路中的字形码输出接口和数码管之间添加一个译码器，字形码由译码器形成并输出。74LS47 是常用的二-十进制 7 段译码驱动器，能实现数字 0～9 的 BCD 码转换为共阳极字形码，其引脚如图 11-1-5 所示。其输入端只需 4 位，可节省 I/O 接口，LT 引脚为试灯输入端，LT＝0，BI＝1 时，

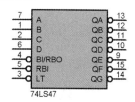

图 11-1-5　74LS47 引脚图

QA～QG 全亮。BI 引脚为静态灭灯输入端，BI＝0 时，QA～QG 全熄灭。正常使用时，LT 与 BI 引脚均需接高电平。

【例 11-1】　硬件译码数码管静态显示。本例硬件电路如图 11-1-6 所示,本例中利用四个 74LS47 硬件译码芯片,将单片机 P0、P2 口输出的数据发送到数码管中显示。编程实现 4 个数码管从左至右显示"1234"。

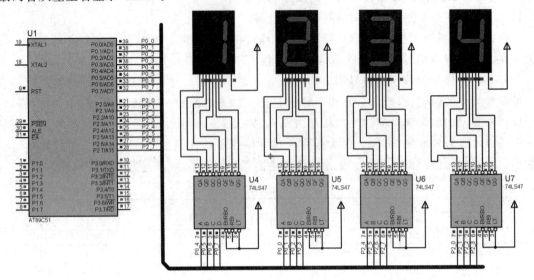

图 11-1-6　硬件译码数码管静态显示电路图

由于使用了硬件译码器,所以系统源码非常简单,其汇编语言源码如下:

```
        ORG 0000H
MAIN： MOV P0，＃12H
        MOV P2，＃34H
        SJMP    END
```

这种显示电路,虽然编程非常方便,但硬件成本过高,不建议过多使用。

2. 软件译码显示接口

如何用查表法实现软件译码? 对于汇编语言步骤如下:

- 在程序存储器中建立一个字形码表;
- 表格的起始地址 TAB 送入 DPTR 作为基址;
- 要显示的数作为偏移量送入变址寄存器 A;
- 利用查表指令 MOVC A，@A＋DPTR,取出相应数字的字形码。

对于 C51 语言则比较简单,一般在程序的开头部分定义一个数组即可,然后在后面的程序中取出相应的数组元素即可,如:

unsigned char code discode[16]＝

{ 0xc0，0xf9，0xa4，0xb0，0x99，0x92，0x82，0xf8，

0x80，0x90，0x88，0x83，0xc6，0xa1，0x86，0x8e }；

一般来说,为了节省单片机宝贵的片内 RAM 空间,定义这样的只需读,不需要修改的数组,一般都需加关键词 code,将数组存储在 ROM 区。

【例 11-2】　利用单片机 AT89C52 外接两位 LED 数码管,固定显示数字"2"和"8"。要求设计硬件电路并编写程序。

解　(1)硬件电路设计

硬件电路设计在 Proteus 中进行,采用软件译码的方法。数码管选用的是不带小数点共

阳极型数码管。两个数码管的段选端分别通过一个 220 Ω 的电阻接到单片机的 P0 口与 P3 口上,电阻起限流作用。利用单片机的 P0 口和 P3 口分别作为两个数码管的段选信号控制端,最终电路如图 11-1-7 所示(省略了晶振和复位电路)。

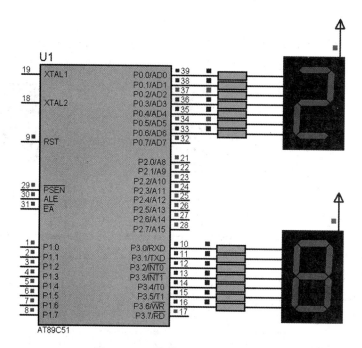

图 11-1-7　两位数码管静态显示电路图

（2）显示程序设计

根据硬件电路图,要在两个数码管上显示数字 2、8,只需分别从 P1 和 P3 口恒定地送出数字"2"和"8"的七段码就可以了。该例的 C51 语言程序如下:

```c
#include <reg52.h>
unsigned char code discode[16]=
{  0xc0, 0xf9, 0xa4, 0xb0, 0x99, 0x92, 0x82, 0xf8,
   0x80, 0x90, 0x88, 0x83, 0xc6, 0xa1, 0x86, 0x8e};
                        //定义七段码常数表,在 code 区
void main()
{
    P0= discode [2];       //将数字 2 的七段码取出送 P1 口
    P3= discode [8];       //将数字 8 的七段码取出送 P3 口
    while(1);
}
```

（3）Proteus 仿真

在 Proteus 中运行程序,显示结果如图 11-1-7 所示,两个 LED 数码管正确显示了数字"2"和"8"。在该程序基础上添加延时程序和相应语句,即可在两位数码管上变化显示不同的数字。

这种采用数码管静态显示方式,对应的单片机显示程序比较简单,数码管的显示亮度也稳定,但因为每一个数码管都需要一个 8 位的端口来控制,占用资源较多,一般只适用于显示位

数较少的场合。当单片机系统要显示的数据位数较多时,可以用串行口外加多片移位寄存器
74HC164 级联来实现多位 LED 数码管的静态显示。这种方案是让串行口工作在方式 0,电路
中使用多个移位寄存器 74HC164 进行级联,将串行口输出的显示码变换为并行输出,
74HC164 可以直接驱动数码管。这种 LED 数码管静态显示法,有着显示亮度大、软件编程也
方便的优点。

【**例 11-3**】 某串行口实现 LED 数码管静态显示电路如图 11-1-8 所示,系统运行时,每隔
半秒 LED 数码管显示的数字变化一次。

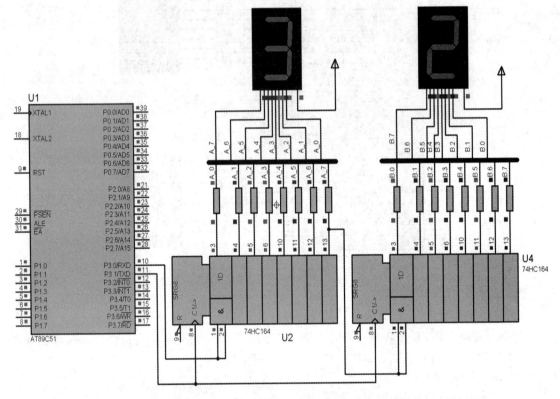

图 11-1-8   某串行口实现 LED 数码管静态显示路图

在软件编程时,要特别注意,由于多个移位寄存器是级联的,所以离串行口远的数码管的
七段码必须先发送,然后由远及近逐位发送。系统源码如下:

```
#include <reg52.h>
#define uchar unsigned char
#define uint unsigned int
uchar code table[]=
{  0xc0,0xf9,0xa4,0xb0,0x99,0x92,0x82,0xf8,
   0x80,0x90,0x88,0x83,0xc6,0xa1,0x86,0x8e };      //0~F 的共阳码
void delayms(uint x)                               //延时子程序
{
    uchar t;
    while(x--)
        for(t=0;t<120;t++);
}
```

```
void main()
{
    uchar i;
    while(1)
    {
        for(i=0;i<16;i++)
        {
            SBUF = table[i];            //串口发送数据
            while(! TI);                //等待发送完毕
            TI = 0;                     //清除串口中断请求标志位
            delayms(500);               //延时 0.5 s
        }
    }
}
```

当单片机系统显示的数据位数较多时,虽然也可以采用串行口实现 LED 数码管静态显示,但需要外加多片移位寄存器,硬件成本过高,故通常采用下面的数码管动态显示方案。

11.1.3　LED 数码管动态显示及实例

所谓动态显示方式,是将所有数码管的段选端(字形端)并联在一起,由一个 8 位 I/O 接口控制,而公共端(字位端)分别由不同的 I/O 线控制,通过程序实现各位数码管的分时选通。在多位 LED 显示时,动态显示方式能够简化电路,降低成本,因而得到了广泛的应用。数码管动态显示电路工作的特点是所有的数码管都获得同样的字符信号,输出的字符仅在位选码指定的数码管上显示。

图 11-1-9 所示为一个 6 位一体 LED 数码管。这 6 个数码管的段选端在器件内部并联在了一起,外部引出了一个共用的段选端 A~G、DP。每一个数码管的公共端单独引出,分别对应引脚 1~6。在这 6 个引脚上加不同的选通信号,可以控制各个数码管的显示与关闭,我们称之为位选信号(位选码)。位选信号由单片机的 I/O 接口进行控制。

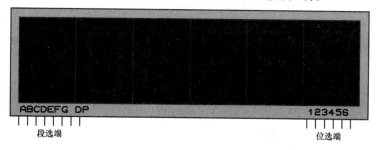

图 11-1-9　6 位一体 LED 数码管示意图

【**例 11-4**】　设计一个单片机 AT89C51 控制的 4 位 LED 数码管显示电路,并编写程序,实现在数码管上显示 4 位数字 1234。

解　(1)硬件电路设计

在 Proteus 仿真环境中,选择使用 4 位一体共阳极 LED 数码管。数码管段选信号由单片机的 P0 口输出,位选信号由 P2.0~P2.3 引脚进行控制。暂不考虑端口驱动电流的问题,该例硬件电路如图 11-1-10 所示。

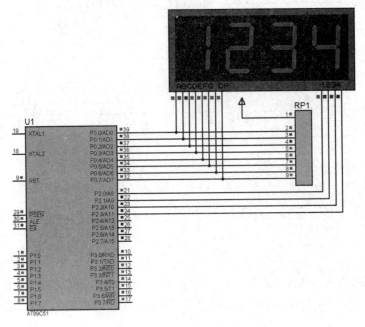

图 11-1-10　LED 数码管动态显示电路图

（2）程序设计

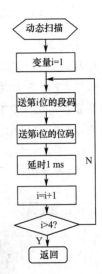

动态扫描流程如图 11-1-11 所示。显示过程为：先送第 1 位数码管显示内容的七段码值，再送位选信号使第 1 位数码管显示，其他数码管全部关闭，然后延时一段时间；接下来，送第 2 位数码管显示内容的七段码值，再送位选信号使第 2 位数码管显示，其他数码管全部关闭，然后延时一段时间。依次类推，直到 4 位数码管的内容都显示一遍。

要想看到稳定的显示效果，编程时，上述动态扫描过程需要反复循环进行。

C51 源程序如下：

图 11-1-11　动态扫描流程图

```
#include <reg52.h>
#define uchar unsigned char
#define uint unsigned int
uchar code table0[]=
{  0xc0,0xf9,0xa4,0xb0,0x99,0x92,0x82,0xf8,
   0x80,0x90,0x88,0x83,0xc6,0xa1,0x86,0x8e};        //字形码
uchar code table2[]={0x01,0x02,0x04,0x08};          //位选码
void delayms(uint x)
{
    uchar t;
    while(x--)
        for(t=0;t<120;t++);
}
void main()
{
    uchar i;
```

```
while(1)
{
    for(i=0;i<4;i++)
    {
        P2=table2[i];
        P0=table0[i+1];
        delayms(1);
    }
}
}
```

（3）Proteus 仿真

在 Proteus 中加载目标代码并运行仿真，显示结果如图 11-1-10 所示。

虽然在程序中是给每一位数码管轮流送显示的，但是最终看到的却是 4 个数码管在同时显示。之所以会有这样的效果，是因为利用了人眼具有视觉暂留这样一个生理特点。只要对象的动态变化过程不超出人眼的视觉暂留时间（一般在 50～100 ms），人眼就觉察不到。

在编写动态扫描显示程序时，有两个关键时间需要注意：

• 循环一遍的总时间：不能超出人眼的视觉暂留时间。

• 每位显示停留时间：每送入一次段选码、位选码后至少应延时 1ms，以确保每一位数码管有足够的时间来达到一定的亮度，能让人看到清晰的数字。

有时，电路中所用的数码管较大时，如果直接采用单片机的 I/O 接口驱动，由于电流过小，数码管发光就会非常弱，甚至不发光，这时可以采用图 11-1-12 所示驱动电路，为每个数码管加一个三极管驱动。该电路中，四个数码的 8 位段选端连接在单片机的 P0 口，四个位选端分别由 P2.0、P2.1、P2.2 和 P2.3 控制，Q1～Q4 是四个 PNP 型三极管，其基极为低电平时，三极管导通，对应的数码管就亮。其基极为高电平时，三极管截止，对应的数码管就不亮。故四个数码管的位选码从左至右分别是：0xFE，0xFD，0xFB，0xF7。

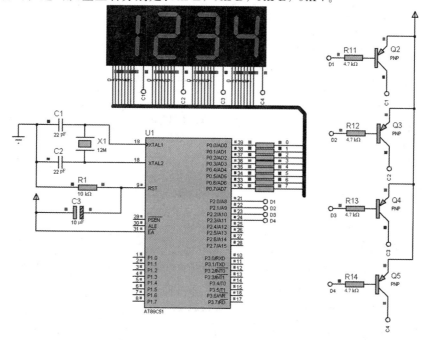

图 11-1-12　大数码管动态显示驱动电路图

11.1.4 CDIO 项目实例(四位计时器)

1. 项目构思(Conceive)

在日常生活中经常要用到计时器,例如用微波炉给食物加热,例如演讲比赛计时等。本项目设计一个四位的计时器,最大计时为 9999 秒,即 166.65 分钟,能满足绝大多数需要计时的情况。用户先设置计时器的初值,然后启动计时器,系统每隔 1 秒钟所剩时间就会减 1,当所剩时间为 0 时,蜂鸣器发声报警。用户再次设置初值,又可以重新计时。

2. 项目设计(Design)

(1)硬件电路设计

根据项目构思,在 Proteus 中设计的硬件电路如图 11-1-13 所示。单片机的 P0 口提供数码管的段选信号,P2 口的低四位 I/O 线输出位选信号。三个按键分别接在 P1.0、P1.3 和 P1.6 端口,其功能分别是"十位加 1""个位加 1"和"开始计时"。蜂鸣器由接在 P3.1 口的三极管 Q1 驱动,Q1 为 PNP 型三极管,当 P3.1 口输出低电平时,三极管 Q1 导通,蜂鸣器发声报警,当 P3.1 口输出高电平时,三极管 Q1 截止,蜂鸣器停止发声。

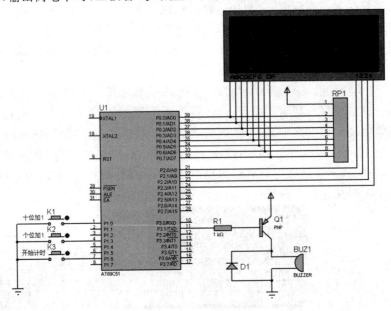

图 11-1-13   四位计时器电路图

(2)软件设计

根据项目构思与硬件电路图,系统软件源码设计如下:

```
# include <reg52. h>
# define uchar unsigned char
# define uint unsigned int
uchar code table0[]=              //共阳码
            { 0xc0,0xf9,0xa4,0xb0,0x99,0x92,0x82,0xf8,
            0x80,0x90,0x88,0x83,0xc6,0xa1,0x86,0x8e};
uchar code table2[]={0x01,0x02,0x04,0x08};  //位选码
uint count;
```

```
sbit K1=P1^0;                    //十位加 1 按钮
sbit K2=P1^3;                    //个位加 1 按钮
sbit K3=P1^6;                    //开始计时按钮
sbit BUZZER=P3^1;                //蜂鸣器
void delayms(uint x)
{
    uchar t;
    while(x——)
        for(t=0;t<120;t++);
}
void display(uint temp)          //显示子程序
{
    uchar i,buf[4];
    buf[0]=temp/1000;            //分离 4 位数值的千、百、十、个位
    buf[1]=temp%1000/100;
    buf[2]=temp%100/10;
    buf[3]=temp%10;
    for(i=0;i<4;i++)             //4 位轮流显示
    {
        P2=table2[i];            //送位选信号
        P0=table0[buf[i]];       //送段选信号
        delayms(5);              //延时一段时间
        P1=0xff;                 //消隐
    }
}
void KeyScan()                   //按键扫描函数
{
    if(K1==0)                    //十位加 1 按键
    {
        while(K1==0);            //等待用户释放按键
        TR0=0; BUZZER=1;         //关闭定时器与蜂鸣器
        if(count<=9999)count+=10;
    }
    if(K2==0)                    //个位加 1 按键
    {
        while(K2==0);
        TR0=0; BUZZER=1;
        if(count<=9999)count+=1;
    }
    if(K3==0)                    //开始按键
    {
        while(K3==0);
```

```
            TR0=0；BUZZER=1；
            if(count>0)TR0=1；        //计时开始
        }
}
void main()                          //主函数
{
        count = 0；                  //默认初值为 0
        BUZZER = 1；                 //蜂鸣器默认不响
        TMOD=0x01；                  //设置定时器 T0 工作方式为模式 0
        TH0=(65536-50000)/256；      //定时 50 ms
        TL0=(65536-50000)%256；      //开定时器 T0 中断
        EA=1；ET0=1；
        while(1)
        {
            display(count)；
            KeyScan()；
        }
}
void timer0()interrupt 1             //定时器 T0 中断服务函数
{
        static uchar temp=0；        //内部静态变量,用于计数
        TH0=(65536-50000)/256；      //定时 50 ms
        TL0=(65536-50000)%256；
        if(++temp==20)               //20*50 ms=1 s,定时 1 s 后
        {
            if(count>0)
            {
                count--；            //count 减 1
                temp=0；
            }
            else
            BUZZER=0；               //打开蜂鸣器
        }
}
```

3. 项目实现(Implement)

在 Proteus 中加载程序代码并运行仿真,通过操作按键观察程序功能。系统的不同状态如图 11-1-14(a)、图 11-1-14(b)所示。

4. 项目运作(Operate)

本项目利用了定时器技术、蜂鸣器技术、数码管动态显示技术和按键扫描技术,综合性较强。该系统在实际工业领域有着极其广泛的应用,例如该系统加上继电器模块以及其他传感器模块就可以扩展为多功能的定时控制系统。当然该系统可以进一步优化,定时最小时间可以为 0.1 s 或 0.01 s。而所选数码管的位数可以根据所需定时的精度与范围来进行合理的选择。

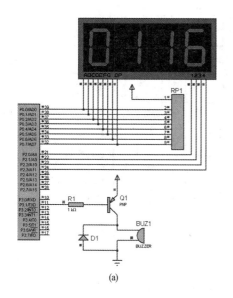
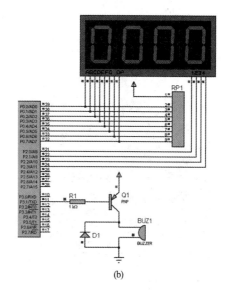

图 11-1-14　程序运行片段仿真图

11.2　LED 点阵显示接口

　　LED 显示屏是由发光二极管排列组成的显示器件,是集光电子技术、微电子技术、计算机技术、信息处理技术于一体的大型显示系统。因其色彩鲜艳、动态范围广、视角大、可视距离远、成本低、亮度高、寿命长、工作性能稳定等特点,日渐成为显示媒体中的佼佼者,被广泛应用于室外广告、证券、信息传播、新闻发布等领域。近年来,由于半导体材料的制备和工艺逐步成熟和完善,超高亮度的 R、G、B 型 LED 的商品化,全色 LED 平板可用于室内外各种需要的显示应用。

　　LED 显示器和单片机的接口比较容易设计,可以在单片机的控制下进行包括汉字在内的多种图像显示。在某些场合,LED 点阵显示的使用能大大简化人工操作,实现单片机资源的有效利用。显示内容可以实现汉字的循环显示、上下左右滚动显示。

11.2.1　LED 点阵结构及显示原理

　　根据图素数目的不同,LED 点阵有 4×4、5×7、8×8、16×16、24×24 等多种结构。根据图素颜色的不同,有单原色、双原色、三原色等。单原色只能显示固定颜色,如红、绿、黄等,双原色和三原色显示的颜色由发光二极管的点亮组合决定。

1. LED 点阵结构

　　8×8 LED 点阵的实物如图 11-2-1 所示。在每一个点上都是一个发光二极管,一共 8 行 8 列共 64 个。在点阵内部,这些发光二极管的电极按照图 11-2-2 所示的结构进行连接,每一竖列 8 个二极管的阴极都连在一起引出一根线,叫作列线。每一横行 8 个二极管的阳极也都连在一起引出一条线,叫作行线,这种连接方法称为共阳型。也可以把每一竖列二极管的阳极接在一起引出,每一横行二极管的阴极接在一起引出,这种结构称为共阴型。

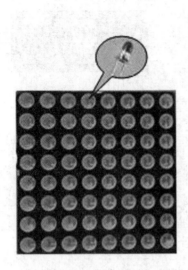

图 11-2-1 8×8LED 点阵实物图

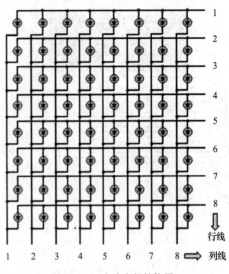

图 11-2-2 点阵内部结构图

2. 显示原理

8×8 LED 点阵可以显示一些简单的数字和字符。如果想在点阵上显示一定的字符,则只需控制对应位置上的发光二极管点亮就可以了。例如,要显示数字 0,则显示效果如图 11-2-3 所示。

共阳型点阵显示字符时,列线必须加低电平 0,行线则根据每一列的显示内容分别加对应的高低电平。把行线的数值按顺序由低到高排列,组成的 8 位二进制数称为该列对应的行值。要想显示如图 11-2-3 所示的数字 0,那么可以看到,因为第 1、2 列的二极管全都不亮,所以行线必须全是低电平 0,即第 1、2 列的行值为 00H;第 3 列中间 5 个二极管点亮,对应行线加高电平 1,其余行线加低电平 0,所以第 3 列的行值应该是 7CH;第 4、5、6 列都是相同位置两个二极管点亮,所以它们的行值都是 82H;第 7 列行值和第 3 列行值一样是 7CH;第 8 列行值也是 00H。这八列的行值按顺序组合在一起,称为数字 0 的字模,如图 11-2-4 所示。每一个要显示的字符都对应有一个字模。

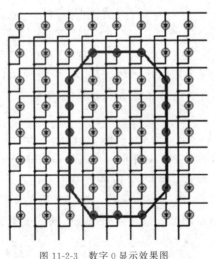

图 11-2-3 数字 0 显示效果图

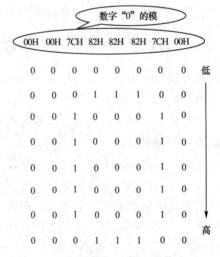

图 11-2-4 数字 0 对应的模值图

当显示一个字符时,因为每一列要加的行值是不同的,所以想让 8 列同时显示是不可能的。在前面学习多位 LED 数码管动态显示时掌握了动态扫描原理,在这里依然要利用这一原理。在显示一个字符时,采用各列轮流显示、循环轮流的方法。只要轮流一遍的总时间不超过人眼的视觉暂留时间(50~100 ms),那么观察者看到的就是一个完整的字符。这就是 LED 点阵显示的基本原理。在此基础上,通过编程控制,可以实现多种不同的显示效果。

11.2.2 8×8 LED 点阵应用实例

在设计 LED 点阵应用电路时,首先要分清楚点阵的行线和列线,还要明确该点阵是行共阳还是行共阴。

对于实物来说,可以查看相关资料了解其引脚分配。如果没有资料,则最简单的方法是用 5 V 电源串联一个 1 kΩ 电阻试验,就可以判断清楚 LED 点阵。也可以用数字表中的二极管挡直接测结压降,正向时,结压降会有数值显示(LED 可能会被点亮);反向时,结压降基本是无穷大。

Proteus 中的 8×8 LED 点阵元件如图 11-2-5(a)所示。由于该元件引脚没有标注,所以使用前必须进行测试,以确定行线和列线的顺序及极性。图 11-2-5(b)给出了一种进行引脚测试的方法,根据测试结果就很容易确定该元件的电路接法。

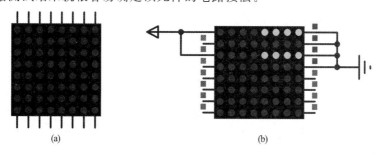

(a)   (b)

图 11-2-5 8×8 LED 点阵元件图及引脚测试图

下面通过一个实例具体学习单片机控制 8×8 点阵显示的编程应用。

【例 11-5】 8×8 LED 点阵数字显示。该例要求读者设计硬件电路并编写程序,实现 AT89C51 单片机控制 8×8 LED 点阵轮流显示数字 0~9,间隔 1 s。

解 (1)硬件电路设计

在 Proteus 中进行硬件电路设计,如图 11-2-6 所示。使用的是行共阳型 LED 点阵,用 AT89C51 的 P3 口接 LED 点阵的列线,用 P0 口通过一个总线驱动器 74LS245 外接 LED 点阵的行线。P0 口外接上拉电阻,单片机晶振频率设为 12 MHz。

(2)程序设计

按照逐列动态扫描的原理,当第 1 列显示时,第 1 列列线要加低电平 0,其他列加高电平 1,所以 P3 口应该输出列线值 0FEH。以此类推,第 2~8 列的列线值分别应该是 0FDH、0FBH、0F7H、0EFH、0DFH、0BFH、7FH。

采用 C 语言编写的源程序如下:

```c
#include <reg51.h>
unsigned char code tab[]={0xfe,0xfd,0xfb,0xf7,0xef,0xdf,0xbf,0x7f};   //列线值
unsigned char code digittab[10][8]={
{0x00,0x00,0x3e,0x41,0x41,0x41,0x3e,0x00},      //数字 0 的行值
{0x00,0x00,0x00,0x00,0x21,0x7f,0x01,0x00},      //1
{0x00,0x00,0x27,0x45,0x45,0x45,0x39,0x00},      //2
```

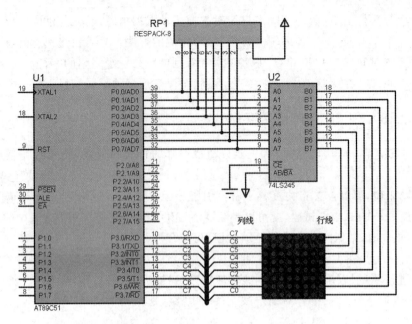

图 11-2-6　单片机控制 8×8 LED 点阵电路图

```
{0x00,0x00,0x22,0x49,0x49,0x49,0x36,0x00},          //3
{0x00,0x00,0x0c,0x14,0x24,0x7f,0x04,0x00},          //4
{0x00,0x00,0x72,0x51,0x51,0x51,0x4e,0x00},          //5
{0x00,0x00,0x3e,0x49,0x49,0x49,0x26,0x00},          //6
{0x00,0x00,0x40,0x40,0x40,0x4f,0x70,0x00},          //7
{0x00,0x00,0x36,0x49,0x49,0x49,0x36,0x00},          //8
{0x00,0x00,0x32,0x49,0x49,0x49,0x3e,0x00}           //9
};
unsigned int timecount;              //定义定时次数变量
unsigned char lie;                   //定义列变量
unsigned char shu;                   //定义要显示数字的顺序变量
void main(void)
{
    TMOD=0x01;                       //定时器 0 初始化,打开中断,定时 3 ms
    TH0=(65536-3000)/256;
    TL0=(65536-3000)%256;
    TR0=1; ET0=1; EA=1;
    while(1);                        //等定时器中断
}
void t0(void)interrupt 1             //定时器 0 中断服务程序
{
    TH0=(65536-3000)/256;            //重装初值
    TL0=(65536-3000)%256;
    P3=tab[lie];                     //送列值
    P0=digittab[shu][lie];           //送行值
    lie++;                           //列值加 1
    if(lie==8)lie=0;                 //8 列扫描完,列值归 0
```

```
        timecount++;
        if(timecount==333)                 //显示时间满 1s
        {
            timecount=0;                    //定时次数清 0
            shu++;                          //换下一个数字
            if(shu==10)                     //0～9 显示完
            shu=0;                          //再从 0 开始
        }
}
```

（3）Proteus 仿真

在 Proteus 中运行程序,程序运行结果片段如图 11-2-7(a)、图 11-2-7(b)所示。

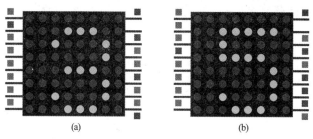

(a)　　　　　　　　　　　　(b)

图 11-2-7　程序运行结果片段

11.3　LCD 液晶显示接口

字符型液晶显示模块是一种专门用于显示字母、数字、符号等功能的点阵式 LCD,市面上字符液晶绝大多数是基于 HD44780 的液晶芯片,HD44780 是带西文字库的液晶显示控制器,用户只需要向 HD44780 送 ASCII 字符码,HD44780 就按照内置的 ROM 点阵发生器自动在 LCD 液晶显示器上显示出来。HD44780 主要适用于显示西文 ASCII 字符内容的液晶显示。

11.3.1　LCD1602 的结构及显示原理

1602 字符型 LCD 能够同时显示 16×2(16 列 2 行)即 32 个字符。其内置 192 种字符(160 个 5×7 点阵字符和 32 个 5×10 点阵字符),具有 64 个字节的自定义字符 RAM,可自定义 8 个 5×8 点阵字符或 4 个 5×11 点阵字符。

LCD1602 通常有 14 条引脚线或 16 条引脚线两种,16 条引脚线多出来的 2 条线是背光电源线和地线。带背光的比不带背光的略厚,控制原理与 14 脚的 LCD 完全一样,是否带背光在编程应用中并无差别。LCD1602 的主要技术参数如下:

• 显示容量:16×2 个字符。

• 芯片工作电压:4.5～5.5 V。

• 工作电流:2.0 mA(5.0 V)。

• 模块最佳工作电压:5.0 V。

• 字符尺寸:2.95 mm×4.35 mm(W×H)。

带背光的 LCD1602 实物图及引脚结构如图 11-3-1(a)、图 11-3-1(b)所示。

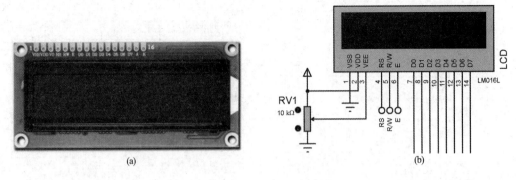

图 11-3-1　LCD1602 实物及引脚结构图

其 16 个引脚的功能分别为：

- VSS：电源地（GND）。
- VDD：电源电压（5V）。
- VEE：LCD 驱动电压，液晶显示器对比度调整端。使用时可以通过一个 10 kΩ 的电位器进行调整，当引脚接正电源时对比度最弱，接电源地时对比度最高。
- RS：寄存器选择输入端，选择模块内部寄存器类型信号。RS＝0，进行写模块操作时指向指令寄存器，进行读模块操作时指向地址计数器；RS＝1，无论进行读操作还是写操作，均指向数据寄存器。
- R/W：读/写控制输入端，选择读/写模块操作信号。R/W＝0 时为读操作；R/W＝1 时为写操作。一般应用时只需往 LCD 里写数据即可。
- E：使能信号输入端。读操作时，高电平有效；写操作时，下降沿有效。
- D0～D7：数据输入/输出口，单片机与模块之间的数据传送通道。选择 4 位方式通信时，不使用 D0～D3。
- BLA：背光的正端＋5 V。
- BLK：背光的负端 0 V。

LCD1602 模块内部主要由 LCD 显示屏、控制器、列驱动器和偏压产生电路构成。控制器接受来自单片机的指令和数据，控制着整个模块的工作，主要由显示数据缓冲区 DDRAM、字符发生器 CGROM、字符发生器 CGRAM、指令寄存器 IR、地址寄存器 DR、"忙"标志 BF、地址计数器 AC 以及时序发生电路组成。

模块通过数据总线 D0～D7 和 E、R/W、RS 三个输入控制端与单片机接口。这三根控制线按照规定的时序相互协调作用，使控制器通过数据总线接受单片机发来的数据和指令，从 CGROM 中找到欲显示字符的字符码，送入 DDRAM，在 LCD 显示屏上与 DDRAM 存储单元对应的规定位置显示出该字符。控制器还可以根据单片机的指令，实现字符的显示、闪烁和移位等效果。

CGROM 内提供的是内置字符码，CGRAM 则是供用户存储自定义的点阵图形字符。模块字符在 LCD 显示屏上的显示位置与该字符的字符代码在显示缓冲区 DDRAM 内的存储地址一一对应。

LCD1602 模块内部具有两个 8 位寄存器：指令寄存器 IR 和地址寄存器 DR，用户可以通过 RS 和 R/W 输入信号的组合选择指定的寄存器，进行相应的操作。表 11-3-1 中列出了组合选择方式。

表 11-3-1　　　　　　　　　　　寄存器组合选择方式

RS	R/W	操作
0	0	将 D0～D7 的指令代码写入指令寄存器 IR 中
0	1	分别将状态标志 BF 和地址计数器 AC 内容读到 D7 和 D6～D0
1	0	将 D0～D7 的数据写入数据寄存器中,模块的内部操作将数据写到 DDRAM 或者 CGRAM 中的数据送入数据寄存器中
1	1	将数据寄存器内的数据读到 D0～D7,模块的内部操作自动将 DDRAM 或者 CGRAM 中的数据送入数据寄存器中

　　LCD1602 提供了较为丰富的指令设置,通过选择相应的指令设置,用户可以实现多种字符显示样式。一些常用指令介绍如下:

　　(1)清屏指令 Clear display

　　清屏指令将空位字符码 20H 送入全部 DDRAM 地址中,使 DDRAM 中的内容全部清除,显示消失,地址计数器 AC=0,自动增 1 模式。显示归位,光标闪烁回到原点(显示屏左上角),但不改变移位设置模式。清屏指令码如表 11-3-2 所示。

表 11-3-2　　　　　　　　　　　清屏指令码

RS	R/W	D7	D6	D5	D4	D3	D2	D1	D0
0	0	0	0	0	0	0	0	0	1

　　(2)进入模式设置指令 Entry mode set

　　如表 11-3-3 所示,进入模式设置指令用于设定光标移动方向和整体显示是否移动。

表 11-3-3　　　　　　　　　　　进入模式设置指令码

RS	R/W	D7	D6	D5	D4	D3	D2	D1	D0
0	0	0	0	0	0	0	1	I/D	S

　　①I/D:字符码写入或者读出 DDRAM 后 DDRAM 地址指针 AC 变化方向标志。

　　• I/D=1,完成一个字符码传送后,AC 自动加 1。

　　• I/D=0,完成一个字符码传送后,AC 自动减 1。

　　②S:显示移位标志。

　　• S=1,完成一个字符码传送后显示屏整体向右(I/D=0)或向左(I/D=1)移位。

　　• S=0,完成一个字符码传送后显示屏不移动。

　　(3)显示开关控制指令 Display on/off Control

　　该指令功能为控制整体显示开关、光标显示开关和光标闪烁开关。指令码如表 11-3-4 所示。

表 11-3-4　　　　　　　　　　　显示开关控制指令码

RS	R/W	D7	D6	D5	D4	D3	D2	D1	D0
0	0	0	0	0	0	1	D	C	B

　　①D:显示开/关标志。

　　• D=1,开显示。

　　• D=0,关显示。

　　关显示后,显示数据仍保持在 DDRAM 中,开显示即可再现。

　　②C:光标显示控制标志。

　　• C=1,光标显示。

　　• C=0,光标不显示。

　　不显示光标并不影响模块其他显示功能。显示 5×8 点阵字符时,光标在第 8 行显示;显示 5×10 点阵字符时,光标在第 11 行显示。

③B:闪烁显示控制标志。

- B=1,光标所在位置会交替显示全黑点阵和显示字符,产生闪烁效果。
- B=0,光标不闪烁。

(4)功能设置指令 Function set

功能设置指令用于设置接口数据位数、显示行数以及字形。指令码如表 11-3-5 所示。

表 11-3-5　　　　　　　　　　功能设置指令码

RS	R/W	D7	D6	D5	D4	D3	D2	D1	D0
0	0	0	0	1	DL	N	F	*	*

①DL:数据接口宽度标志。

- DL=1,8 位数据总线 D7～D0。
- DL=0,4 位数据总线 D7～D4,D3～D0 不使用,此方式传送数据需分两次进行。

②N:显示行数标志。

- N=0,显示一行。
- N=1,显示两行。

③F:显示点阵字符标志。

- F=0,显示 5×7 点阵字符。
- F=1,显示 5×10 点阵字符。

LCD1602 模块内部设有上电自动复位电路,当外加电源电压超过＋4.5 V 时,自动对模块进行初始化操作,将模块设置为默认的显示工作状态。初始化大约持续 10 ms。初始化进行的指令操作为:

(1)清除显示

(2)功能显示

- DL=1:8 位数据接口。
- N=0:显示一行。
- F=0:显示 5×7 点阵字符字体。

(3)显示开/关控制

- D=0:关显示。
- C=0:不显示光标。
- B=0:光标不闪烁。

(4)输入模式设置

- I/D=1:AC 自动增 1。
- S=0:显示不移位。

但是需要特别注意的是:倘若电源电压达不到要求,模块内部复位电路无法正常工作,上电复位初始化就会失败。因此,最好在系统初始化时通过指令设置对模块进行手动初始化。

液晶显示模块是一个慢显示器件,所以在执行每条指令之前一定要确认模块的"忙"标志为低电平,表示不忙,否则此指令失效。显示字符时要先输入显示字符地址,也就是告诉模块在哪里显示字符。如图 11-3-2 所示是 LCD1602 的内部显示地址。

例如,第二行第一个字符的地址是 40H,那么是否直接写入 40H 就可以将光标定位在第二行第一个字符的位置呢?这样不行,因为写入显示地址时要求最高位 D7 恒定为高电平 1,

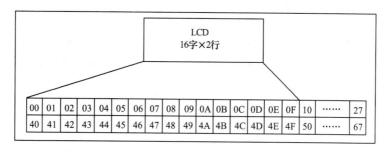

图 11-3-2　LCD1602 的内部显示地址

所以实际写入的数据应该是：

$01000000B(40H) + 10000000B(80H) = 11000000B(C0H)$。

11.3.2　LCD1602 液晶显示设计实例

【例 11-6】　本例采用 LCD1602 液晶显示屏显示按键信息。按下 K1 时显示 Key1，按下 K2 时显示 Key2，按下 K3 时显示 Key3。

解　（1）硬件电路设计

在 Proteus 中设计的 LCD1602 显示电路如图 11-3-3 所示。单片机 AT89C51 的 P0 口接 LCD1602 的 8 位数据线，输出数据控制 LCD1602 显示不同的字符。P2.0～P2.2 接 LCD1602 控制端，其中 P2.2 接使能端 E，P2.1 接读写控制端 R/W，P2.0 接寄存器选择端 RS。LCD1602 的 VSS 接地，VDD 接+5 V 电源电压，VSS 接地，VEE 电压可调，可以调节 LCD 的对比度。

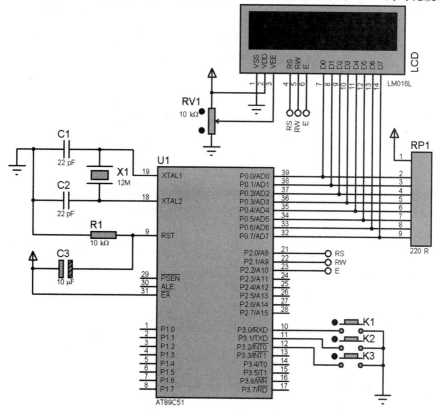

图 11-3-3　LCD1602 显示电路图

(2)程序设计

编写程序时,系统的源程序由两个 C 文件构成,一个为 LCD1602 的驱动程序 LCD1602. C,另一个为系统的主程序 MAIN. C。这样设计的好处就是把 LCD1602 驱动相关的代码单独放一个文件中,移植性好。

液晶显示器驱动文件 LCD1602. C 源码如下:

```c
# include <reg52. h>
# include <intrins. h>
# define uchar unsigned char
# define uint unsigned int
sbit RS = P2^0;              //寄存器选择端定义
sbit RW = P2^1;              //读写控制端定义
sbit EN = P2^2;              //使能端定义
void Delayms(uint ms)
{
    uchar i;
    while(ms－－)
        for(i=0;i<120;i++);
}
uchar Busy_Check()        //忙检查
{
    uchar LCD_Status;
    RS = 0;   RW = 1;  EN = 1;  Delayms(1);
    LCD_Status = P0;  EN = 0;  return LCD_Status;
}                          //LCD_Status 的最高位为 1 表示忙,0 表示空闲
void Write_LCD_Command(uchar cmd)           //写 LCD 命令
{
    while((Busy_Check()&0x80)==0x80);      //如果忙则等待
    RS = 0;    RW = 0;    EN = 0;
    P0 = cmd;    EN = 1;    Delayms(1); EN = 0;
}
void Write_LCD_Data(uchar dat)              //发送数据
{
    while((Busy_Check()&0x80)==0x80);      //如果忙则等待
    RS = 1;  RW = 0;  EN = 0;
    P0 = dat;  EN = 1;  Delayms(1);  EN = 0;
}
void Initialize_LCD()
{
    Write_LCD_Command(0x38);   Delayms(1);   //表示 8 位输出,2 行,5×7 点阵
    Write_LCD_Command(0x01);   Delayms(1);   //清屏
    Write_LCD_Command(0x06);   Delayms(1);   //字符进入模式
    Write_LCD_Command(0x0c);   Delayms(1);   //显示开,关光标
}
```

```
void ShowString(uchar x,uchar y,uchar * str)    //显示字符串,x 为列坐标,y 为行坐标
{
    uchar i = 0;
    if(y == 0)
    Write_LCD_Command(0x80 | x);              //在第一行显示
    if(y == 1)
    Write_LCD_Command(0xc0 | x);              //在第二行显示
    for(i=0;i<16;i++)
    {
        Write_LCD_Data(str[i]);               //依次显示 16 个字符
    }
}
```

LCD1602 的驱动程序源码,用户需要掌握最后一个函数 void ShowString(uchar x,uchar y,uchar * str)的使用方法,其中 x 为列坐标,y 为行坐标,* str 是要显示的字符串入口地址。

系统主程序主要工作是初始化 LCD1602,然后扫描三个按键,如果有键被按下,就在 LCD1602 上显示相应的信息,其代码如下:

```
# include <reg52. h>
# include <string. h>
# define uchar unsigned char
# define uint unsigned int
void Initialize_LCD();                        //LCD1602. C 中的函数,需申明
void ShowString(uchar,uchar,uchar * );        //LCD1602. C 中的函数,需申明
sbit K1 = P3^0;                               //三个按键的定义
sbit K2 = P3^1;
sbit K3 = P3^2;
uchar code Prompt[]="PRESS K1——K3 TO START DEMO PROG";
                                              //LCD1602 默认显示的提示字符串
void main()
{
    Initialize_LCD();                         //LCD1602 初始化
    ShowString(0,0,Prompt);                   //显示默认提示字符串
    ShowString(0,1,Prompt+16);
    while(1)
    {
        if(K1 == 0)                           //如果第一个键被按下了
        {
            Initialize_LCD();
            ShowString(0,0,"You are pressing");
            ShowString(6,1,"Key 1       ");
            while(K1==0);                     //等待用户松开第一个按键
            Initialize_LCD();
            ShowString(0,0,Prompt);
            ShowString(0,1,Prompt+16);
```

```
    }
    if(K2 == 0)
    {
        Initialize_LCD();
        ShowString(0,0,"You are pressing");
        ShowString(6,1,"Key 2      ");
        while(K2==0);
        Initialize_LCD();
        ShowString(0,0,Prompt);
        ShowString(0,1,Prompt+16);
    }
    if(K3 == 0)
    {
        Initialize_LCD();
        ShowString(0,0,"You are pressing");
        ShowString(6,1,"Key 3      ");
        while(K3==0);
        Initialize_LCD();
        ShowString(0,0,Prompt);
        ShowString(0,1,Prompt+16);
    }
  }
}
```

（3）Proteus 仿真

在 Proteus 中加载程序并运行仿真，可以看到 LCD1602 液晶的显示结果，如图 11-3-4(a)、图 11-3-4(b)所示。

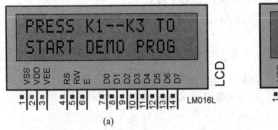 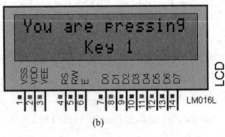

图 11-3-4　程序运行结果图

11.4　显示接口 CDIO 项目实例

单片机应用系统常常需要显示接口来显示系统运行的状态，并提供人机交互功能。LED 数码管与 LCD 液晶是常用的显示接口，如我们日常生活中的电冰箱、微波炉、洗衣机和电饭煲都提供了相应的显示接口。显示接口技术为单片机开发人员必须要掌握的技能之一。下面以 CDIO 项目"电子音乐门铃"为例，来加深读者的理解。

1. 项目构思（Conceive）

随着人们对家居智能化和仪器小型化的追求越来越强烈,门铃系统已经成为家居系统的重要组成部分。电子音乐门铃由于操作简单、使用方便,被广大用户所接受。本例设计了一套电子音乐门铃系统。该系统以 AT89C51 作为核心芯片,并辅以 DS18B20 数字温度测控电路、LCD1602 液晶显示电路、按键控制电路、音乐播放电路等模块。该系统运行时,到访者通过按键 K1 敲门,音乐声响起,主人通过按键 K2 停止播放。若主人不在家,液晶显示屏上会显示到访者人数。该系统还加入了 DS18B20 温度采集模块,能实时显示房间的温度。系统整体设计框图如图 11-4-1 所示。

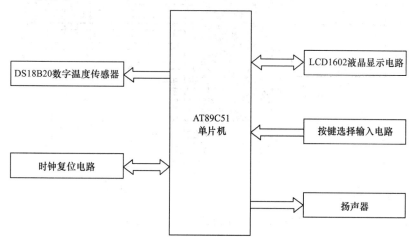

图 11-4-1　电子音乐门铃系统整体设计框图

2. 项目设计（Design）

（1）硬件电路设计

根据项目构思,系统的硬件电路设计如图 11-4-2 所示。LCD1602 液晶显示模块的连接方式与上面的例题 11-6 完全一致。扬声器由 P3.7 接口驱动。按键 K1（敲门按钮）连接在 P2.7 口,按键 K2（确定按钮）连接在 P3.2 口（利用外部中断 0 来打断 CPU 演奏歌曲）,数字温度传感器 DS18B20 连接在 P2.3 口。DS1820 是美国 DALLAS 公司生产的单总线数字式温度传感器,其相关内容将在第 13 章第 3 节中详细讲解。

（2）软件设计

根据项目构思与硬件电路图,并依据结构化编程的思想,系统的源码由三个文件构成:液晶显示器 LCD1602 的驱动程序文件 LCD1602.C、数字温度传感器 DS18B20 的驱动文件 DS18B20.C 和系统的主程序 MAIN.C。其中,LCD1602.C 文件的内容与例题 11-6 的驱动文件完成一样。

与传统的测温元件热敏电阻等相比,数字温度传感器 DS18B20 可以直接读出被测量的温度。单片机只需要一根 I/O 线就可以和串联起来的多个 DS18B20 通信,对环境的要求低,抗干扰性大大增强,是单片机系统中常用的温度传感器。其驱动程序 DS18B20.C 文件内容如下:

DS18B20 的驱动程序源码文件 DS18B20.C 内容如下:

```
/*******   DS18B20.C 温度传感器(-55~125 ℃)   *********/
# include <reg52.h>
# include <intrins.h>
```

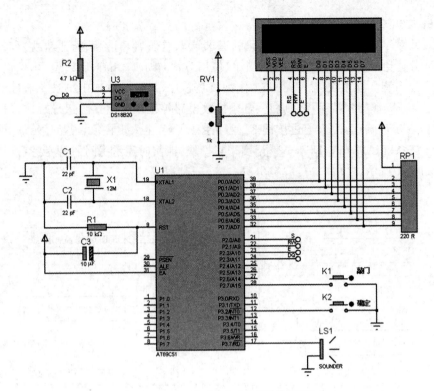

图 11-4-2　电子音乐门铃系统的硬件电路图

```
#define uint unsigned int
#define uchar unsigned char
sbit DQ = P2^3;                //与单片机接口引脚定义
void Delay(uint x)             //延时函数
{   while(--x);   }
uchar Init_DS18B20()           //成功返回0,失败返回1
{
    uchar status;
    DQ = 1;   Delay(8);
    DQ = 0;   Delay(90);
    DQ = 1;   Delay(8);
    status = DQ; Delay(100);
    DQ = 1;
    return status;
}
uchar ReadOneByte()            //读一个字节
{
    uchar i,dat=0;
    DQ = 1;   _nop_();
    for(i=0;i<8;i++)
    {
        DQ = 0;
        dat >>= 1;
```

```
        DQ = 1;  _nop_();  _nop_();
        if(DQ)
        dat |= 0X80;
        Delay(30);
        DQ = 1;
    }
    return dat;
}
void WriteOneByte(uchar dat)      //写一个字节
{
    uchar i;
    for(i=0;i<8;i++)
    {
        DQ = 0;
        DQ = dat & 0x01;
        Delay(5);
        DQ = 1;
        dat >>= 1;
    }
}
int Get_Temperature()             //读取温度,返回值为温度值的 10 倍
{
    int t;
    float tt;
    uchar a,b,fh;                 //fh 表示负号
    Init_DS18B20();
    WriteOneByte(0xcc);           //跳过读序列号,可加速
    WriteOneByte(0x44);           //启动温度转换
    Delay(100);
    Init_DS18B20();
    WriteOneByte(0xcc);           //跳过读序列号,可加速
    WriteOneByte(0xbe);           //读取温度寄存器(共 9 个,前两个为温度)
    a = ReadOneByte();            //低位
    b = ReadOneByte();            //高位
    fh = b & 0x80;
    if(fh! =0)                    //fh 的最高位为 1,表示负数
    {
        b =~b;
        a =~a;
        tt = ((b * 256)+a+1) * 0.0625;
        t=(int)(tt * 10) * (-1);
    }
    else
    {
```

```
        tt = ((b * 256)+a) * 0.0625;
        t=(int)(tt * 10);
    }
    return t;
}
```

系统主程序的主要功能是完成液晶显示器 LCD1602 和数字温度传
感器 DS18B20 的初始化,然后完成按键扫描、实现温度显示等功能,其流
程图如图 11-4-3 所示。

系统主程序文件 MAIN. C 内容如下:

```
#include <reg52.h>
#include <intrins.h>
#define uint unsigned int
#define uchar unsigned char
sbit K1 = P2^7;        //敲门按钮
sbit SPK = P3^7;
uchar count;           //敲门次数 访客人数
int t;                 //温度
uchar sidx;
uchar code HI_LIST[] =
{
    0,226,229,232,233,236,238,240,241,242,245,246,247,248
};
uchar code LO_LIST[] =
{
    0,4,13,10,20,3,8,6,2,23,5,26,1,4,3
};
uchar code Song[] =
{
    1,2,3,1,1,2,3,1,3,4,5,3,4,5
};
void Initialize_LCD();
void ShowString(uchar x,uchar y,uchar * str);
void Delayms(uint);
uint Get_Temperature();
uchar Init_DS18B20();
void t_to_str(int x,uchar * p)        //将温度数据转换为字符串
{
    uchar ws[4];
    uint t;
    if(x<0)
    {   p[0]='-'; t=x * (-1); }
    else
    {   p[0]=' '; t=x; }
```

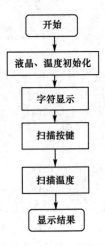

图 11-4-3 系统流程图

开始

液晶、温度初始化

字符显示

扫描按键

扫描温度

显示结果

```
        ws[3]=t/1000;
        ws[2]=t%1000/100;
        ws[1]=t%100/10;
        ws[0]=t%10;
        p[1]=ws[3]+'0';
        p[2]=ws[2]+'0';
        p[3]=ws[1]+'0';
        p[4]='.';
        p[5]=ws[0]+'0';
        p[6]=0xdf;
    p[7]='C';
        if(ws[3]==0)p[1]=' ';
        if(ws[3]==0 && ws[2]==0)p[2]=' ';
}
void s_to_str(uchar s, uchar * p)    //将访客数据转换为字符串
{
        uchar ws[2];
        s=count;                     //获取访客人数
        ws[0]=s/10;
        ws[1]=s%10;
        p[0]=' ';
        p[1]=ws[0]+'0';
        p[2]=ws[1]+'0';
        if(ws[0]==0)p[1]=' ';        //十位为零则不显示
}
void KeyScan()//按键扫描
{
        uchar i,j;
        if(K1 == 0)                  //敲门
        {
            while(K1 == 0);          //等待释放键
            if(count++>99)count=0;
            TR0=1;                   //启动 T0
            for(i=0;i<2;i++)         //歌曲演奏两次
        for(j=0;j<14;j++)            //歌曲含 14 个音阶
        {
            if(TR0==0)break;         //如果按了确认键,则提前退出
            ShowString(0,1,"Someone knocking");
            sidx=Song[j];            //取音阶
            Delayms(300);
            ShowString(0,1,"                ");   //造成 LCD1602 闪烁
        }
        TR0=0;                       //停止 T0
        if(SPK)SPK=0;                //确保 SPK 为低电平,省电
```

```
        }
    }
    void T_Scan()                    //温度扫描函数
    {
        t=Get_Temperature();
    }
    void Display()                   //LCD1602 显示函数
    {
        uchar str1[16]="Tempure:";
        uchar str2[16]="Vistors:";
        t_to_str(t,str1+8);
        ShowString(0,0,str1);
        s_to_str(count,str2+8);
        ShowString(0,1,str2);
    }
    void main(void)                  //主函数
    {
        SPK=0;
        IE=0x82;                     //开 EA 和 ET0
        TMOD=0x00;                   //T0 工作在方式 0
        EX0=1;                       //开外部中断 0
        IT0=1;                       //跳变触发方式
        TR0=0; //停止 T0
        count = 0;                   //访客人数初值置零
        Initialize_LCD();            //LCD1602 初始化
        ShowString(0,0,"System Starting ");
        ShowString(0,1,"Please wait.      ");
        Init_DS18B20();
        t=Get_Temperature();
        Delayms(3000);
        while(1)
        {
            KeyScan();               //扫描按键
            T_Scan();                //扫描温度
            Display();               //显示
            Delayms(100);
        }
    }
    void T0_INT()interrupt 1         //定时器 T0 中断服务函数
    {
        SPK=! SPK;
        TH0=HI_LIST[sidx];
        TL0=LO_LIST[sidx];
    }
```

```
void EX0_INT()interrupt 0              //外部中断 0 服务函数
{
    if(TR0)TR0=0;                      //停止 T0,停止放音乐
    if(count)count=0;                  //访客人数清零
}
```

3. 项目实现(Implement)

在 Proteus 中加载程序代码并运行仿真,通过操作按键观察程序功能。系统的不同状态如图 11-4-4(a)～图 11-4-4(c)所示。

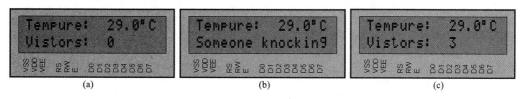

图 11-4-4　程序运行片段仿真图

4. 项目运作(Operate)

本项目用单片机实现了电子音乐门铃系统,该系统不仅具有传统的门铃功能,还可以播放音乐,具有操作方便,功能丰富等优点,具有较好的市场前景。由于本设计是采用单片机技术来实现的,所以可以在不改变硬件设计的条件下,只需要修改软件,改变内存里面的数据,就可以按用户喜好修改门铃歌曲和液晶提示语。

本项目通过液晶显示屏,在显示主人必要的敲门提示的同时,还能显示环境温度,算是在基本门铃功能上的拓展。但当用户需要存储大量歌曲的数据时,需要另外加一块 24C04 存储芯片。

本章小结

1. 显示设备是计算机直观输出处理结果的重要设备或器件。单片机应用系统中,常用的显示设备是 LED 数码管和 LCD 液晶显示器。

2. LED 数码管具有亮度高的优点,但只能显示数字符号和几个英文字母,因此仅用于只有数值显示的场合。LED 数码管有静态显示和动态显示两种方式。静态显示接口电路需占用较多的 I/O 接口,但编制程序简单;动态显示接口电路可以节省 I/O 接口,但编制程序复杂。实际应用中应根据具体情况确定使用哪种方式。

3. LED 点阵屏通过 LED 矩阵组成,以 LED 灯亮灭来显示文字、图片、动画、视频等。LED 电子屏由模块化组件构成,通常由显示模块、控制模块及电源模块组成。LED 点阵显示屏制作简单,安装方便,被广泛应用于各种公共场合,如汽车报站器、广告屏以及公告牌等。8×8 LED 点阵共由 64 个发光二极管组成,且每个发光二极管是放置在行线和列线的交叉点上,当对应的某一行置 1 电平,某一列置 0 电平,则相应的二极管就亮。

4. LCD 液晶显示器具有功耗极低、抗干扰能力强、体积小、价廉等优点,但是亮度比较低。它除显示数字外,还可以显示汉字信息和图形。液晶显示器通常是模块化的产品,与单片机的接口应视不同的模块而定,特别是显示程序的编制必须按照制造商的说明进行。

思考与练习题

11-1　简述 LED 数码管静态显示与动态显示的特点。

11-2　简述 LED 点阵工作原理。

11-3　简述液晶显示器 LCD1602 特点与基本用法。

11-4　请利用 LED 数码管动态显示原理设计一个四位的计数器,其初值为零,每隔 1 s 自动加 1,加满 9999 后自动回零。

11-5　请利用 LCD1602 显示原理设计一个电子时钟。

第 12 章

MCS-51 单片机的模拟量接口

【本章要点】 在过程控制和智能仪器仪表中,常用单片机进行实时控制和数据处理。单片机所加工与处理的信息只能是数字量,而被测或被控对象的有关参量往往是一些连续变化的模拟量。这就需要 A/D 转换器与 D/A 转换器来完成。可以认为,A/D 转换器是一个将模拟信号值编制为对应的二进制数码的编码器,而 D/A 转换器则是一个解码器。本章先以ADC0809 为例详细讲解单片机与 A/D 转换器的接口技术,然后以 DAC0832 为例详细讲解单片机与 D/A 转换器的接口技术,并通过相应的 CDIO 实例讲解来加深读者的理解。

【思政目标】 在讲解模拟量相关的 CDIO 项目实例时,布置一个项目作业,设计一个高精度数字电压表,要求学生根据精度的要求自主选择合适的 A/D 芯片。通过项目驱动教学,学生能根据性能指标设计合理的单片机应用系统,并进行正确合理的元件选型。培养学生的爱国和敬业精神。

12.1 A/D 转换器及其接口

在单片机应用系统中,常常需要对外界的模拟量如电压、温度、压力、位移等进行处理,然后按照预定的策略进行控制。由于单片机是数字电路,其识别的信号只能是数字信号,所以在把模拟量送入单片机之前,必须先把它们转换成相应的数字量,这个转换过程称为模/数转换(或 A/D 转换)。实现模/数转换的器件被称为模/数转换器。

模/数(A/D)转换的方式有很多种,如计数比较型、逐次逼近型、双积分型等。选择 A/D转换器件主要是从速度、精度和价格上考虑。

A/D 转换器的输出方式有串行和并行两种方式,转换精度有 8 位、10 位、12 位等。有些增强型的单片机在片内也集成有 A/D 转换器。

12.1.1 ADC0809 简介

ADC0809 是美国国家半导体公司生产的 CMOS 工艺,逐次逼近式并行 8 位 A/D 转换芯片,其实物如图 12-1-1 所示。ADC0809 具有 8 路模拟量输入端,最多允许 8 路模拟量分时输入,共用一个 A/D 转换器进行转换。

图 12-1-2 所示为 ADC0809 内部逻辑结构图。它由 8 路模拟量开关、8 位 A/D 转换器、8 位数据三态输出锁存器以及地址锁存与译码器等组成。

图 12-1-1　ADC0809 实物图

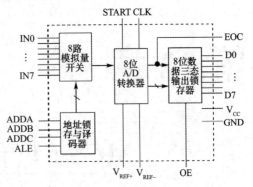

图 12-1-2　ADC0809 内部逻辑结构图

1. ADC0809 的引脚功能

• IN0~IN7：8 个通道的模拟信号输入端。输入电压范围为 0~+5 V。

• ADDC、ADDB、ADDA：通道地址输入端。其中，C 为高位，A 为低位。

• ALE：地址锁存信号输入端。在脉冲上升沿锁存 ADDC、ADDB、ADDA 引脚上的信号，并据此选通 IN0~IN7 中的一路。ADC0809 输入通道地址选择如表 12-1-1 所示。

表 12-1-1　　　　　　ADC0809 输入通道地址选择表

ADDC	ADDB	ADDA	输入通道号
0	0	0	IN0
0	0	1	IN1
0	1	0	IN2
…	…	…	…
1	1	1	IN7

• START：启动信号输入端。当 START 端输入一个正脉冲时，立即启动 A/D 转换。

• EOC：转换结束信号输出端。在启动转换后为低电平，转换结束后自动变为高电平，可用于向单片机发出中断请求。

• OE：输出允许控制端。为高电平时，将三态输出锁存器中的数据输出到 D0~D7 数据端。

• D0~D7：8 位数字量输出端。为三态缓冲输出形式，能够和 AT89C51 单片机的并行数据线直接相连。

• CLK：时钟信号输入端。时钟频率范围为 10~1 280 kHz，典型值为 640 kHz。当时钟频率为 640 kHz 时，转换时间约为 100 μs。

• V_{REF+} 和 V_{REF-}：A/D 转换器的正负基准电压输入端。

• V_{CC}：电源电压输入（+5 V）。

• GND：电源地。

2. 单片机控制 ADC0809 的工作过程

根据图 12-1-2 所示的 ADC0809 内部结构，可以归纳单片机控制 ADC0809 进行 A/D 转换的工作过程如下：

（1）为 ADC0809 添加基准电压和时钟信号。

（2）外部模拟电压信号从通道 IN0~IN7 中的一路输入到多路模拟开关。

（3）将通道选择字输入到 ADDC、ADDB、ADDA 引脚。

（4）在 ALE 引脚输入高电平，选通并锁存相应通道。

（5）在 START 引脚输入高电平，启动 A/D 转换。

（6）当 EOC 引脚变为高电平时，在 OE 引脚输入高电平。

（7）将 D0～D7 上的并行数据读入单片机。

12.1.2　接口方式与编程方法

ADC0809 同 AT89C51 的接口设计可采用总线操作方式，也可以采用 I/O 接口控制方式。是否正确实现 ADC0809 与 AT89C51 的接口连接，关键在于看能否满足以下要求：

（1）能正确选择输入通道。

（2）能顺利启动转换。

（3）能顺利读取转换结果。

ADC0809 芯片的转换时间在典型时钟频率（640 kHz）下为 100 μs 左右。对 A/D 转换是否完成的判别既可采用查询方式，也可采用中断方式，也可以采用延时等待法，在电路连接和程序编写上会有所不同。

1. 采用 I/O 接口控制方式

当单片机的 I/O 接口比较富余时，可采用 I/O 接口控制方式，这种方式比较容易理解和掌握。

（1）输入通道固定的电路接法

①接口电路设计

输入通道固定的接口电路如图 12-1-3 所示。

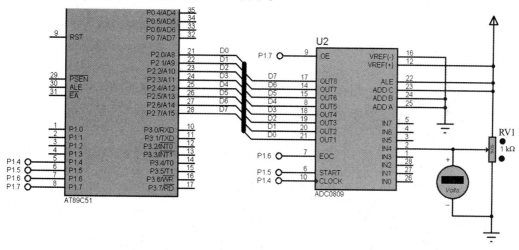

图 12-1-3　输入通道固定的接口电路图

在图 12-1-3 中，外部模拟电压信号从通道 IN4 输入。如果只有这一个通道信号需要转换，那么单片机就没有必要再专门控制 ADC0809 的 ADDC、ADDB 和 ADDA 三个引脚，可以直接把这三个引脚接到固定电位上，同时让 ALE 信号固定为高电平。这样就可以简化单片机与 ADC0809 的接口电路，而且也简化了控制程序的编写。ADC0809 的其他控制信号 START、EOC、OE 分别由单片机的 P1.5、P1.6、P1.7 端口控制。单片机利用内部定时器产生 ADC0809 所需的时钟信号从 P1.4 端口输出，A/D 转换结果从单片机的 P2 口读入。

②程序设计

程序完全按照单片机 I/O 接口输入/输出的方法来写。对应图 12-1-3 电路设计，用查询方式编写的 A/D 转换子程序例程如下。

```
#include<reg51.h>
sbit CLOCK=P1^4；
sbit START=P1^5；
sbit EOC=P1^6；
sbit OE=P1^7；
unsigned char adcbuf；        //定义变量存放 A/D 转换结果
void ADC0809( )               //A/D 转换子程序
{
    START=0；
    START=1；                  //启动 A/D 转换
    while(! EOC)；             //等待转换结束
    START=0；
    OE=1；                     //打开三态输出锁存器
    P2=0xff；                  // P2 口读数前先写 1,确保读数准确
    adcbuf=P2；                //读 P2 口数据到存储变量
}
```

（2）选择输入通道的电路接法

①接口电路设计

如果模拟电压信号的来源不固定或有多个输入通道,那么在进行接口电路设计时,必须由单片机控制 ADC0809 的 ADDC、ADDB 和 ADDA 以及 ALE 信号来选择并锁存通道,其电路设计如图 12-1-4 所示。

与图 12-1-3 的区别在于,用单片机的 P1.2、P1.1、P1.0 端口分别控制 ADDC、ADDB 和 ADDA,用 P1.3 口控制 ALE 信号。

②程序设计

对应图 12-1-4 所示电路,用查询方式编写的 A/D 转换子程序例程如下。

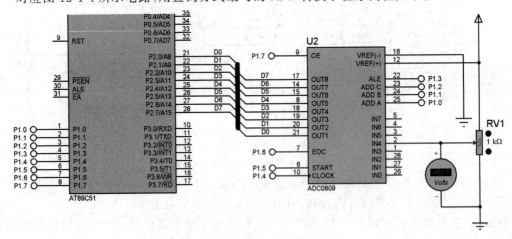

图 12-1-4　选择输入通道的电路图

```
#include <reg51.h>
sbit CLOCK=P1^4；
sbit START=P1^5；
sbit EOC=P1^6；
sbit OE=P1^7；
```

```
    sbit ADDA=P1^0;
    sbit ADDB=P1^1;
    sbit ADDC=P1^2;
    sbit ALE=P1^3;
    sbit CLOCK=P1^4;
    unsigned char adcbuf;
    void ADC0809( )
    {
        START=0；
        ALE=0；
        ADDA=0；
        ADDB=0；
        ADDC=1；
        ALE=1；
        START=1；
        ALE=0；
        while(！EOC)；
        START=0；
        OE=1；
        P2=0xff；
        adcbuf=P2；
    }
```

2. 采用总线操作方式

当单片机 I/O 接口资源比较紧张时可采用总线操作方式,相比 I/O 控制方式能够节省端口,而且编程简单,程序执行效率高。但对初学者来说在理解掌握上会有一定难度。

(1)接口电路设计

图 12-1-5 所示为一典型的 ADC0809 与 AT89C51 以总线操作方式设计的接口电路,采用中断方式进行控制。单片机的数据总线同 ADC0809 的数据总线连接,ADC0809 的 ADDA、ADDB 和 ADDC 数据由 P0 口的低三位送出。单片机的地址总线只使用了 P2.7,其他地址线的数据与 ADC0809 无关。P2.7 和写选通信号 $\overline{\text{WR}}$ 通过或非门输出接到 ADC0809 的 ALE 和 START 引脚,和读选通信号 $\overline{\text{RD}}$ 通过或非门输出接到 ADC0809 的 OE 引脚。

可以把 ADC0809 看作一片外存储单元。当单片机 AT89C51 执行向 ADC0809 写通道选择字指令时,$\overline{\text{WR}}$ 信号会自动输出一负脉冲,此时只要满足地址线 P2.7 为 0,则 ALE 和 START 引脚即为高电平,ADC0809 可启动转换。同理,单片机在执行读 ADC0809 转换结果的指令时,$\overline{\text{RD}}$ 会自动输出一负脉冲,只要满足地址线 P2.7 为 0,则 OE 引脚为高电平,转换结果即可送到数据口 D0～D7,进而进入单片机内部。因此,在对 ADC0809 进行读写编程时的存储单元地址可以是 0000H～7FFFH 中的任意一个。

(2)程序设计

按照图 12-1-5 所示的接口电路,可以概括单片机控制 ADC0809 进行转换的过程如下:

①单片机执行一条写数据指令,如 XBYTE[0x7fff]=0x04,把通道地址写到 ADC0809 的 ADDA、ADDB 和 ADDC 端。同时,逻辑电路使 ALE 和 START 引脚为高电平,锁存输入通道并启动 A/D 转换。

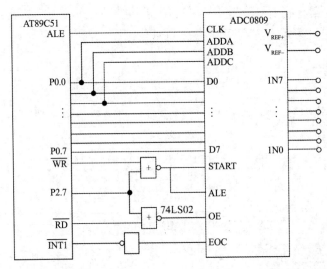

图 12-1-5　典型的 ADC0809 与 AT89C51 总线方式接口电路(中断方式)

②A/D 转换完毕,EOC 端变为高电平,经反向器后变为低电平输入单片机的外部中断 1 输入端,申请外部中断。

③单片机进入中断服务程序,执行一条读数据指令,如 Buffer＝XBYTE[0x7fff],逻辑电路使 OE 端为高电平,同时将 8 位转换结果从 P0 口读入 CPU 中。

对应图 12-1-5 所示电路接法,以中断方式编写的单通道 A/D 转换例程如下:

```
#include＜reg51.h＞
#include＜absacc.h＞
unsigned char adcbuf;
void main()
{
    IT1＝1;                    //边沿触发
    EA＝1;
    EX1＝1;
    XBYTE[0x7fff]＝0x04;
    while(1);
}
void int_1 ( ) interrupt 2
{
    adcbuf＝ BYTE[0x7fff];       //读数存放
    XBYTE[0x7fff]＝0x04;
}
```

如果是 8 个通道巡回转换,则例程如下:

```
#include＜reg51.h＞
#include＜absacc.h＞
unsigned char i＝0,adcbuf[8];
void main()
{
    IT1＝1;                    //边沿触发
    EA＝1;
```

```
    EX1=1;
    XBYTE[0x7fff]=i;              //启动 0 通道转换
    while(1);
}
void int_1（）interrupt 2
{
    adcbuf[i]= BYTE[0x7fff];      //通道 i 读数存放
    if(++i! =8)                   //最后一个通道没结束
    BYTE[0x7fff]=i;               //启动下一个通道转换
}
```

12.1.3　CDIO 项目实例(直流数字电压表)

1. 项目构思(Conceive)

在很多领域都要用到直流数字电压表。相比较于传统机械式的电压表,数字直流电压表具有测量精度高,操作简单,输入阻抗大等优点,常用于精确测量领域。一个基于单片机控制的直流数字电压表的结构比较简单,待测电压信号加载在 A/D 转换器上,转变为数字信号后再送至 LED 数码管或 LCD 液晶显示器实时显示即可。

在设计数字电压表的时候,LED 数码管的位数应该由 A/D 转换器的精度决定,常用的 8 位 A/D 转换器的精度为 5/256 V,大约 0.02 V,这时用三位数码管显示较为合理,小数点后面保留两位即可。

2. 项目设计(Design)

(1)硬件电路设计

根据项目构思,系统的电路如图 12-1-6 所示,A/D 转换器 ADC0809 的数据输出端连接在单片机的 P3 口,其他控制引脚分别连接在 P1.0~P1.6 引脚上。四位数码管的段选端连接在 P0 接口,位选端分别连接在 P2.1,P2.2 和 P2.3 引脚上,最左边数码管的引脚悬空不用。待测电压由电位器 RV1 引出,连接在 IN3 通道。

(2)软件设计

程序设计采用查询方式,同时用到了定时器 T0,定时器 T0 中断用于产生 ADC0809 需要的时钟信号,频率为 100 kHz,程序主流程思路如下:启动 ADC0809,等待转换结束,将电压值送 LED 数码管显示,依次循环即可。根据项目构思与硬件电路图,系统软件 C51 源码设计如下:

```
#include <reg52.h>
#define uint unsigned int
#define uchar unsigned char
uchar code LEDData[ ]={ 0x3f,0x06,0x5b,0x4f,0x66,0x6d,0x7d,0x07,0x7f,0x6f };
sbit OE  = P1^0;  sbit EOC = P1^1;  sbit ST  = P1^2;
sbit CLK = P1^3;
sbit DP  = P0^7;                     //小数点需单独控制
void DelayMS(uint ms)
{
    uchar i;
    while(ms--)for(i=0;i<120;i++);
```

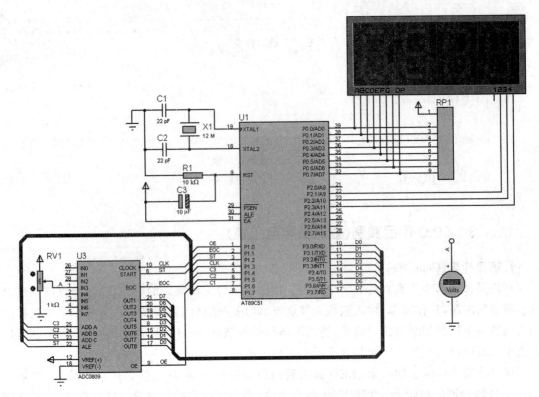

图 12-1-6 直流数字电压表电路图

```
}
void Display_Result(uchar d)
{
    uint u = d * 100/51;              //将 0~255 级换算成 0.00~5.00 V 的电压数值
    uchar dis[3];
    dis[0]=u/100;                     //求出百位
    dis[1]=u/10%10;                   //求出十位
    dis[2]=u%10;                      //求出个位
    P2 = 0xf7;  P0 = LEDData[dis[2]];  DelayMS(5);  //右边第一位(个位)
    P2 = 0xfb;  P0 = LEDData[dis[1]];  DelayMS(5);  //右边第二位(十位)
    P2 = 0xfd;  P0 = LEDData[dis[0]];               //右边第三位(百位)
    DP = 1;                           //小数点点亮,显示结果为 x.xx
    DelayMS(5);
}
void main()
{
    TMOD = 0x02;                      //T0 工作在方式 2
    TH0  = 256-5;
    TL0  = 256-5;                     //定时 5 μs,ADC0809 时钟 100 kHz
    IE   = 0x82;
    TR0  = 1;
    P1   = 0x3f;                      //高四位 0011,选中输入通道 3
    while(1)
```

```
    {
        ST = 0;
        ST = 1;
        ST = 0;                    //启动转换
        while(EOC == 0);           //等待转换结束
        OE = 1;                    //输出允许
        Display_Result(P3);        //显示 A/D 转换的电压值
        OE = 0;                    //禁止输出
    }
}
void Timer0_INT() interrupt 1     //T0 的定时中断服务函数
{
    CLK = ! CLK;                  //ADC0809 时钟信号
}
```

3. 项目实现(Implement)

在 Proteus 中加载程序代码并运行仿真,通过滑动电位器 RV1 观察程序功能。用户滑动电位器 RV1,数码管就会显示其电压值,经测试该电压表与标准电压表测量的数据完全一致,如图 12-1-7 所示。

图 12-1-7　程序运行片段仿真图

4. 项目运作(Operate)

市场上购买的普通精度的数字电压表很便宜,其成本也不高,能不能设计一个高精度的直流电压表呢? 当然可以的。对于高精度的电压表可以选择 12 位、16 位的、甚至 24 位的 A/D 转换器。有了高精度的 A/D 转换器还不够,还需非常稳定的参考电压,还需多位的 LED 数码管。对于 16 位与 24 位的高精度直流电压表强烈建议使用 LCD1602 来显示数据。

12.2　D/A 转换器及其接口

单片机系统的控制输出信号一般有两种:一是输出开关量信号,作用于执行机构;二是输出模拟量信号,作用于模拟量控制系统。由于单片机的输出信号只能是二进制数字量,因此只有进行数/模(D/A)转换才能得到模拟量。

D/A 转换是将数字量转换为模拟量的过程。完成 D/A 转换的器件称为 D/A 转换器(DAC),它将数字量转换成与之成正比的模拟量。

D/A 转换器的种类很多,由于使用情况不同,D/A 转换器的位数、精度、速度、价格、接口方式等也不相同。常用 D/A 转换器的位数有 8 位、10 位、12 位和 16 位等,与 CPU 的接口方式有并行和串行两种。下面以 DAC0832 为例介绍 D/A 转换器的结构和使用方法。

12.2.1 DAC0832 简介

DAC0832 是美国国家半导体公司的 8 位单片 D/A 转换器芯片,内部具有两级输入数据寄存器,使 DAC0832 适于各种电路的需要。它能直接与单片机 AT89C51 相连接,采用二次缓冲方式,可以在输出的同时,采集下一个数据,从而提高转换速度。还可以在多个转换器同时工作时,实现多通道 D/A 的同步转换输出。D/A 转换结果采用电流形式输出,可通过一个高输入阻抗的线性运算放大器得到相应的模拟电压信号。

1. 特性参数

DAC0832 主要的特性参数如下:

- 分辨率为 8 位。
- 只需要在满量程下调整其线度。
- 电流输出,转换时间为 1 μs。
- 可双缓冲、单缓冲或者直接数字输入。
- 功耗低,芯片功耗约为 20 mW。
- 单电源供电,供电电压为 +5~+15 V。
- 工作温度范围为 -40~+85 ℃。

2. 引脚与逻辑结构

DAC0832 芯片为 20 引脚,DIP 双列直插式封装,引脚排列如图 12-2-1 所示。其内部逻辑结构如图 12-2-2 所示。

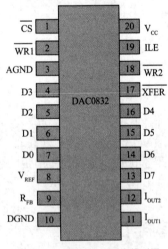

图 12-2-1 DAC0832 引脚排列图

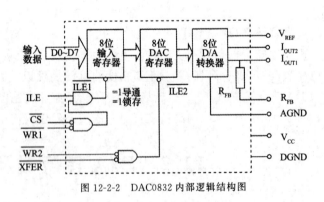

图 12-2-2 DAC0832 内部逻辑结构图

各引脚的功能如下:

- D0~D7:转换数据输入端。
- $\overline{CS}$:片选信号输入端。
- ILE:数据锁存允许信号输入端,高电平有效。
- $\overline{WR1}$:输入寄存器写选通控制端。当 $\overline{CS}=0$、ILE=1、$\overline{WR1}=0$ 时,数据信号被锁存在输入寄存器中。
- $\overline{XFER}$:数据传送控制信号输入端,低电平有效。

· $\overline{WR2}$：DAC 寄存器写选通控制端。当 $\overline{XFER}=0$，$\overline{WR2}=0$ 时，输入寄存器状态传入 DAC 寄存器中。

· I_{OUT1}：电流输出 1 端。当数据全为 1 时，电流输出最大；当数据全为 0 时，输出电流最小。

· I_{OUT2}：电流输出 2 端。DAC0802 具有 $I_{OUT1}+I_{OUT2}=$ 常数的特性。

· R_{FB}：反馈电阻端。

· V_{REF}：基准电压输入端，是外加的高精度电压源，它与芯片内的电阻网络相连接，该电压范围为 $-10\sim10$ V。

· V_{CC} 和 AGND、DGND：芯片的电源和接地端。

DAC 内部有两个寄存器，它们的导通和锁存状态分别由 5 个引脚的信号决定。

输入寄存器由 ILE、$\overline{CS}$、三个信号控制，当同时满足 ILE=1、$\overline{CS}=0$、$\overline{WR1}=0$ 时寄存器导通，引脚 D0～D7 上的数据通过输入寄存器进入 DAC 寄存器。当其中任何一个引脚的状态改变时，寄存器锁存，输出不再受引脚 D0～D7 影响。

DAC 寄存器由 $\overline{WR2}$、$\overline{XFER}$ 两个信号控制。当同时满足 $\overline{WR2}=0$、$\overline{XFER}=0$ 时寄存器导通，数据通过 DAC 寄存器进入 D/A 转换器，开始启动 D/A 转换。当其中任何一个引脚的状态改变时，DAC 寄存器锁存，可以保证在 D/A 转换期间数据不会发生改变。

3. 工作方式

在应用时，DAC0832 通常有三种工作方式：直通方式、单缓冲方式、双缓冲方式。

(1)直通方式：将两个寄存器的五个控制端预先置为有效信号，两个寄存器都开通，只要有数字信号输入就立即进行 D/A 转换。

(2)单缓冲方式：使 DAC0832 的两个输入寄存器中有一个处于直通方式，另一个处于受控方式，或者控制两个寄存器同时导通和锁存。

(3)双缓冲方式：DAC0832 的输入寄存器和 DAC 寄存器分别受控。

三种工作方式的区别是：直通方式不需要选通，直接进行 D/A 转换；单缓冲方式一次选通；双缓冲方式二次选通。

12.2.2　接口方式与编程方法

1. 直通方式

当 ILE 接高电平，$\overline{CS}$、$\overline{WR1}$、$\overline{WR2}$ 和 $\overline{XFER}$ 都接数字地时，DAC 处于直通方式，8 位数字量一旦到达 D0～D7 输入端，就立即送到 8 位 D/A 转换器进行数模转换。这种工作方式仅适用于单片机外部只和一片 DAC0832 进行并行通信的情况。

(1)硬件电路

如图 12-2-3 所示，DAC0832 的 $\overline{CS}$、$\overline{WR1}$、$\overline{WR2}$ 和 $\overline{XFER}$ 引脚都接到数字地，ILE 接高电平，8 位数字量从 P0 口送出。

DAC0832 输出模拟电压时，是通过一个运算放大器实现单极性输出。I_{OUT1} 引脚外接运算放大器的反相端（－），I_{OUT2} 外接运算放大器的同相端（＋），并且接模拟地 AGND。R_{FB} 引脚接运算放大器的输出端。

输出电压 $V_{OUT}=-V_{REF}\times D_{IN}/256$。当 $V_{REF}=-5$ V 时，V_{OUT} 的输出范围为 0～5 V。

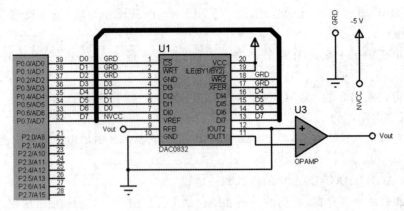

图 12-2-3 直通方式接口电路图

（2）程序设计

D/A 转换子程序的功能是将任意给定的数字量转换成对应的模拟电压,函数的入口参数为要转换的 8 位数字量,无返回值。编程方法如下:

```
#include <reg51.h>
void DAC0832(unsigned char x)        //输出固定电压程序
{
    P0=x;
}
```

2. 单缓冲方式

如果单片机数据线上除了 DAC0832,同时还接有其他并行器件,就需要采用带缓冲的接口方式,以保证 D/A 转换的数据不受其他信号的干扰。

（1）硬件电路

可以将 DAC0832 的 $\overline{WR1}$ 和 $\overline{WR2}$ 引脚并在一起接到单片机的写选通控制信号上,把 $\overline{CS}$ 引脚和 $\overline{XFER}$ 引脚接到地址信号的最高位 P2.7 上,把 ILE 引脚接高电平,这样可以使输入寄存器和 DAC 寄存器同时导通和锁存,从而构成了单缓冲工作方式。接口电路如图 12-2-4 所示。

（2）程序设计

可以把 DAC0832 看作单片机扩展的一个外部存储单元,向 DAC0832 送数据的过程就相当于写一个数据到外部存储单元。在软件中,执行一条写外部存储单元的指令,此时引脚会自动输出低电平。只要保证地址信息的最高位 P2.7 为 0,就可以把数据从 P0 口直接送到 DAC0832 的 D/A 转换器开始进行转换,所以 DAC0832 的地址可以选择 0x0000~0x7FFF 中的任意一个。

这里使用访问存储器的宏进行程序设计,编程如下:

```
#include<absacc.h>        //添加访问存储器宏定义的头文件
void DAC0832(x)           //参量 x 为转换的数字量
{
    XBYTE[0x7FFF]=x;      //DAC0832 的地址使用 0x7FFF
}
```

3. 双缓冲方式

以下两种情况下需要用双缓冲方式的 D/A 转换:①需要先把待转换的数据送到输入缓存

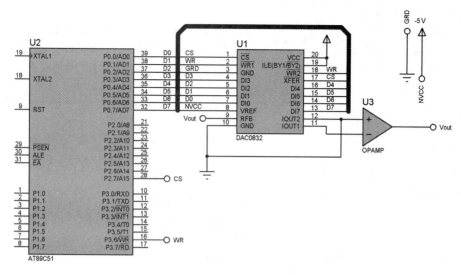

图 12-2-4　单缓冲方式接口电路图

器,然后在某个时刻再启动 D/A 转换;②在需要同步进行 D/A 转换的多路 DAC 系统中,采用双缓冲方式,可以在不同的时刻把要转换的数据分别送入每个 DAC0832 的输入寄存器,然后由一个转换指令同时启动多个 DAC0832 同步进行 D/A 转换。

(1)硬件电路

双缓冲方式下,输入寄存器和 DAC 寄存器要单独受控。假设有两片 DAC0832 要实现同步转换,接口电路如图 12-2-5 所示。分别用 P2.5 和 P2.6 引脚连接两片 DAC0832 的片选信号 $\overline{CS}$,控制选通两路输入寄存器;P2.7 连到两路 D/A 转换器的 $\overline{XFER}$ 端控制同步转换输出;$\overline{WR}$ 同时与两片 DAC0832 的 $\overline{WR1}$ 和 $\overline{WR2}$ 端相连。

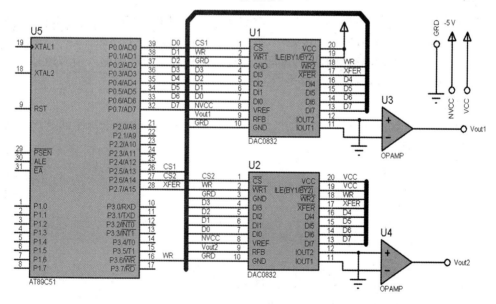

图 12-2-5　双缓冲方式接口电路图

(2)程序设计

先分别将待转换的数据写入每片 DAC0832 的输入寄存器,然后再执行一次写操作,同时选通两个 DAC0832 的 DAC 寄存器,实现同步转换。

```
#include <absacc.h>
#define DAC0832 XBYTE[0x7FFF]     //设置两个 DAC 寄存器的同步控制地址
#define DAC1 XBYTE[0xDFFF]        //设置 1# DAC0832 输入寄存器的访问地址
#define DAC2 XBYTE[0xBFFF]        //设置 2# DAC0832 输入寄存器的访问地址
unsigned char i,data1=100,data2=50;
void main()
{
    while(1)
    {
        DAC1=data1;
        DAC2=data2;
        DAC0832=data1;            //此处的 data1 无意义,只为使两片 XFER 同时有效
    }
}
```

12.2.3　CDIO 项目实例(多波形信号发生器)

1. 项目构思(Conceive)

常见的多波形信息发生器能产生方波、三角波、锯齿波和正弦波等波形。本例利用 AT89C51 单片机外加 DAC0832 制作一个低成本简易的多波形发生器。本例用 AT89C51 单片机的 P0 口接 DAC0832 的 8 个输入端。DAC0832 用单缓冲的方式,并用中断方式控制示波器分别显示方波、三角波、锯齿波、梯形波和正弦波,频率任意。

2. 项目设计(Design)

(1)硬件电路设计

根据项目构思,系统的电路如图 12-2-6 所示。单片机的 P0 口接 DAC0832 的数据端口 DI0~DI7,用 P2.7 控制 CS,XFER 接地,WR 同 DAC0832 的 WR1 端相连,WR2 接地,ILE 固定接高电平。运算放大器输出端接示波器的通道 A。外部中断 0 的输入引脚通过按键 K1 接地,当其被按下时产生外部中断信号。

(2)软件设计

先采用模块化方法编写不同波形的产生函数,然后利用外部中断控制不同波形的输出。
C 语言程序清单如下:

```
#include <reg52.h>           //52 系列单片机头文件
#include <absacc.h>          //外部内存访问头文件
#define uchar unsigned char
#define uint unsigned int
#define DAC XBYTE[0x7fff]    //DAC0832 的地址
uchar KeyNo;                 //按键号
uchar code Table[]=          //正弦波的波形数据,共 256 个值
{
    0x80,0x83,0x86,0x89,0x8D,0x90,0x93,0x96,0x99,0x9C,
    0x9F,0xA2,0xA5,0xA8,0xAB,0xAE,0xB1,0xB4,0xB7,0xBA,
    0xBC,0xBF,0xC2,0xC5,0xC7,0xCA,0xCC,0xCF,0xD1,0xD4,
    0xD6,0xD8,0xDA,0xDD,0xDF,0xE1,0xE3,0xE5,0xE7,0xE9,
```

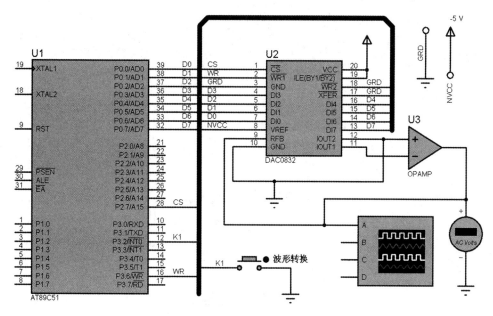

图 12-2-6　多波形信号发生器电路图

0xEA,0xEC,0xEE,0xEF,0xF1,0xF2,0xF4,0xF5,0xF6,0xF7,
0xF8,0xF9,0xFA,0xFB,0xFC,0xFD,0xFD,0xFE,0xFF,0xFF,
0xFF,0xFF,0xFF,0xFF,0xFF,0xFF,0xFF,0xFF,0xFF,0xFF,
0xFE,0xFD,0xFD,0xFC,0xFB,0xFA,0xF9,0xF8,0xF7,0xF6,
0xF5,0xF4,0xF2,0xF1,0xEF,0xEE,0xEC,0xEA,0xE9,0xE7,
0xE5,0xE3,0xE1,0xDF,0xDD,0xDA,0xD8,0xD6,0xD4,0xD1,
0xCF,0xCC,0xCA,0xC7,0xC5,0xC2,0xBF,0xBC,0xBA,0xB7,
0xB4,0xB1,0xAE,0xAB,0xA8,0xA5,0xA2,0x9F,0x9C,0x99,
0x96,0x93,0x90,0x8D,0x89,0x86,0x83,0x80,0x7C,0x79,
0x76,0x72,0x6F,0x6C,0x69,0x66,0x63,0x60,0x5D,0x5A,
0x57,0x55,0x51,0x4E,0x4C,0x48,0x45,0x43,0x40,0x3D,
0x3A,0x39,0x35,0x33,0x30,0x2E,0x2B,0x29,0x27,0x25,
0x22,0x20,0x1E,0x1C,0x1A,0x18,0x16,0x15,0x13,0x11,
0x10,0x0E,0x0D,0x0B,0x0A,0x09,0x08,0x07,0x06,0x05,
0x04,0x03,0x02,0x02,0x02,0x01,0x00,0x00,0x00,0x00,
0x00,0x00,0x00,0x00,0x00,0x00,0x00,0x01,0x02,0x02,
0x03,0x04,0x05,0x06,0x07,0x08,0x09,0x0A,0x0B,0x0C,
0x0D,0x0E,0x10,0x11,0x13,0x15,0x16,0x18,0x1A,0x1C,
0x1E,0x20,0x22,0x25,0x27,0x29,0x2B,0x2E,0x30,0x33,
0x36,0x38,0x3A,0x3D,0x40,0x43,0x45,0x48,0x4C,0x4E,
0x51,0x55,0x57,0x5A,0x5D,0x60,0x63,0x66,0x69,0x6C,
0x6F,0x72,0x76,0x79,0x7C,0x80

```
};
void delayms(uint t)
{
    uchar i;
    while(t——)
```

```
    for(i=0;i<12;i++);              //即延时约 0.t 毫秒
}
void fangbo()                        //方波
{
    DAC=0x00;
    delayms(20);
    DAC=0xff;
    delayms(20);
}
void juchibo()                       //锯齿波
{
    uchar value = 0xff;
    while(value > 0x00)
    DAC=value--;
}
void sanjiaobo()                     //三角波
{
    uchar value = 0x00;
    while(value < 0xff)
    DAC=value++;
    while(value > 0x00)
    DAC=value--;
}
void tixingbao()                     //梯形波
{
    uchar value = 150;
    while(value > 0)
    DAC=value--;
    delayms(30);
    while(value < 150)
    DAC=value++;
    delayms(30);
}
void zhengxianbo()                   //正弦波
{
    uchar i;
    for(i=0;i<256;i++)
    DAC=Table[i];
}
void main()
{
    KeyNo=0;                         //初值为 0,表示没有按键
    IT0=1; EA=1; EX0=1;
    while(1)
```

```
        {
    if(KeyNo==1)fangbo();
        if(KeyNo==2)juchibo();
        if(KeyNo==3)sanjiaobo();
        if(KeyNo==4)tixingbao();
    if(KeyNo==5)zhengxianbo();
        }
    }
    void INT_EX0()interrupt 0
    {
        if(++KeyNo==6)KeyNo=1;
    }
```

3. 项目实现(Implement)

在 Proteus 中加载程序目标代码并运行仿真,单击按钮,可以看到示波器的输出波形发生相应的变化,结果分别如图 12-2-7(a)~图 12-2-7(e)所示。

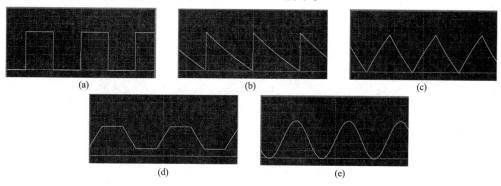

图 12-2-7 波形输出仿真图

4. 项目运作(Operate)

此多波形发生器虽然能用极低的成本实现多波形的功能,但如果调节波形的幅度与频率呢?幅度的调节可以通过后续模拟放大电路来实现,频率的调节有点困难,方波可以通过改变高低电平延时的时间来实现,其他波形的频率就不太好调节了,尤其是正弦波。另外,由于单片机工作的主频比较低,所有产生的波形的频率都比较低,如果想获得高频信号,应该外加 DDS 模块。

本章小结

1. A/D 转换器是将模拟量转换成数字量的器件,用于计算机对模拟量的检测和处理。A/D 转换器与单片机的连接即为 A/D 转换接口,不同的 A/D 转换芯片,其硬件连接和编程也不相同。接口与编程要集中在模拟输入信号、启动与转换信号、转换结束信号、转换后的数据处理上。本章重点讲解了 ADC0809 与单片机的接口技术,其他的芯片读者可以查阅相应的资料,其处理方法相似。

2. D/A 转换器是数字量转换成模拟量的器件,便于计算机对连续量的控制。D/A 转换接口为计算机的数字信号和模拟环境的连续信号之间提供了一种接口,其余 A/D 接口一样也因芯片不同而异。D/A 接口和编程要抓住 D/A 转换器的三类信号：数据信号、控制信号、转换后的模拟量。本章重点讲解了 DAC0832 与单片机的接口技术，其他的芯片读者可以查阅相应的资料，其处理方法相似。

思考与练习题

12-1　D/A 转换器为什么必须有锁存器？

12-2　什么情况下要使用 D/A 转换器的双缓冲方式？

12-3　请以 DAC0832 为例画出双缓冲方式的接口电路。

12-4　请利用 ADC0809 设计一个 8 路输入的巡回检测系统。

12-5　请利用 DAC0832 设计一个方波信号发生器，要求其频率与幅度可调。

第13章

MCS-51 单片机的串行总线扩展接口

【本章要点】 串行总线的扩展连线简单,占用单片机资源少,并且具有工作电压宽、抗干扰能力强、功耗低等优点。随着各种串行接口芯片的发展,串行总线扩展技术在单片机控制系统中得到了极其广泛的应用。串行总线的标准有很多种,常用的有 I^2C、SPI、单总线、USB、MODEM、Microware 和 CAN 等。本章先后详细讲解 I^2C 总线、SPI 总线和单总线的逻辑规则及与单片机接口的技术,然后通过相应的 CDIO 实例讲解来加深读者的理解。

【思政目标】 在讲解三种串行总线扩展接口相关的 CDIO 项目实例时,让学生详细分析并讨论这三种串行总线接口技术的优缺点,同时提出我们是否可以设计出相应的串行总线接口技术,从而培养学生的竞争意识和创新精神。

13.1 I^2C 总线接口

I^2C 总线是 Philips 公司开发的二线式串行总线,由 SDA、SCL 两根线构成,其中 SDA 是数据线,SCL 是时钟线。它的主要特点是接口线少,通信速率高等。总线长度最高可达 6.35 m,最大传输速率为 100 kbit/s。

I^2C 总线用于连接各种微控制器、集成电路芯片和其他外围设备,它们可以是单片机,A/D、D/A 转换器,静态 RAM 或 ROM,LCD 显示器,以及专用集成电路等。I^2C 总线连接结构如图 13-1-1 所示。SDA、SCL 这两根线都是开漏输出结构,因此在硬件连接时需要接上拉电阻。

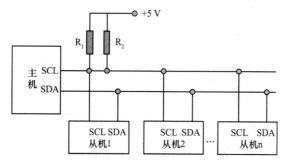

图 13-1-1 I^2C 总线连接结构图

I^2C 总线上的器件分为主器件和从器件,二者都既可以作为发送器,也可以作为接收器。总线状态必须由主器件(通常为单片机)来控制,由主器件产生串行时钟、控制总线方向、产生起始位和停止位信号。

13.1.1 I^2C 总线信号逻辑

I^2C 总线在通信过程中共有五种类型信号,分别是起始信号、停止信号、应答信号、非应答信号和数据信号。

(1)起始信号 S:SCL 为高电平时,SDA 由高电平向低电平跳变,开始传送数据。

(2)停止信号 P:SCL 为高电平时,SDA 由低电平向高电平跳变,结束传送数据。

(3)应答信号:接收器接收到 8 bit 数据后,向发送器发出特定的低电平脉冲,表示已收到数据。

(4)非应答信号:当全部数据接收完毕后,接收器向发送器发出特定的高电平脉冲,随后发停止位,结束接收数据过程。

上述信号的逻辑分别如图 13-1-2 和图 13-2-3 所示。

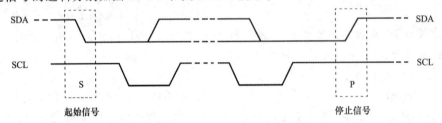

图 13-1-2　I^2C 总线开始信号和停止信号逻辑图

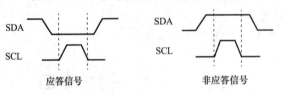

图 13-1-3　I^2C 总线应答信号和非应答信号逻辑图

(5)数据信号:当 SCL 为高电平时,SDA 上信号有效。因此,当 SCL 为高电平时,数据线必须保持稳定,若有变化,就会被当作起始或停止信号。要更新每一位数据时,必须在 SCL 为低电平时进行。

例如,发送数据 1011 时的总线逻辑如图 13-1-4 所示。

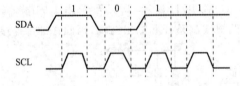

图 13-1-4　发送数据 1011 时的总线逻辑图

每传输一位数据,都有一个时钟脉冲相对应。时钟脉冲由主机提供,不必是周期性的,其时钟间隔可以不同。

I^2C 总线上传输的数据和地址字节均为 8 位,且高位在前,低位在后。

13.1.2 I^2C 总线数据传输过程

当总线上有很多器件时,主机是如何和要通信的从机建立联系并进行数据传输的呢?接在 I²C 总线上的每一个器件都有一个器件地址,就像是在电话线网络上,每一个话机都有一个电话号码一样。主机通过发送器件的地址信息来和要通信的从机建立联系。

(1)数据传输时,主机先发送启动信号和时钟信号,接着发送器件地址来寻找通信对象,并规定数据的传送方向。

(2)从机对地址的响应。当主机发送寻址字节时,所有的从机都将其中的高 7 位地址与自己的地址做比较。如果相同,再根据数据方向位确定自己是作为发送器还是作为接收器。后续过程如下:

①作为接收器:主机在寻址字节之后,接着会通过 SDA 线向从机发送数据;从机在每收到一个数据后就回一个应答信号;当主机数据发送完毕后发送停止信号,结束传送过程。

②作为发送器:从机通过 SDA 线发送数据,主机每收到一个数据后回应答信号,从机继续发送下一个。当主机不愿再接收数据时就回一个非应答信号,从机停止发送。主机再发停止信号,结束传送过程。

I²C 总线上的器件地址为一个字节,其组成格式如表 13-1-1 所示。

表 13-1-1　　　　　　I²C 总线上的器件地址组成格式表

D7	D6	D5	D4	D3	D2	D1	D0
器件类型				片选地址			R/$\overline{W}$

各部分含义如下:

- 器件类型 D7～D4:是 I²C 总线委员会分配好的固定值,E²PROM 的器件类型为 1010。
- 片选地址 D3～D1:由器件的外部引脚 A2、A1、A0 的接线来确定(对总线上同一类型的器件进行选择,最多只能接 8 片)。
- 最后一位 D0:数据方向位,1 表示读,0 表示写。这里所说的读和写都是站在主机立场上的,读表示主机从从机读取数据;写表示主机向从机发送数据。

因此通常把一个 I²C 器件的地址分为两个:写地址和读地址。

当 I²C 器件内部有连续的子地址空间时,对这些空间进行连续读写,子地址会自动加 1。常用的 E²PROM 存储器 24C02 就是这样的器件。

13.1.3　扩展 I²C 总线接口方法

对于 AT89C51 来说,芯片本身无 I²C 总线接口,如果需要和 I²C 器件通信,则可以利用 I/O 接口,通过编程,软件模拟 I²C 通信数据传输过程,如图 13-1-5 所示。

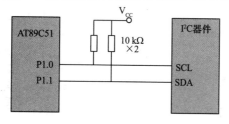

图 13-1-5　单片机模拟 I²C 总线电路连接图

由于总线状态是由单片机控制的,因此 I²C 上的信号逻辑都需要通过单片机编程实现。方法如下:

- 发起始信号 S:SCL=0→SDA=1→SCL=1→SDA=0→SCL=0。
- 发停止位 P:SCL=0→SDA=0→SCL=1→SDA=1→SCL=0。
- 发送 1 位数据:SCL=0→SDA 置 1 或 0→SCL=1→SCL=0。

• 接收 1 位数据：SDA 置 1（为读线上数据做准备）→SCL＝1 并读取 SDA 线上数据→SCL＝0。

要想正确使用 I²C 总线接口的 AT24C02 来存取数据，必须要对单片机与串行 E²PROM 进行 I²C 通信的流程十分清楚。只有严格按照流程编写程序，才能够顺利实现数据通信。为了便于掌握，这里我们把单片机的程序编写流程概括如下。

（1）单片机从 AT24C02 读数据流程。发起始位→发器件写地址→检查应答位→发存储单元地址→检查应答位→重发起始位→发器件读地址→检查应答位→接收数据→发应答位→……→接收完毕，发非应答位→发停止位。程序流程如图 13-1-6 所示。

（2）单片机向 AT24C02 写数据流程。发起始位→发器件写地址→检查应答位→发存储单元地址→检查应答位→发送数据→检查应答位→……→数据发送完毕，发停止位。程序流程如图 13-1-7 所示。

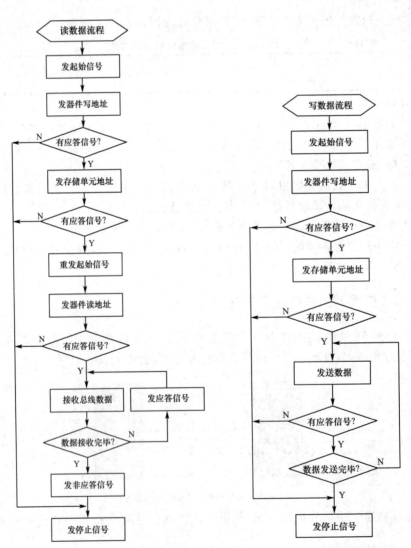

图 13-1-6　读 AT24C02 程序流程图　　　图 13-1-7　写 AT24C02 程序流程图

13.1.4　I²C 总线编程方法

单片机用 I/O 接口模拟 I²C 总线通信时,需要先通过编程产生 I²C 总线所需的各种逻辑信号和时钟信号,然后按照 I²C 总线上数据的读写流程组织程序就可以了。下面给出几个逻辑信号的编程产生方法。

（1）起始信号

```
void Start()
{
    SDA=1;
    SCL=1;
    SDA=0;
    SCL=0;
}
```

（2）停止信号

```
void Stop()
{
    SCL=0;
    SDA=0;
    SCL=1;
    SDA=1;
}
```

（3）应答信号

```
void YEAck()
{
    SDA=0;
    SCL=1;
    SCL=0;
}
```

（4）非应答信号

```
void NoAck()
{
    SDA=1;
    SCL=1;
    SCL=0;
}
```

（5）测试应答信号

```
bit TestAck()
{
    bit ErrorBit;
    SDA=1;
    SCL=1;
```

```
        ErrorBit=SDA;
        SCL=0;
        return(ErrorBit);
}
```

（6）写一个字节数据

```
Write8Bit(unsigned char input)
{
        unsigned char temp;
        for(temp=8;temp! =0;temp－－)
        {
                SDA=(bit)(input&0x80);
                SCL=1;
                SCL=0;
                input=input<<1;
        }
}
```

（7）接收一个字节数据

```
unsigned char Read8Bit()
{
        unsigned char temp,rbyte=0;
        for(temp=8;temp! =0;temp－－)
        {
                SDA=1;
                SCL=1;
                rbyte=rbyte<<1;
                rbyte=rbyte|((unsigned char)(SDA));
                SCL=0;
        }
        return(rbyte);
}
```

13.1.5　CDIO 项目实例（带记忆功能的四位计数器）

1. 项目构思（Conceive）

计数器在生产与生活领域经常会用到，一般的电子计数器没有记忆功能，断电后记录的数据会丢失。我们可以设计一个具有记忆功能的四位计数器，该计数器配置一片 AT24C02 用来存储数据，掉电后其数据依然可以保留。另外，该计数器设置三个按钮，分别为加 1、减 1 与置零功能。

2. 项目设计（Design）

（1）硬件电路设计

在 Proteus 中进行硬件电路设计，如图 13-1-8 所示。单片机的 P3.6、P3.5 口分别模拟 I^2C 总线的 SDA 和 SCK 信号；AT24C02 的三个地址引脚 A0、A1、A2 全部接地，因此其 8 位二进制器件地址为 1010000X。在进行写操作时地址为 0xa0,进行读操作时地址为 0xa1。P0 口接四位 LED 数码管的段选端,P2.0～P2.3 接四位 LED 数码管的位选端,构成 LED 数码管动态显示电路。为了便于观察 I²C 总线上信号的变化过程,可以在线路上添加 Proteus 仿真软件中自带的 I²C 总线调试器模块。

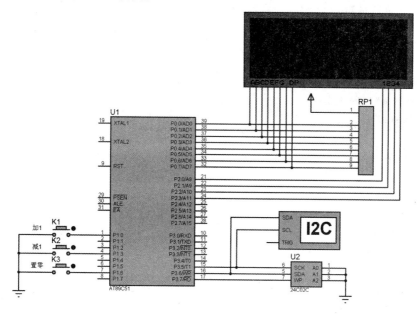

图 13-1-8 四位计数器电路图

(2)软件设计

程序采用模块化设计,由两个源文件构成,分别是 AT24C02 的驱动文件 AT24C02.C 和主程序文件 MAIN.C。主文件 MAIN.C 的内容如下:

```
# include <reg52.h>
# include <intrins.h>
# define uchar unsigned char
# define uint unsigned int
# include <AT24C02.h>
uchar code table0[]=                    //数码管的共阳码
    {0xc0,0xf9,0xa4,0xb0,0x99,0x92,0x82,0xf8,
     0x80,0x90,0x88,0x83,0xc6,0xa1,0x86,0x8e};
uchar code table2[]={0x01,0x02,0x04,0x08};//位选码
uint count;                             //计数的值
sbit K1=P1^0;                           //加 1 按钮
sbit K2=P1^3;                           //减 1 按钮
sbit K3=P1^6;                           //置零按钮
void write_add(uchar address,uchar date);  //调用 AT24C02.h 中的读写函数
uchar read_add(uchar address);
void initeeprom();
void delayms(uint x)
{
    uchar t;
```

```c
    while(x－－)
        for(t=0;t<120;t++);
}
void AT24c_Read()                          //从 AT24C02 读出 count 数据
{
    uchar a,b;
    a=read_add(0x00);                      //高 8 位
    delayms(10);
    b=read_add(0x01);                      //低 8 位
    count = a * 256+b;
    delayms(10);
}
void AT24c_Write()                         //把 count 写入 AT24C02
{
    uchar a,b;
    a=count/256;
    b=count%256;
    delayms(10);
    write_add(0x00,a);
    delayms(10);
    write_add(0x01,b);
}
void display(uint temp)                    //显示子程序
{
    uchar i,buf[4];
    buf[0]=temp/1000;                      //分离 4 位数值的千、百、十、个位
    buf[1]=temp%1000/100;
    buf[2]=temp%100/10;
    buf[3]=temp%10;
    for(i=0;i<4;i++)                       //4 位轮流显示
    {
        P2=table2[i];                      //送位选信号
        P0=table0[buf[i]];                 //送段选信号
        delayms(5);                        //延时一段时间
        P1=0xff;                           //消隐
    }
}
void KeyScan()                             //按键扫描函数
{
    if(K1==0)                              //加 1 按键
    {
        while(K1==0);                      //等待用户释放按键
        if(count<9999)count++;             //count 加 1
        AT24c_Write();                     //把 count 写入 AT24C02
```

```
        }
        if(K2==0)                          //减 1 按键
        {
            while(K2==0);
            if(count>0)count--;
            AT24c_Write();
        }
        if(K3==0)                          //置零按键
        {
            while(K3==0);
            if(count!=0)
            {
                count=0;
                AT24c_Write();
            }
        }
}
void main()                                //主函数
{
    initeeprom();                          // AT24C02 初始化
    AT24c_Read();                          //从 AT24C02 中读出 count 初值
    while(1)
    {
        display(count);
        KeyScan();
    }
}
```

AT24C02 的驱动文件 AT24C02.C 的内容如下：

```
sbit WP =P3^7;
sbit scl=P3^5;
sbit sda=P3^6;
void delay24()
{ ;; }
void start()                               //开始信号
{
    sda=1;
    delay24();
    scl=1;
    delay24();
    sda=0;
    delay24();
}
void stop()                                //停止
{
```

```
        sda＝0；
        delay24()；
        scl＝1；
        delay24()；
        sda＝1；
        delay24()；
    }
    void respons()                              //应答
    {
        uchar i；
        scl＝1；
        delay24()；
        while((sda＝＝1)&&(i＜250))i＋＋；
        scl＝0；
        delay24()；
    }
    void initeeprom()
    {
        WP＝0；
        sda＝1；
        delay24()；
        scl＝1；
        delay24()；
    }
    void write_byte(uchar date)                 //写一个字节
    {
        uchar i，temp；
        temp＝date；
        for(i＝0；i＜8；i＋＋)
        {
            temp＝temp＜＜1；
            scl＝0；
            delay24()；
            sda＝CY；
            delay24()；
            scl＝1；
            delay24()；
        }
        scl＝0；
        delay24()；
        sda＝1；
        delay24()；
    }
    uchar read_byte()                           //读一个字节
```

```
{
    uchar i,k;
    scl=0;
    delay24();
    sda=1;
    delay24();
    for(i=0;i<8;i++)
    {
        scl=1;
        delay24();
        k=(k<<1)|sda;
        scl=0;
        delay24();
    }
    return k;
}
void write_add(uchar address,uchar date)        //写地址
{
    WP=0;
    start();
    write_byte(0xa0);
    respons();
    write_byte(address);
    respons();
    write_byte(date);
    respons();
    stop();
}
uchar read_add(uchar address)                   //读地址
{
    uchar date;
    WP=0;
    start();
    write_byte(0xa0);
    respons();
    write_byte(address);
    respons();
    start();
    write_byte(0xa1);
    respons();
    date=read_byte();
    stop();
    return date;
}
```

3. 项目实现(Implement)

在 Proteus 中运行仿真,选择调试(Debug)→I^2C memory 项,可以调出 AT24C02 的存储区观察数据的变化。通过 Proteus 中的 I^2C 调试器,可以清晰地观察通信过程中 SDA 线上信号的变化过程。程序运行时,用户每按下加 1 按钮,数码管显示的数字就会加 1,并且该数据会存储到 AT24C02 中,其中 0x00 地址为数据的高八位,0x01 地址为数据的低 8 位。如图 13-1-9 所示,当数据为 278 时,其高 8 位为 0x01,低 8 位为 0x16。

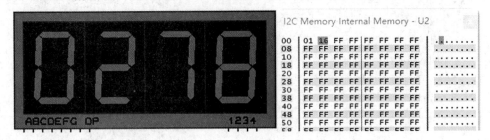

图 13-1-9   程序运行结果

4. 项目运作(Operate)

市场上购买的很多采用单片机为主控的电子产品一般都没有记忆功能,给这些电子产品添加一片 AT24C02,成本并没有增加很多,却可以极大方便用户。例如洗衣机、电饭煲、微波炉、风扇遥控器和数字闹钟等。

13.2   SPI 总线接口

SPI 总线也是应用比较广泛的一种串行总线,很多功能芯片如 A/D 转换器、D/A 转换器、射频通信、数据存储器等都带有 SPI 总线接口。使用 SPI 总线接口的芯片和 MCS-51 单片机连接时,必须掌握用单片机 I/O 接口扩展 SPI 总线的编程方法。

13.2.1   SPI 总线简介

SPI(Serial Peripheral Interface,串行外围设备接口)是 Motorola 公司推出的一种三线同步总线。它以主从方式工作,通常有一个主设备和一个或多个从设备。SPI 通信的三根线包括:

- 串行数据输出线 SDO(Serial Data Out):主设备数据输出,从设备数据输入。
- 串行数据输入线 SDI(Serial Data In):主设备数据输入,从设备数据输出。
- 串行时钟线 SCK(Serial Clock):时钟信号由主设备产生。

此外,每个挂接在 SPI 总线上的从设备都有一根片选线。

SPI 总线系统结构如图 13-2-1 所示。系统有一台主机,通常是单片机,从机是具有 SPI 接口的外围器件,如 E^2PROM、A/D、D/A、日历时钟、显示器、键盘和传感器等。主机的 SPI 数据传输速率最高可达 3Mb/s。主机可向一个或多个外围器件传送数据,也可控制外围器件向主机传送数据。

单片机与外围器件信号线的连接都是同名端相连。当扩展多个器件时,主机要有选择地与分机进行通信,因此每个分机都有一个片选信号线,低电平有效。单片机可通过 I/O 接口来分时选通外围器件。当扩展单个 SPI 器件时,外设的端可以直接接地。

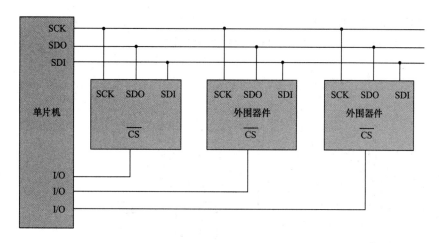

图 13-2-1　SPI 总线系统结构图

13.2.2　扩展 SPI 总线接口方法

MCS-51 单片机在与 SPI 器件进行连接通信时,由于其内部没有集成的 SPI 总线接口,所以通常利用其 I/O 接口,按照 SPI 总线的通信协议来控制完成数据的输入/输出。如图 13-2-2 所示是单片机利用 I/O 接口扩展 SPI 接口的一种电路设计方法,即 AT89C51 扩展 SPI 接口示意图。

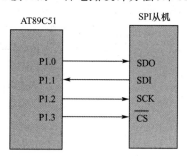

图 13-2-2　AT89C51 扩展 SPI 接口示意图

在图 13-2-2 中,利用单片机的 P1.0 口作为 SPI 接口的数据输出端 SDO,用 P1.1 口作为 SPI 接口的数据输入端 SDI,用 P1.2 口输出 SPI 总线所需的时钟信号 SCK,用 P1.3 口控制 SPI 从机的片选信号 $\overline{CS}$。

13.2.3　SPI 总线编程方法

在 SPI 总线通信时,主机负责产生时钟信号,在时钟上升沿和下降沿的同步下,控制数据的输入和输出。数据的传送格式是高位在前,低位在后。SPI 总线数据的输入/输出过程如图 13-2-3 所示。

在一个时钟脉冲中,下降沿主机从 SDI 输入数据,上升沿主机从 SDO 输出数据。但对于不

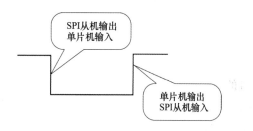

图 13-2-3　SPI 总线数据的输入/输出过程

同的外围器件,也有的刚好反过来。当主机产生 8 个时钟脉冲后,就完成了一个字节数据的输入和输出。

当 AT89C51 单片机作为主机时,由于是利用 I/O 线来模拟 SPI 接口通信,所以在编程时,只要按照上述通信规则对 I/O 接口进行读写操作即可。

1. 数据输出

SPI 总线输出数据过程如图 13-2-4 所示。该图是以单片机发送四位二进制数据 1101B 为例,发送时高位在前。

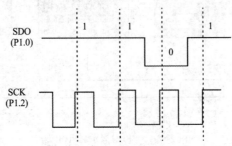

图 13-2-4   SPI 总线输出数据过程

发送第一个数据 1 的过程如下:

首先,单片机从 SCK 线上输出第一个时钟脉冲的低电平后,单片机 SDO 线上输出高电平 1;然后单片机 SCK 线上再输出高电平,形成一个时钟脉冲上升沿。这样,SDO 线上的数据 1 就会自动被 SPI 设备读走。

后面几位数据的发送过程和第一个相同,这里就不再一一赘述。不管几位的数据,其发送过程都和上面是一样的。编程时,只要按照这样一个逻辑状态编写 I/O 输出指令就可以了。如果想把 8 位数据 databuf 发送到 SPI 总线上,可以参考以下代码。

```
void SPIOUT(unsigned char databuf)        //发送子程序
{
    unsigned char i;
    SCK=1;
    CS=0;                                 //片选有效
    for(i=0;i<8;i++)
    {
        SCK=0;                            //时钟输出低电平
        _nop_();                          //等待一段时间
        _nop_();
        if(databuf&0x80)                  //判断 databuf 最高位
        SDO=1;                            //为 1,SDO 发送 1
        else
        SDO=0;                            //为 0,SDO 发送 0
        SCK=1;                            //时钟输出高电平,产生脉冲上升沿
        databuf=databuf<<1;               //databuf 左移 1 位,准备发送次高位
    }
}
```

2. 数据输入

AT89C51 单片机 I/O 接口模拟 SPI 总线输入数据过程如图 13-2-5 所示,接收时高位在前。

接收第一个数据的过程如下:

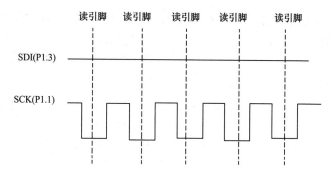

图 13-2-5　SPI 总线输入数据过程

首先,单片机从 SCK 线上输出第一个时钟脉冲的高电平,单片机 SDI 线上输出高电平 1;接下来,单片机 SCK 线上输出低电平,形成一个时钟脉冲下降沿;此时,SPI 设备会将数据发送到 SDI 线上;最后,单片机读取 SDI 引脚数据并保存。

如此循环 8 次就可以接收一个字节的数据。如果想从 SPI 总线上接收 1 个字节数据并放入变量 databuf 中,可以参考以下代码。

```
void SPIIN()                        //接收子程序
{
    unsigned char i;
    SCK＝1;                          //先输出时钟高电平
    CS＝0;                           //置片选信号
    SDI＝1;
    for(i＝0;i＜8;i＋＋)              //循环 8 次,接收一个字节数据
    {
        databuf＝databuf＜＜1;        //databuf 左移 1 位
        SCK＝0;                      //输出时钟低电平,产生下降沿
        nop_();                      //等待一段时间
        nop_();
        if(SDI&1)                    //判断 SDI 线上的数据
        databuf ＋＝1;               //为 1,databuf 的最低位加 1
        else
        databuf ＋＝0;               //为 0,databuf 的最低位加 0
        SCK＝1;                      //时钟回到高电平状态
    }
}
```

3. 数据同时输入/输出

同一个脉冲中,单片机在下降沿读取 SDI 线上的数据,上升沿输出数据到 SDO 线上,就可以同时完成一位数据的输入和输出。

13.2.4　扩展串行 A/D 转换器 TLC2543

串行输出的 A/D 转换器芯片在扩展时能够节省单片机的 I/O 接口线,近年来已越来越多地被采用,如 SPI 接口芯片 TLC1543、TLC2543、TLC1549、MAX187 等,I^2C 接口芯片 MAX127、PCF8591 等,以及美国国家半导体公司生产的 ADC0832。这些转换器有 8 位、10

位、12 位和 16 位等不同分辨率。下面通过设计实例来练习掌握 TLC2543 的编程使用方法。

1. TLC2543 简介

TLC2543 是 TI 公司生产的串行 A/D 转换器,它具有输入通道多、精度高、速度高、使用灵活和体积小的优点。

TLC2543 为 CMOS 型 12 位开关电容逐次逼近 A/D 转换器。片内含有一个 14 通道多路器,可从 11 个模拟输入或 3 个内部自测电压中选择一个。

TLC2543 与微处理器的接线用 SPI 接口只有 4 根连线,其外围电路也大大减少。TLC2543 的特性如下:

- 12 位 A/D 转换器(可 8 位、12 位和 16 位输出)。
- 在工作温度范围内转换时间为 l0。
- 11 通道输入。
- 3 种内建的自检模式。
- 片内采样/保持电路。
- 最大 ±1/4096 的线性误差。
- 内置系统时钟。
- 转换结束标志位。
- 单/双极性输出。
- 输入/输出的顺序可编程(高位或低位在前)。
- 可支持软件关机。
- 输出数据长度可编程。

2. TLC2543 的片内结构及引脚功能

TLC2543 片内结构如图 13-2-6 所示。其引脚功能如下:

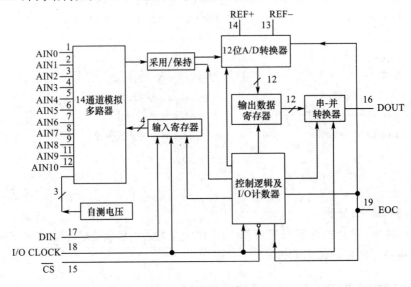

图 13-2-6   TLC2543 片内结构图

- AIN0～AIN10:模拟输入通道。
- $\overline{\text{CS}}$:片选端。当由高变到低时使系统寄存器复位,同时使能系统的输入/输出和 I/O 时钟输入。当由低变到高时则禁止输入/输出和 I/O 时钟输入。

- DIN:串行数据输入。在每一个 I/O 时钟的上升沿送入一位数据,用于选择模拟电压输入通道和设置工作方式。
- DOUT:转换结束数据输出。在每一个 I/O 时钟的下降沿送出一位数据,数据长度和数据输出的顺序在工作方式中选择。
- EOC:转换结束信号。在转换过程中为低电平,转换结束后变为高电平。
- SCLK(I/O CLOCK):输入/输出同步时钟。
- REF+:转换参考电压正极。
- REF-:转换参考电压负极。
- Vcc:电源正极。
- GND:电源地。

3. TLC2543 的命令字

TLC2543 的每次转换都必须给其写入命令字,以便确定下一次转换用哪个通道,下次转换结果用多少位输出,转换结果输出是低位在前还是高位在前。命令字的输入采用高位在前。TLC2543 的命令字如表 13-2-1 所示。

表 13-2-1　　　　　　　　TLC2543 的命令字表

通道选择	输出数据长度	输出数据顺序	数据极性
D7D6D5D4	D3D2	D1	D0

输入到输入寄存器中的 8 位编程数据选择器件输入通道和输出数据的长度及格式,如表 13-2-2 所示。

表 13-2-2　　　　　　　　输入寄存器命令字格式表

功能选择		输入数据字节						
		地址位				L1L0	LSBF	BIP
		D7	D6	D5	D4	D3D2	D1	D0
输入通道	AIN0	0	0	0	0			
	AIN1	0	0	0	1			
	AIN2	0	0	1	0			
	AIN3	0	0	1	1			
	AIN4	0	1	0	0			
	AIN5	0	1	0	1			
	AIN6	0	1	1	0			
	AIN7	0	1	1	1			
	AIN8	1	0	0	0			
	AIN9	1	0	0	1			
	AIN10	1	0	1	0			
选择测试电压	(Vref++Vref-)/2	1	0	1	1			
	Vref-	1	1	0	0			
	Vref+	1	1	0	1			
软件断电		1	1	1	0			
输出数据位数	8 位					01		
	12 位					X0		
	16 位					11		
输出数据格式	MSB 前导						0	
	LSB 前导						1	
输入/输出关系	单极性—二进制							0
	双极性—2 的补码							1

4. TLC2543 的工作时序

采用以 MSB 为前导的方式,使用 $\overline{\text{CS}}$ 进行 12 个时钟传送的工作时序如图 13-2-7 所示。

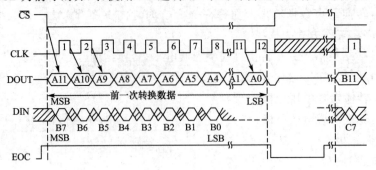

图 13-2-7   使用$\overline{\text{CS}}$进行 12 个时钟传送的工作时序图

工作过程如下:

(1)上电时,EOC="1",$\overline{\text{CS}}$="1"。

(2)使 $\overline{\text{CS}}$ 下降,前次转换结果的 MSB 即 A11 位数据输出到 DOUT 供读数。

(3)将输入控制字的 MSB 位即 C7 送到 DIN,在 $\overline{\text{CS}}$ 之后 $t_{su} \geqslant 1.425\ \mu s$ 后,使 CLK 上升,将 DIN 上的数据移入输入寄存器。

(4)CLK 下降,转换结果的 A10 位输出到 DOUT 供读数。

(5)在第 4 个 CLK 下降时,由前 4 个 CLK 上升沿移入寄存器的四位通道地址被译码,相应模入通道接通,其模入电压开始时对内部开关电容充电。

(6)第 8 个 CLK 上升时,将 DIN 脚的输入控制字 C0 位移入输入寄存器后,DIN 脚即无效。

(7)第 11 个 CLK 下降,上次 A/D 结果的最低位 A0 输出到 DOUT 供读数。至此,I/O 数据已全部完成,但为实现 12 位同步,仍用第 12 个 CLK 脉冲,且在其第 12 个 CLK 下降时,输入通道断开,EOC 下降,本周期设置的 A/D 转换开始,此时使 $\overline{\text{CS}}$ 上升。

(8)经过时间 $t_{conv} \leqslant 10\ \mu s$,转换完毕,EOC 变为高电平。

(9)使 $\overline{\text{CS}}$ 下降,转换结果的 MSB 位 B11 输出到 DOUT 供读数。

刚上电时,第一个周期读取的 DOUT 数据无效,应舍去。

13.2.5   CDIO 项目实例(高精度直流电压表)

1. 项目构思(Conceive)

在 12.1.3 CDIO 项目实例(直流数字电压表)中,我们利用 ADC0809 设计与开发了一款直流数字电压表,但该表的精度不够,有效数字只有 3 位,我们能否设计更高精度的电压表吗?答案时肯定的,我们可以选用 A/D 转换器 TLC2543,不但精度可提高到 12 位分辨率,而且连接的线路更少,可以节约单片机宝贵的 I/O 接口。

2. 项目设计(Design)

(1)硬件电路设计

按照前面介绍的 AT89C51 单片机扩展 SPI 接口方法,在 Proteus 中设计的硬件电路如图 13-2-8 所示。利用单片机的 P3.3、P3.4、P3.6 端口分别模拟 SPI 总线的 SDO、SDI 和 SCK 信号线,P3.5 引脚控制片选信号 $\overline{\text{CS}}$。在图 13-2-8 中,TLC2543 元件的 SDO、SDI、CLK 引脚实际对应前面引脚介绍中的 DOUT、DIN 和 SCLK 引脚。P0 接四位 LED 数码管的段选端，P2.0～P2.3 接数码管的位选端。

为了便于对比转换结果的准确性，在模拟电压的输入端添加了模拟电压表显示实际输入的电压值。TLC2543 的参考电压取电源电压 V_{cc}，模拟电压输入通道为 AIN3。

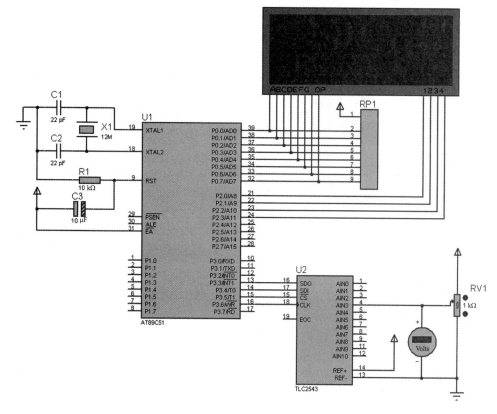

图 13-2-8　高精度直流电压表电路图

（2）软件设计

根据任务要求，TLC2543 转换结果按照 12 位数据输出，高位在前。编写的 C 语言源程序如下：

```
#include<reg52.h>
#include<intrins.h>
sbit CS=P3^5;
sbit CLK=P3^6;
sbit DIN=P3^4;
sbit DOUT=P3^3;
sbit DP  = P0^7;
unsigned char code LEDData[]=
{
    0x3f,0x06,0x5b,0x4f,0x66,0x6d,0x7d,0x07,0x7f,0x6f
};
unsigned int tmp;
unsigned int vot;   //定义函数,输入参数为命令字,输出为转换结果
void Display_Result(unsigned int d);
```

```
void DelayMS(unsigned int ms)
{
    unsigned char i;
    while(ms－－)
    {
        for(i＝0;i＜120;i＋＋);
    }
}
unsigned int TLC2543(unsigned char command)
{
    unsigned char i;
    unsigned int result＝0;
    CS＝1;
    CLK＝0;
    CS＝0;                          //片选有效
    for(i＝0;i＜12;i＋＋)
    {
        DOUT＝1;                    //P3.3 为输入口
        result＜＜＝1;              //result 数据左移一位
        result|＝DOUT;             //DOUT 线上的数据写到 result 的最低位上
        DIN＝command&(0x80＞＞i);   //将命令字按位送出
        CLK＝1;
        nop_();                    //高电平保持一定宽度
        nop_();
        CLK＝0;
    }
    return    result;              //返回转换结果
}
void main()
{
    while(1)
    {
        tmp＝TLC2543(0x30);                    //启动 TLC2543 转换,通道 3,12 位数据输出
        vot＝(int)tmp * (float)5000/4096;     //结果换算为对应的电压值
        Display_Result(vot);
    }
}
void Display_Result(unsigned int d)
{
    unsigned char dis[4];
    dis[0]＝d/1000;                //千位
    dis[1]＝d/100％10;             //百位
    dis[2]＝(d％100)/10;           //十位
    dis[3]＝d％10;                 //个位
```

P2 = 0xf7;	//右边第一位	1111 0111
P0 = LEDData[dis[3]];		
DelayMS(3);		
P2 = 0xfb;	//右边第二位	1111 1011
P0 = LEDData[dis[2]];		
DelayMS(3);		
P2 = 0xfd;	//右边第三位	1111 1101
P0 = LEDData[dis[1]];		
DelayMS(3);		
P2 = 0xfe;	//右边第四位	1111 1110
P0 = LEDData[dis[0]];		
DP=1;	//小数点点亮	
DelayMS(3);		
}		

4. 运行结果

在 Proteus 中运行单片机程序,调整电位器位置,观察数码管显示的电压值变化,并与模拟电压表显示的数值做对比,结果如图 13-2-9 所示。

图 13-2-9　仿真结果片段图

4. 项目运作(Operate)

在参考标准电压为 5 V 的情况下,8 位的 A/D 转换器的精度约为 0.02 V,电压值的有效数字只有 3 位,用 3 位 LED 数码管来显示足矣,而 12 位的 A/D 转换器的精度约为 0.001 V,有效数字有 4 位,本例采用 4 位的数码管刚好。对于更高精度的直流电压表建议使用 LCD1602 来显示数据。

13.2.6　扩展串行 D/A 转换器 TLC5615

串行 D/A 转换器同样具有引脚少、与单片机接口简单、体积小、价格低等优点,非常适用于一些对转换速度要求不高的场合。串行 D/A 转换器芯片的种类也很多,下面练习掌握具有 SPI 总线接口的串行 D/A 转换器 TLC5615 的用法。

1. TLC5615 简介

TLC5615 是具有 3 线串行接口的数/模转换器。其输出为电压型,最大输出电压是基准电压值的两倍,带有上电复位功能。

TLC5615 与微处理器的接线用 SPI 总线接口,只有 4 根连线,其外围电路也大大减少。TLC5615 的特性如下:

- 10 位 CMOS 电压输出。
- 5 V 单电源工作。

- 与微处理器 3 线串行接口（SPI）。
- 最大输出电压是基准电压的 2 倍。
- 建立时间 12.5 μs。
- 内部上电复位。
- 低功耗，最高为 l.75 mW。
- 引脚与 MAX515 兼容。

2. TLC5615 的片内结构

TLC5615 片内结构如图 13-2-10 所示。

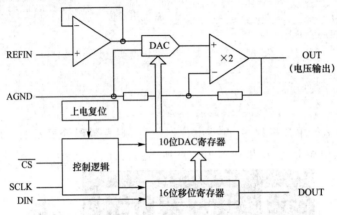

图 13-2-10　TLC5615 片内结构图

3. TLC5615 的引脚功能

TLC5615 的引脚意义如下：
- DIN：串行数据输入。
- SCLK：串行时钟输入。
- $\overline{CS}$：芯片选择，低电平有效。
- DOUT：用于菊花链（Daisy Chaining）的串行数据输出。
- AGND：模拟地。
- REFIN：基准电压输入。
- OUT：DAC 模拟电压输出。
- V_{DD}：正电源（4.5～5.5 V）。

4. 推荐工作条件

电源电压：4.5～5.5 V。

参考电压范围：2～V_{DD}－2 V，通常取 2.048 V。

负载电阻：2 kΩ。

5. 工作时序

当为低电平时，输入引脚 DIN 和输出引脚 DOUT 在时钟 SCLK 的控制下同步输入或输出，数据顺序为高位在前、低位在后。在 SCLK 的上升沿，串行数据经 DIN 移入内部的 16 位移位寄存器，在 SCLK 的下降沿，输出串行数据到 DOUT 引脚。当变为高电平时，数据被传送至 DAC 数据寄存器。

6. TLC5615 的输入/输出关系

TLC5615 的 D/A 转换关系如表 13-2-3 所示。

表 13-2-3	TLC5615 的 D/A 转换关系表
数字量输入	模拟量输出
1111 1111 11(00)	$2V_{REFIN} \times 1023/1024$
…	…
1000 0000 01(00)	$2V_{REFIN} \times 513/1024$
1000 0000 00(00)	$2V_{REFIN} \times 512/1024$
0111 1111 11(00)	$2V_{REFIN} \times 511/1024$
…	…
0000 0000 01(00)	$2V_{REFIN} \times 1/1024$
0000 0000 00(00)	0 V

　　因为 TLC5615 芯片内的输入锁存器为 12 位宽,所以要在 10 位数字的低位后面再填以数字 XX,如图 13-2-11 所示。XX 为不关心状态。串行传送的方向是先送出高位 MSB,后送出低位 LSB。

10 位	X	X
MSB		LSB

图 13-2-11　12 位宽的输入锁存器

　　如果有级联电路,则应使用 16 位的传送格式,即在最高位 MSB 的前面再加上 4 个虚位,被转换的 10 位数字在中间,如图 13-2-12 所示。

4 个虚位	10 位	X	X

图 13-2-12　16 位的传送格式

13.2.7　CDIO 项目实例(正弦波发生器)

1. 项目构思(Conceive)

　　在 12.2.3 CDIO 项目实例(多波形信号发生器)中,我们利用 DAC0832 设计与开发了一套多波形信号发射器。DAC0832 是并行接口与电流输出型,不但连线多,浪费 I/O 接口,而且还需外加运放来转换位电压。有没有更好的方案,答案是肯定的,就是采用 D/A 转换器 TLC5615,不但连线少,而且直接是电压输出型,不需要外加运放。本例利用单片机 AT89C52 扩展串行 D/A 转换器 TLC5615 输出正弦波,周期自定。

2. 项目设计(Design)

　　(1)硬件电路设计

　　在 Proteus 中设计的 AT89C52 单片机和 TLC5615 的接口,电路如图 13-2-13 所示。AT89C52 单片机的 P3.0、P3.1、P3.2 引脚分别连接 TLC5615 的 SCLK、和 DIN 信号线。模拟电压输出端 OUT 外接示波器以观察波形。

　　(2)软件设计

　　利用单片机和 D/A 转换器生成正弦波的方法通常有两种:

　　①采用查表的方法,在 0~2π 取一些数值,算出它们对应的正弦值做成表格,然后在程序中查表进行 D/A 转换。

　　②利用 C51 编译器中自带的库函数。C51 编译器的运行库中有丰富的库函数,使用它可以大大简化用户的程序设计工作,提高编程效率。在使用时,必须在源程序的开始用预处理命令"♯include"将相关的头文件包含进程序中。数学函数对应的头文件是 math.h。

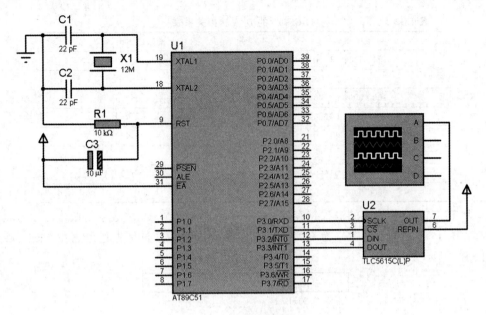

图 13-2-13   正弦波发生器电路图

编写的 C 语言源程序如下：

```c
#include<reg52.h>
#include<math.h>
sbit CS=P3^1;
sbit SCLK=P3^0;
sbit DIN=P3^2;
float num=0;
unsigned int j,t;
void DAC(unsigned int adata)
{
    char i;
    adata<<=2;                    //10 位数据升为 12 位,低 2 位无效
    CS=0;                         //片选有效
    for(i=11;i>=0;i--)
    {
        SCLK=0;                   //时钟低电平
        DIN=adata&(0x001<<i);     //按位将数据送入
        SCLK=1;                   //时钟高电平
    }
    SCLK=0;                       //时钟低电平
    CS=1;                         //片选高电平,数据送 DAC 寄存器
}
void main()
{
    CS=1;
    while(1)
    {
```

```
        j＝300；                    //设置 y 轴零点对应的数字量
        num＝num＋0.01；            //x 轴步长取 0.01
        if(num＞＝6.28)            //x 轴角度为 0～2π
        num＝0；
        t＝sin(num) * 200；         //计算函数值并扩大 200 倍
        j＝j＋t；                    //合成函数值与零点数值
        DAC(j)；                    //调 D/A 转换程序
    }
}
```

3. 项目实现(Implement)

在 Proteus 中运行程序,利用示波器观察波形,结果如图 13-2-14 所示。由于程序中调用了 sin 函数,运算速度非常慢,故此正弦波的频率非常低,如果想提高其频率,建议使用第 1 种查表的方法。

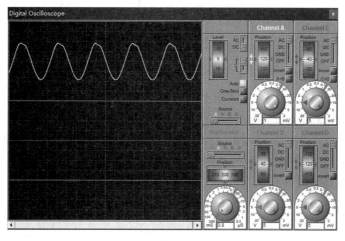

图 13-2-14　程序运行结果图

4. 项目运作(Operate)

采用 D/A 转换器 TLC5615 也可以设计与开发多波形发生器,但受单片机低主频的限制,性能较差,如果想获得高频信号,还是应该外加 DDS 模块。

13.3　单总线接口

单总线是美国 DALLAS 公司推出的外围串行扩展总线技术。与 SPI、I2C 串行数据通信方式不同.它采用单根信号线,既传输时钟又传输数据,而且数据传输是双向的,具有节省 I/O 接口线、资源结构简单、成本低廉、便于总线扩展和维护等诸多优点。

13.3.1　单总线简介

1. 原理

单总线器件内部设置有寄生供电电路(Parasite Power Circuit)。当单总线处于高电平时,一方面通过二极管 VD 向芯片供电,另一方面对内部电容 C(约 800 pF)充电;当单总线处于低电平时,二极管截止,内部电容 C 向芯片供电。由于电容 C 的容量有限,因此要求单总线能间隔地提供高电平以能不断地向内部电容 C 充电、维持器件的正常工作,这就是通过网络线路"窃取"电能的"寄生电源"的工作原理。要注意的是,为了确保总线上的某些器件在工作时(如温度传感器进行温度转换、E^2PROM 写入数据时)有足够的电流供给,除了上拉电阻之外,还需要在总线上使用 MOSFET(场效应晶体管)提供强上拉供电。

单总线的数据传输速率一般为 16.3 Kbit/s,最大可达 142 Kbit/s,通常情况下采用 100 Kbit/s 以下的速率传输数据。主设备 I/O 接口可直接驱动 200 m 范围内的从设备,经过扩展后可达 1km 范围。单总线结构如图 13-3-1 所示。

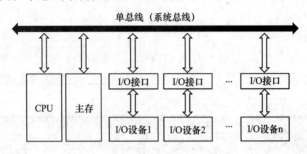

图 13-3-1   单总线结构图

2. 结构

单总线主机或从机设备通过一个漏极开路或三态端口连接至该数据线,这样允许设备在不发送数据时释放数据总线,以允许设备在不发送数据时能够释放总线,而让其他设备使用总线。

单总线要求外接一个约 5 kΩ 的上拉电阻。这样,当单总线在闲置时,状态为高电平。如果传输过程需要暂时挂起,且要求传输过程还能够继续,则总线必须处于空闲状态。

传输之间的恢复时间没有限制,只要总线在恢复期间处于空闲状态(高电平)。如果总线保持低电平超过 480 μs,总线上的所有器件将复位。另外,在寄生方式供电时,为了保证单总线器件在某些工作状态下(如:温度转换器件、EEPROM 写入等)具有足够的电源电流,必须在总线上提供强上拉电阻。

3. 命令序列

1-wire 协议定义了复位脉冲、应答脉冲、写 0、读 0 和读 1 时序等几种信号类型。所有的单总线命令序列(初始化 ROM 命令,功能命令)都是由这些基本的信号类型组成。在这些信号中,除了应答脉冲外,其他均由主机发出同步信号、命令和数据,都是字节的低位在前。典型的单总线命令序列如下:

第一步:初始化。

第二步:ROM 命令,跟随需要交换的数据。

第三步:功能命令,跟随需要交换的数据。

每次访问单总线器件,都必须遵守这个命令序列。如果序列出现混乱,则单总线器件不会响应主机。但是这个准则对于搜索 ROM 命令和报警搜索命令例外,在执行两者中任何一条命令后,主机不能执行其他功能命令,必须返回至第一步。

(1)初始化

单总线上的所有传输都是从初始化开始的,初始化过程由主机发出的复位脉冲和从机响应的应答脉冲组成。应答脉冲使主机知道总线上有从机设备,且准备就绪。

(2)ROM 命令

当主机检测到应答脉冲后,就发出 ROM 命令,这些命令与各个从机设备的唯一 64 位

ROM 代码相关,允许主机在单总线上连接多个从设备时,指定操作某个从设备,使得主机可以操作某个从机设备。这些命令能使主机检测到总线上有多少个从机设备以及设备类型,或者有没有设备处于报警状态。从机设备支持 5 种 ROM 命令,每种命令长度为 8 位。主机在发出功能命令之前,必须发出 ROM 命令。

（3）功能命令

主机发出 ROM 命令,访问指定的从机,接着发出某个功能命令。这些命令允许主机写入或读出从机暂存器、启动工作以及判断从机的供电方式。

13.3.2　数字温度传感器 DS18B20

数字温度传感器 DS1820 是美国 DALLAS 公司生产的单总线数字式温度传感器,由于具有结构简单,不需要外接电路,可用一根 I/O 数据线既供电又传输数据,可由用户设置温度报警界限等特点,近年来广泛用于粮库等需要测量和控制温度的地方。前些年,DS1820 应用较多,近几年 DALLAS 公司又推出了 DS1820 的改进型产品 DS18B20,该产品具有比 DS1820 更好的性能,目前该产品已成为 DS1820 的替代品,在温控系统中得到广泛应用。DS18B20 的实物及引脚如图 13-3-2 所示

图 13-3-2　DS18B20 的实物及引脚图

1. 性能指标

（1）独特的单线接口方式,DS18B20 在与微处理器连接时仅需要一条口线即可实现微处理器与 DS18B20 的双向通信。

（2）测温范围-55～+125 ℃,固有测温误差(注意,不是分辨率)1 ℃。

（3）支持多点组网功能,多个 DS18B20 可以并联在唯一的三线上,最多只能并联 8 个,实现多点测温,如果数量过多,会使供电电源电压过低,从而造成信号传输的不稳定。

（4）工作电源：3.0～5.5 V/DC (可以用数据线寄生电源)。

（5）在使用中不需要任何外围元件。

（6）测量结果以 9～12 位数字量方式串行传送。

2. 工作方式

DS18B20 传感器进行的功能操作是在发送命令的基础上完成的,上电后传感器处于空闲状态,需要控制器发送命令才能完成温度转换。对传感器的功能操作的次序是首先完成对芯片内部的 ROM 操作,有 5 条操作 ROM 的指令可用于器件识别,它们分别是：ReadROM(33H)、MatchROM(55H)、SkipROM(CCH)、SearchROM(F0H)、Alarm Search(ECH)。

ReadROM:用于读出 64 位 ROM 数据,适用于仅有 1 个 DS18B20 的场合。MatchROM:查找与给定 64 位 ROM 数据相匹配的 DS18B20。SkipROM:适用于仅有 1 个 DS18B20 的场合,不需要给出 64 位码就能快速选定器件。SearchROM:适用于多个 DS18B20 的场合,该指令可识别出每个器件的 ID 号。Alarm Search:用于温度报警查询。

3. 内部结构

DS18B20 的内部结构如图所示 13-3-3 所示。

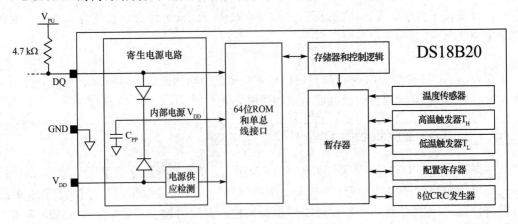

图 13-3-3　DS18B20 的内部结构图

(1)存储器

DS18B20 的存储器包括高速暂存器 RAM 和可电擦除 RAM,可电擦除 RAM 又包括温度触发器 T_H 和 T_L,以及一个配置寄存器。存储器能完整地确定一线端口的通信,数字开始用写寄存器的命令写进寄存器,接着也可以用读寄存器的命令来确认这些数字。当确认以后就可以用复制寄存器的命令来将这些数字转移到可电擦除 RAM 中。当修改过寄存器中的数时,这个过程能确保数字的完整性。

高速暂存器 RAM 是由 8 个字节的存储器组成;用读寄存器的命令能读出第九个字节,这个字节是对前面的八个字节进行校验。

(2)64 位 ROM

64 位 ROM 的前 8 位是 DS18B20 的自身代码,接下来的 48 位为连续的数字代码,最后的 8 位是对前 56 位的 CRC 校验。64 位的光刻 ROM 又包括 5 个 ROM 的功能命令:读 ROM、匹配 ROM、跳跃 ROM、查找 ROM 和报警查找 ROM。

(3)外部电源的连接

DS18B20 可以使用外部电源 V_{DD},也可以使用内部的寄生电源。当 V_{DD} 端口接 3.0～5.5 V 的电压时是使用外部电源;当 V_{DD} 端口接地时使用内部的寄生电源。无论是内部寄生电源还是外部供电,I/O 接口线要接 5 kΩ 左右的上拉电阻。

(4)配置寄存器

配置寄存器是配置不同的位数来确定温度和数字的转化。

可以知道 R1、R0 是温度的决定位,由 R1、R0 的不同组合可以配置为 9 位、10 位、11 位、12 位的温度显示。这样就可以知道不同的温度转化位所对应的转化时间,四种配置的分辨率分别为 0.5 ℃、0.25 ℃、0.125 ℃ 和 0.0625 ℃,出厂时以配置为 12 位。

(5)温度的读取

DS18B20 的温度寄存器格式如图 13-3-4 所示,DS18B20 在出厂时以配置为 12 位,读取温度时共读取 16 位,前 5 个位为符号位,当前 5 位为 1 时,读取的温度为负数;当前 5 位为 0 时,读取的温度为正数。温度为正时读取方法为:将 16 进制数转换成 10 进制数即可。温度为负时读取方法为:将 16 进制数取反后加 1,再转换成 10 进制数即可。例:0550H＝＋85 ℃,FC90H＝－55 ℃。

	bit 7	bit 6	bit 5	bit 4	bit 3	bit 2	bit 1	bit 0
LS Byte	2^3	2^2	2^1	2^0	2^{-1}	2^{-2}	2^{-3}	2^{-4}

	bit 15	bit 14	bit 13	bit 12	bit 11	bit 10	bit 9	bit 8
MS Byte	S	S	S	S	S	2^6	2^5	2^4

图 13-3-4　DS18B20 的温度寄存器格式图

4. 控制方法

DS18B20 有六条控制命令,如下表 13-3-1 所示。

表 13-3-1　　　　　　　　　DS18B20 的六条控制命令表

指令	约定代码	操作说明
温度转换	44H	启动 DS18B20 进行温度转换
读暂存器	BEH	读暂存器 9 字节二进制数字
写暂存器	4EH	将数据写入暂存器的 T_H、T_L 字节
复制暂存器	48H	把暂存器的 T_H、T_L 字节写到 E^2PROM 中
重新调 E^2PROM	B8H	把 E^2PROM 中的 T_H、T_L 字节写到暂存器 T_H、T_L 字节
读电源供电方式	B4H	启动 DS18B20 发送电源供电方式的信号给主 CPU

(1)初始化

①先将数据线置高电平"1"。

②延时(该时间要求的不是很严格,但是尽可能地短一点)。

③数据线拉到低电平"0"。

④延时 750 μs(该时间的时间范围为 480~960 μs)。

⑤数据线拉到高电平"1"。

⑥延时等待(如果初始化成功则在 15 到 60 μs 时间之内产生一个由 DS18B20 所返回的低电平"0"。据该状态可以确定它的存在,但是应注意不能无限地进行等待,不然会使程序进入死循环,所以要进行超时控制)。

⑦若 CPU 读到了数据线上的低电平"0"后,还要做延时,其延时的时间从发出的高电平算起(第⑤步的时间算起)最少要 480 μs。

⑧将数据线再次拉高到高电平"1"后结束。

(2)写操作

①数据线先置低电平"0"。

②延时确定的时间为 15 μs。

③按从低位到高位的顺序发送字节(一次只发送一位)。

④延时时间为 45 μs。

⑤将数据线拉到高电平。

⑥重复上述①到⑥的操作,直到所有的字节全部发送完为止。

⑦最后将数据线拉高。

(3)读操作

①将数据线拉高"1"。

②延时 2 μs。

③将数据线拉低"0"。

④延时 3 μs。

⑤将数据线拉高"1"。

⑥延时 5 μs。

⑦读数据线的状态得到 1 个状态位,并进行数据处理。

⑧延时 60 μs。

13.3.3　DS18B20 的接口技术

在由 DS18B20 芯片构建的温度检测系统中采用达拉斯公司独特的单总线数据通信方式,允许在一条总线上挂载多个 DS18B20。那么,在对 DS18B20 的操作和控制中,由总线控制器发出的时隙信号就显得尤为重要。

下面设 DS18B20 的单总线连接在 51 单片机的 P3.3 口编程中用 sbit DQ = P3^3;语句进行了相应位的定义,延时函数如下:

void Delay(uint x){ while(−−x); }该函数大约延时 8 μs。

1. 初始化

DS18B20 在与单片机通信前,必须将其初始化,其上电初始化时总线的时隙如图 13-3-5 所示。

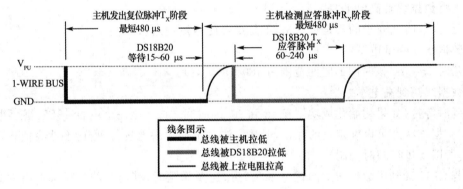

图 13-3-5　DS18B20 上电初始化总线的时隙图

单片机 t_0 时刻发送一复位脉冲(最短为 480 μs 的低电平信号),接着在 t_1 时刻释放总线并进入接收状态,DS18B20 在检测到总线的上升沿之后,等待 15~60 μs,接着 DS18B20 在 t_2 时刻发出存在脉冲(低电平持续 60~240 μs),如图中虚线所示。换句话说如果 t_2~t_3 信号电平为低,则说明 DS18B20 复位成功,否则失败。对应的代码如下:

```
unsigned char Init_DS18B20()          //成功返回 0,失败返回 1
{
    unsigned char status;   DQ = 1;   Delay(8);
    DQ = 0;   Delay(90);   DQ = 1;   Delay(8);
    status = DQ;   Delay(100);   DQ = 1;
    return status;
}
```

2. 写操作

51 单片机对 DS18B20 进行写操作,其总线电平变化时隙如图 13-3-6 所示。

当单片机将总线 t_0 时刻从高拉至低电平时,就产生写时间隙。从 t_0 时刻开始 15 μs 之内应将所需写的位送到总线上。DS18B20 在 t_0 后 15~60 μs 对总线采样,若低电平写入的位是 0;若高电平,写入的位是 1。连续写 2 位的间隙应大于 1 μs。对应的代码如下:

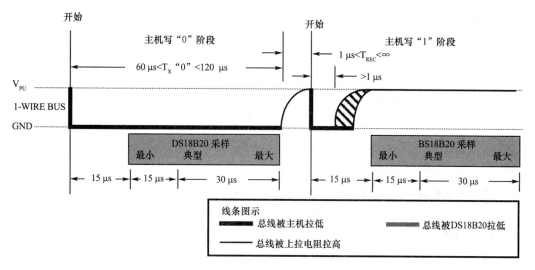

图 13-3-6　DS18B20 数据写入时总线电平变化时隙图

```
void WriteOneByte(unsigned char dat)      //写一个字节
{
    unsigned char i;
    for(i=0;i<8;i++)
    {
        DQ = 0;  DQ = dat & 0x01;  Delay(5);
        DQ = 1;  dat >>= 1;
    }
}
```

3. 读操作

51 单片机对 DS18B20 进行读操作，其总线电平变化时隙如图 13-3-7 所示。

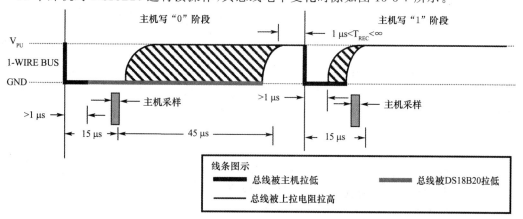

图 13-3-7　DS18B20 数据读出时总线电平变化时隙图

当单片机将总线 t_0 时刻从高拉至低电平时，总线只需保持低电平 4 μs 之后，在 t_1 时刻将总线拉高，产生读时间隙。读时间在 t_1 时刻后 t_2 时刻前有效，t_2 距 t_0 为 15 μs，也就是说，t_2 时刻前主机必须完成读位，并在 t_0 后的 $60 \sim 120$ μs 释放总线。对应的代码如下：

```
unsigned char ReadOneByte()      //读一个字节
{
```

```
    unsigned char i, dat=0; DQ = 1; _nop_();
    for(i=0;i<8;i++)
    {
        DQ = 0;   dat >>= 1;
        DQ = 1;   _nop_(); _nop_();
        if(DQ)dat |= 0x80; Delay(30); DQ = 1;
    }
    return dat;
}
```

4. 启动温度转换

DS18B20 启动温度转换的三个步骤如下:

(1)复位 DS18B20

(2)发出 Skip ROM 命令(CCH)

(3)发出 Convert T 命令(44H)

其中 Skip ROM 命令仅适用于总线上只有一个 DS18B20 时的情况。

5. 读取温度数据

从 DS18B20 中读取温度数据的五个步骤如下:

(1)复位 DS18B20

(2)发出 Skip ROM 命令(CCH)

(3)发出 Read 命令(BEH)

(4)读两字节的温度

(5)温度格式转换

其中温度格式的转换要依据图 13-3-4 中温度寄存器的格式内容而制定相应的算法。
DS18B20 的启动温度转换与读出温度数据两个过程可以用一个函数来实现,其代码如下:

```
int Get_Temperature()              //读取温度数据,返回的温度数据放大了 10 倍
{
    int t;   float tt;
    uchar a, b, fh; //fh 表示负号
    if(Init_DS18B20()==1)
    t = 2000;                      //初始化失败,温度应小于 125 ℃
    else
    {
        WriteOneByte(0xcc);        //跳过读序列号,可加速
        WriteOneByte(0x44);        //启动温度转换
        Delay(100);
        Init_DS18B20();
        WriteOneByte(0xcc);        //跳过读序列号,可加速
        WriteOneByte(0xbe);        //读取温度寄存器
        a = ReadOneByte(); //低位
        b = ReadOneByte(); //高位
        fh = b & 0x80;
        if(fh! =0)//fu 的最高位为 1,表示负数
```

```
{
    b = ~b;   a = ~a;
    tt = ((b * 256)+a+1) * 0.0625；  t=(int)(tt * 10) * (-1)；
}
else
{      tt =((b * 256)+a) * 0.0625；  t=(int)(tt * 10)；  }
}
return t；
}
```

13.3.4　CDIO 项目实例(数字温度计)

1. 项目构思(Conceive)

温度采集系统应用及其广泛,利用单总线数字温度传感器 DS18B20 来设计温度采集系统不仅测温准确,而且电路简单,性能稳定,成本低。采集的温度数据必须显示出来,可以用 LED 数码管来显示,也可以用 LCD 液晶显示。由于 DS18B20 测温的范围可达 100 ℃以上,用 LED 数码管来显示需用四位数码管。另外,由于 LCD 显示的内容多,扩展性好,本例就采用 LCD1602 来显示温度数据。

2. 项目设计(Design)

(1)硬件电路设计

根据项目构思,系统的硬件电路如图 13-3-8 所示。DS18B20 通过单片机的 P3.3 口以单总线方式与单片机通信,LCD1602 的数据口连接在单片机的 P0 口,三条控制总线 RS、RW 和 E 分别连接在单片机的 P2.0、P2.1 和 P2.2 端口。

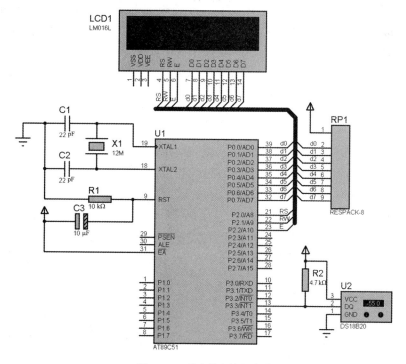

图 13-3-8　数字温度计电路图

(2)软件设计

系统的源码由三个文件组成，一个是 LCD1602 的驱动文件 LCD1602.C，另一个是 DS18B20 的驱动文件 DS18B20.C，最后一个是系统的主程序文件 MAIN.C。其中 LCD1602 的驱动文件 LCD1602.C 与第 11 章中的文件完全一致，在此就不再赘述了。

DS18B20 的驱动文件内容如下：

```
/ * * * * * * DS18B20.C 温度传感器(-55~125 ℃)  * * * * * * /
#include <reg52.h>
#include <intrins.h>
#define uint unsigned int
#define uchar unsigned char
sbit DQ = P3^3;
void Delay(uint x)
{   while(--x);   }
uchar Init_DS18B20()            //成功返回 0,失败返回 1
{
    uchar status;
    DQ = 1;   Delay(8);
    DQ = 0;   Delay(90);
    DQ = 1;   Delay(8);
    status = DQ; Delay(100);
    DQ = 1;
    return status;
}
uchar ReadOneByte()            //读一个字节
{
    uchar i,dat=0;
    DQ = 1;   _nop_();
    for(i=0;i<8;i++)
    {
        DQ = 0;
        dat>>= 1;
        DQ = 1;   _nop_();_nop_();
        if(DQ)
        dat |= 0X80;
        Delay(30);
        DQ = 1;
    }
    return dat;
}
void WriteOneByte(uchar dat)      //写一个字节
```

```
{
    uchar i;
    for(i=0;i<8;i++)
    {
        DQ = 0;
        DQ = dat & 0x01;
        Delay(5);
        DQ = 1;
        dat>>= 1;
    }
}
int Get_Temperature()                //读取温度
{
    int t;
    float tt;
    uchar a,b,fh;//fh 表示负号
    if(Init_DS18B20()==1)
    t = 2000;                        //初始化失败,温度应小于 125 ℃
    else
    {
        WriteOneByte(0xcc);          //跳过读序列号,可加速
        WriteOneByte(0x44);          //启动温度转换
        Init_DS18B20();
        WriteOneByte(0xcc);          //跳过读序列号,可加速
        WriteOneByte(0xbe);          //读取温度寄存器(共 9 个,前两个为温度)
        a = ReadOneByte();           //低位
        b = ReadOneByte();           //高位
        Delay(100);
        fh = b & 0x80;
        if(fh! =0)                   //fh 的最高位为 1,表示负数
        {
            b =~b;
            a =~a;
            tt = ((b * 256)+a+1) * 0.0625;
            t=(int)(tt * 10) * (-1);
        }
        else
        {
            tt =((b * 256)+a) * 0.0625;
            t=(int)(tt * 10);
```

```
        }
    }
    return t;
}
```

系统的主程序文件 MAIN. C 内容如下：

```
#include <reg52.h>
#include <intrins.h>
#define uint unsigned int
#define uchar unsigned char
void Initialize_LCD();
void ShowString(uchar x,uchar y,uchar * str);
void Delayms(uint);
uint Get_Temperature();
void to_str(int x,uchar * p)
{
    uchar ws[4];
    uint t;
    if(x<0)
    { p[0]='-'; t=x*(-1); }
    else
    { p[0]=' '; t=x; }
    ws[3]=t/1000;
    ws[2]=t%1000/100;
    ws[1]=t%100/10;
    ws[0]=t%10;
    p[1]=ws[3]+'0';
    p[2]=ws[2]+'0';
    p[3]=ws[1]+'0';
    p[4]='.';
    p[5]=ws[0]+'0';
    p[6]=0xdf;
    p[7]='C';
    if(ws[3]==0)p[1]=' ';
    if(ws[3]==0 && ws[2]==0)p[2]=' ';
}
void main()
{
    int t;
    uchar code str1[16]=" Current Temp:";
    uchar temp[16]="                ";
    Initialize_LCD();
```

```
    ShowString(0,0,str1);
    while(1)
    {
        t=Get_Temperature();
        to_str(t,temp+4);
        ShowString(0,1,temp);
        Delayms(100);
    }
}
```

3. 项目实现(Implement)

在 Proteus 中加载程序代码并运行仿真,通过操作 DS18B20 的温度加减按键观察程序功能。系统的不同温度值如图 13-3-9(a)~图 13-3-9(d)所示。

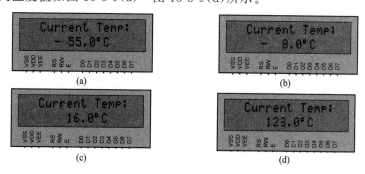

图 13-3-9　程序运行片段仿真图

4. 项目运作(Operate)

该系统在实际工业领域有着极其广泛的应用,例如该系统加上一个蜂鸣器和两个按钮就可以变成温度报警系统。该系统加上可调速直流电机模块,就可以变成智能温控调速电机系统。该系统还可以扩展为多路无线温度采集系统。总之,该系统的扩展性非常好。

本章小结

1. I²C 总线是 Philips 公司开发的二线式串行总线,由 SDA、SCL 两根线构成,其中 SDA 是数据线,SCL 是时钟线。它的主要特点是接口线少、通信速率高等。总线长度最高可达 6.35 m,最大传输速率为 100 Kb/s。对于 AT89C51 来说,芯片本身无 I²C 总线接口,如果需要和 I²C 器件通信,则可以利用 I/O 接口,通过编程,软件模拟 I²C 通信数据传输过程。

2. SPI(Serial Peripheral Interface,串行外围设备接口)是 Motorola 公司推出的一种三线同步总线。它以主从方式工作,通常有一个主设备和一个或多个从设备。MCS-51 单片机在与 SPI 器件进行连接通信时,由于其内部没有集成的 SPI 总线接口,所以通常利用其 I/O 接口,按照 SPI 总线的通信协议来控制完成数据的输入/输出。

3. 单总线是美国 DALLAS 公司推出的外围串行扩展总线技术,它采用单根信号线,既传输时钟又传输数据,而且数据传输是双向的,具有节省 I/O 接口线、资源结构简单、成本低廉、便于总线扩展和维护等诸多优点。1-wire 协议定义了复位脉冲、应答脉冲、写 0、读 0 和读 1

时序等几种信号类型。所有的单总线命令序列(初始化 ROM 命令,功能命令)都是由这些基本的信号类型组成。

思考与练习题

13-1　简述 I^2C 总线的原理、结构和特点。

13-2　设计与开发一套音乐播放系统,该系统利用 AT24C02 芯片存储歌曲,系统运行时从 AT24C02 中读出歌曲数据后,送至扬声器播放。

13-3　简述 SPI 总线的原理、结构和特点。

13-4　设计与开发一套恒流源系统。该系统采用 A/D 芯片 TLC2543 测量标准电阻两端的电压值,利用 D/A5615 芯片 TLC 控制输出的电压,从而保证恒流效果。

13-5　简述单总线的原理、结构和特点。

13-6　利用 DS18B20 设计一个温度报警系统,当温度超过 50℃时就报警。

第14章

MCS-51 单片机的应用系统设计

【本章要点】 本章从总体设计、硬件设计、软件设计、可靠性设计、系统调试与测试等几个方面介绍单片机应用系统设计的方法及基本过程,并给出了基于光线通信的电机控制系统和光控数字温度时钟两个设计实例。本章重点在于单片机应用系统开发的方法与实际应用,难点在于将单片机系统开发的方法应用于实际工程中,设计出优秀的单片机工程创新应用系统。

单片机应用系统是指以单片机为核心,配以一定的外围电路和软件,能实现某种或几种功能的应用系统。单片机应用系统的设计是一个综合运用知识的过程,其设计内容包括硬件设计和软件设计两大部分。硬件设计以芯片和元器件为基础,包括扩展的存储器、键盘、显示、前向通道、后向通道、控制接口电路以及相关芯片的外围电路等;软件设计是基于硬件基础上的程序设计。软件的功能就是指挥单片机按预定的功能要求进行操作。对于一个单片机系统,只有系统的软、硬件紧密配合,协调一致,才是优秀的系统。

【思政目标】 在讲解单片机的应用系统设计实例时,强调其设计原则和过程,从而培养学生爱岗敬业、一丝不苟的工作作风和按规律办事的科学工作方法。

14.1 设计原则与过程

尽管单片机应用系统的应用领域和应用规模多种多样,系统的设计方案和具体的技术指标也千变万化,但在单片机应用系统的设计与实现过程中,都有共同遵循的设计原则和步骤。

14.1.1 设计原则

单片机应用系统的基本设计原则主要是以下4个方面。

1.可靠性高

高可靠性是系统应用的前提,在系统设计的每一个环节,都应该将可靠性作为首要的设计准则。通常,高可靠性可从以下5个方面进行考虑:

(1)使用可靠性高的元器件,以防止元器件的损坏影响系统的可靠运行。

(2)设计电路板时布线和接地要合理,严格安装硬件设备及电路。

（3）采取必要的抗干扰措施，以防止环境干扰（如空间电磁辐射、强电设备启停、酸碱环境腐蚀等）、信号串扰、电源或地线干扰等影响系统的可靠性。

（4）请专家和有经验的设计人员对系统的设计方案严格把关。

（5）做必要的冗余设计或增加自诊断功能。

2. 性价比高

单片机除体积小、功耗低等特点外，最大的优势在于性价比高。一个单片机应用系统能否被广泛使用，性价比是其中一个关键因素。因此，设计时除了保持高性能外，简化外围硬件电路，在系统性能和速度许可的范围内，尽可能用软件程序取代硬件功能电路，以降低系统的制造成本。

3. 操作简便、维护方便

操作简便表现在操作简单、直观形象和便于操作，应从普通人的角度考虑操作和维护方便，尽量减少对操作人员专门知识的要求，以利于系统的推广。因此，设计时在系统性能不变的情况下，应尽可能减少人机交互接口，多采用操作内置或简化的方法。

维护方便体现在易于查找和排除故障。设计时，应尽可能采用功能模板式结构，便于更换故障模板，系统应配有现场故障诊断程序，一旦发生故障能保证有效地对故障进行定位，以便进行维修。

4. 开发周期短

系统设计与开发周期是衡量一个产品有无效益的主要依据，只有缩短设计周期，才能有效地降低设计成本，充分发挥新系统的技术优势，及早地占领市场并具有一定的竞争力。

14.1.2　设计过程

单片机系统的开发过程一般包括系统的总体设计、硬件设计、软件设计和系统总体调试四个阶段。这几个设计阶段并不是相互独立的，它们之间相辅相成、联系紧密，在设计过程中应综合考虑、相互协调、各阶段交叉进行。

1. 系统总体设计

系统总体设计是单片机系统设计的前提，合理的总体设计是系统成败的关键。总体设计关键在于对系统功能和性能的认识和合理分析，系统单片机及关键芯片的选型，系统基本结构的确立和软、硬件功能的划分。

（1）需求分析

在设计一台单片机应用系统时，设计者首先应进行需求分析。对系统的任务、测试对象、控制对象、硬件资源和工作环境做出详细的调查研究，必要时还要勘察工业现场，进行系统试验，明确各项指标要求。

（2）确定技术指标

在现场调查的基础上，要对产品性能、成本、可靠性、可维护性及经济效益进行综合考虑，并参考同类产品，提出合理可行的技术指标。主要技术指标是系统设计的依据和出发点，此后的整个设计与开发过程都要围绕着如何能达到技术指标的要求来进行。

（3）方案论证

设计者还需要组织有关专家对系统的技术性能、技术指标和可行性做出方案论证，并在分析研究基础上对设计目标、被控对象系统功能、处理方案、输入输出速度、存储容量地址分配、输入输出接口和出错处理等给出明确定义，以拟定完整的设计任务书。

（4）主要器件的选型

单片机的型号主要根据精度和速度要求来选择，其次根据单片机的输入/输出接口配置程序存储器及内部 RAM 的大小来选择，另外要进行性能价格比较。可考虑优先选用片内带有闪存的产品。例如 STC89C52 系列单片机是宏晶科技公司生产的一种低功耗、高性能 8 位微控制器，具有 8 KB 可编程 Flash 存储器。STC89C52 系列单片机使用经典的 MCS-51 内核，并做了很多的改进使得芯片具有传统的 MCS-51 单片机不具备的功能。在单芯片上，拥有 8 位 CPU 和可编程 Flash，使得 STC89C52 系列单片机为众多嵌入式控制应用系统提供灵活有效的解决方案。使用此类芯片，可省去扩展单片机程序存储器的工作，从而减少芯片的数目，缩小体积。

传感器是单片机应用系统设计的一个重要环节。因为工业控制系统中所用的各类传感器是影响系统性能的重要指标，所以只有传感器选择得合理，设计的系统才能达到预定设计的指标。

在总体方案设计过程中，对软件和硬件进行分工是一个首要的环节。原则上，能够由软件来完成的任务就尽可能用软件来实现，以降低硬件成本，简化硬件结构。同时，还要求大致规定各接口电路的地址、软件的结构和功能、上下位机的通信协议、程序的驻留区域及工作缓冲区等。总体方案一旦确定，系统大致的规模及软件的基本框架就确定了。

2. 硬件设计

硬件设计的第一步是要根据总体要求设计出硬件的原理图，其中包括单片机程序存储器的设计、外部数据存储器的设计、输入输出接口的扩展、键盘显示器的设计、传感器检测控制电路的设计、A/D 及 D/A 转换器的设计。

下面讨论 MCS-51 单片机应用系统硬件电路设计时应注意的几个问题。

（1）程序存储器

程序存储器主要考虑利用单片机内部的 ROM 资源。在设计时，可根据程序量的大小，选用片内含有足够 Flash ROM 容量的单片机的芯片。

（2）数据存储器和 I/O 接口

数据存储器由 RAM 构成。一般单片机片内都提供了小容量的数据存储区，只有当片内数据存储区不够用时才扩展外部数据存储器。

数据存储器的设计原则是：在存储容量满足的前提下，尽可能减少存储芯片的数量。建议使用大容量的 RAM 芯片，如 6116（2 KB）、6264（8 KB）或 62256（32 KB）等，以减少存储器芯片数目，并使译码电路简单，但应避免盲目地扩大存储容量。

由于外设多种多样，因此单片机与外设之间的接口电路也各不相同。因此，I/O 接口常常是单片机应用系统中设计最复杂也是最困难的部分之一。若 I/O 接口引脚要求不多，仅需要简单的输入或输出功能，则可用 TTL 电路或 CMOS 电路实现；如果接口功能较复杂，就应尽量考虑使用各种串行接口实现。A/D 和 D/A 电路芯片主要根据精度、速度和价格等来选用，同时还要考虑与系统的连接是否方便。

（3）地址译码电路

基本上所有需要扩展外部电路的单片机系统都需要设计译码电路，译码电路的作用是为外设提供片选信号，也就是为它们分配独一无二的地址空间。译码电路在设计时要尽可能简单，这就要求存储器空间分配合理，译码方式选择得当。

通常采用全译码法、部分译码法或线选法，应考虑充分利用存储空间和简化元件等方面的问题。MCS-51 单片机系统有充分的存储空间，包括 64 KB 程序存储器和 64 KB 数据存储器，所以在一般的控制应用系统中，主要是考虑简化硬件逻辑。当存储器和 I/O 芯片较多时，可选用译码器 74LS138 或 74LS139 等。

（4）总线驱动能力

如果单片机外部扩展的器件较多，负载过重，就要考虑设计总线驱动器。MCS-51 单片机的外部扩展功能强，但 4 个 8 位并行口的负载能力是有限的。P0 口能驱动 8 个 TTL 电路，P1～P3 口只能驱动 4 个 TTL 电路。在实际应用中，这些端口的负载不应超过总负载能力的 70%，以保证留有一定的余量。如果满载，会降低系统的抗干扰能力。在外接负载较多的情况下，如果负载是 CMOS 芯片，因负载消耗电流很小，所以影响不大。如果要驱动较多的 TTL 电路，则应采用总线驱动电路，以提高端口的驱动能力和系统的抗干扰能力。

数据总线宜采用双向 8 路三态缓冲器 74LS245 作为总线驱动器，地址和控制总线可采用单向 8 路三态缓冲区 74LS244 作为单向总线驱动器。

（5）系统速度匹配

MCS-51 单片机时钟频率可在 2～24 MHz 任选。在不影响系统技术性能的前提下，时钟频率选择低一些为好，这样可降低系统中对元器件工作速度的要求，从而提高系统的可靠性。

最后，应注意在系统硬件设计时，要尽可能充分地利用单片机的片内资源，使自己设计的电路向标准化、模块化方向靠拢。

3. 软件设计

软件是单片机应用系统中的一个重要组成部分。在进行应用系统的总体设计时，软件设计和硬件设计确定软件任务应统一考虑，相互结合进行。当系统的电路设计定型后，软件的任务也就明确了。软件设计主要包括拟定程序总体方案、画出程序流程图、编制具体程序以及程序检查修改等内容。软件设计可分为以下几个方面。

（1）软件方案设计

软件方案设计是指从系统高度考虑程序结构、数据形式和程序功能的实现方法和手段。由于一个实际的单片机控制系统的功能复杂、信息量大、程序较长，这就要求设计者能合理选用程序设计方法。开发一个软件的明智方法是尽可能采用模块化结构。根据系统软件的总体构思，按照先粗后细的方法，把整个系统软件划分成多个功能独立、大小适当的模块。应明确规定各模块的功能，尽量使每个模块功能单一，各模块间的接口信息简单、完备、接口关系统一，尽可能使各模块间的联系减少到最低限度。这样，各个模块可以分别独立设计、编制和调试，最后再将各个程序模块连接成一个完整的程序进行总调试。

（2）建立数学模型

在软件设计中还应对控制对象的物理过程和计算任务进行全面分析，并从中抽象出数学表达式，即数学模型。建立的数学模型要能真实描述客观控制过程，要精确而简单。因为数学模型只有精确才会有实用意义，只有简单才便于设计和维护。

（3）软件程序流程图设计

不论采用何种程序设计方法，设计者都要根据系统的任务和控制对象的数学模型画出程序的总体框图，以描述程序的总体结构。

（4）编制程序

完成软件流程图设计后，依据流程图即可编写程序。只要编程者既熟悉所选单片机的内部结构、功能和指令系统，又能掌握一定的程序设计方法和技巧，那么依照程序流程图就能编写出具体的程序。

（5）软件检查

源程序编制好后要进行静态检查，这样会加快整个程序的调试进程，静态检查采用自上而下的方法进行。如发现错误及时加以修改。

4. 系统调试

单片机应用系统的总体调试是系统开发的重要环节。当完成了单片机应用系统的硬件、软件设计和硬件组装后，便可进入单片机应用系统调试阶段。系统调试的目的是查出用户系统中硬件设计与软件设计中存在的错误及可能出现的不协调问题，以便修改设计，最终使用户系统能正确、可靠地工作。

系统调试包括硬件调试、软件调试和软、硬件联调。根据调试环境不同，系统调试又分为模拟调试与现场调试。下面主要介绍硬件调试，软件调试，软、硬件联调，现场调试。

（1）硬件调试

硬件调试是利用开发系统、基本测试仪器（万用表、示波器等），通过执行开发系统有关命令或运行适当的测试程序（也可以是与硬件有关的部分用户程序段），检查用户系统硬件中存在的故障。

（2）软件调试

软件调试是通过对用户程序的汇编、连接、执行来发现程序中存在的语法错误与逻辑错误并加以排除纠正的过程。调试时应先分别调试各模块子程序，调试通过后，再调试中断服务子程序，最后调试主程序，并将各部分进行联调。

（3）软、硬件联调

当硬件和软件调试完成之后，就可以进行全系统软、硬件调试。系统联调的任务是排除软、硬件中的残留错误，使整个系统能够完成预定的工作任务，达到要求的性能指标。

（4）现场调试

一般情况下，通过系统联调后，用户系统就可以按照设计目标正常工作了。但在某些情况下，由于用户系统运行的环境较为复杂（如环境干扰较为严重、工作现场有腐蚀性气体等），在实际现场工作之前，环境对系统的影响无法预料，只能通过现场运行调试来发现问题，找出相应的解决办法；或者虽然已经在系统设计时考虑到环境抗干扰的对策，但是否行之有效，还必须通过用户系统在实际现场的运行来加以验证。

在调试过程中要不断调整、修改系统的硬件和软件，直到其正确为止。联机调试运行正常后，将软件固化到 ROM 中，脱机运行，并到生产现场投入实际工作，检验其可靠性和抗干扰能力，直到完全满足要求，系统才算研制成功。

14.2　基于光纤通信的电机遥控系统

电机遥控系统在工业、农业及生活领域有着极其广泛的应用，目前电机遥控系统主要采用无线与红外遥控技术。对于无线遥控技术而言，遥控的距离和发射设备信号的强度和接收设备的接收灵敏度有关，一般遥控距离为几百米，而红外通信距离更短，只有几十米。在一些应用领域需要进行超长距离且性能稳定的遥控技术，为此采用光纤通信成为最佳选择。光纤通信除容量大之外，还具有损耗低、传输距离远等优点。现在光纤的损耗低达 0.2 dB/km，无中继直通距离可达几百千米。

14.2.1　项目构思（Conceive）

我们设计与开发了一套基于光纤通信的电机遥控系统,该系统由电机遥控端与电机驱动端组成。该系统运行时,由电机遥控端发出的控制指令,经光发射机转换为光信号后送至光纤中传输,电机驱动端中的光接收机将接收到的光信号转变为电信号,然后根据指令对电机进行加速、减速、正转、反转与停止等操作。

电机遥控端负责发送电机操作指令,电机驱动端根据接收的指令来控制电机的运行状态。系统结构如图 14-2-1 所示。

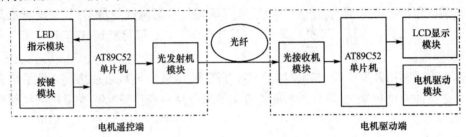

图 14-2-1　基于光纤通信的电机遥控系统的结构

14.2.2　项目设计（Design）

1. 硬件电路设计

根据项目构思,我们设计的系统电路如图 14-2-2 所示。我们采用模块化思想来设计与开发,电机遥控端主要由 AT89C52 单片机(最小系统模块)、LED 指示模块、按键模块和光发射机模块组成,电机驱动端主要由 AT89C52 单片机(最小系统模块)、光接收机模块、LCD 显示模块和电机驱动模块组成。

(1)电机遥控端。电机遥控端主要由 AT89C52 单片机(最小系统模块)、5 个按键、LED 指示灯和光发射机组成。5 个按键分别连接在 AT89C52 单片机的 P1.0～P1.4 口,分别对应发射电机正转、反转、停止、加速和减速的指令。LED 指示灯串联一个限流电阻后连接在 P0.0 口,当 AT89C52 单片机发射电机操作指令时,将闪烁 5 下,表示发送成功。光发射机接在 AT89C52 单片机的 P3.1 口(串口数据发送口 TXD),单片机工作时扫描用户按键情况,并将相应的电机操作指令通过 P3.1 口发送到光发射机。光发射机可以采用共发射极耦合开关驱动电路,不仅调制速率高,而且性能稳定。另外由于本系统的传输速率较低,可采用常规单模光纤即可,如果要进行长距离的通信,建议采用色散位移单模光纤。

(2)电机驱动端。电机驱动端主要由 AT89C52 单片机(最小系统模块)、LCD1602 显示模块、光接收机模块和 L298 电机驱动模块组成。光接收机模块将电机遥控端发送过来的电机驱动指令光信号转变为电信号,然后通过 P3.0 口(串口数据接收口)送至单片机,光接收机可以采用常见的跨阻抗前置放大器设计,可以增加系统的灵敏度与带宽。LCD1602 用于显示当前电机运行状态,其八位数据口 D0～D7 与单片机的 P0 口相连,其 RS、RW 和 E 三个控制位分别与单片机的 P2.0、P2.1 和 P2.2 相连。为了提高系统的稳定性,电机驱动电路采用了 L298 电机驱动芯片,其内含两路电机 H 桥驱动电路,我们只用到了第一路 H 桥,其输入端 IN1 和 IN2 分别与单片机的 P1.0 和 P1.1 相连。当 P1.0 输出高电平,P1.1 输出低电平时,电机正转;P1.0 输出低电平,P1.1 输出高电平时,电机反转;P1.0 与 P1.1 输出相同电平时,电机停

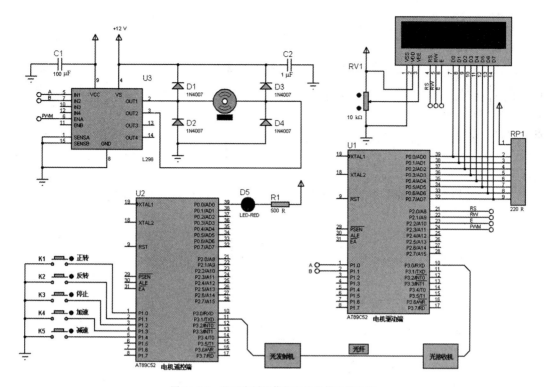

图 14-2-2 基于光纤通信的电机遥控系统电路

止转动。L298 的使能端 ENA 口接在单片机的 P2.3 口,我们通过单片机在此端口上输出 PWM 脉冲,即可控制电机的转速。

2. 软件设计

我们采用 C51 语言在 Keil uVision4 环境下开发电机遥控端与电机驱动端的固件程序。对电机操作的指令我们进行了编码,用 A～E 五个字母代表电机的正转、反转、停止、加速和减速操作。整体思想是电机遥控端运行时,单片机扫描用户的按键,然后通过串口发出相应的指令,电机驱动端根据接收到的指令来控制电机的运行状态。

电机遥控端的程序比较简单,主程序运行时先设置好串口的参数后,反复调用 Key_Scan() 函数,该函数扫描 P1 口上的五个按键,当某个按键被按下时,调用 Send(char C)函数通过串口发送相应的指令。

电机遥控端的源码如下:

```c
#include <reg52.h>
#define uint unsigned int
#define uchar unsigned char
sbit LED1 = P0^0;
sbit K1 = P1^0;                //正转按钮
sbit K2 = P1^1;                //反转按钮
sbit K3 = P1^2;                //停止按钮
sbit K4 = P1^3;                //加速按钮
sbit K5 = P1^4;                //减速按钮
void Delay(uint x)             //延时函数
{
```

```
    uchar i;
    while(x——)
    for(i=0;i<120;i++);
}
void LED_flash()                    //LED 闪烁
{
    uchar i;
    for(i=0;i<50;i++)
    {
        LED1=~LED1;
        Delay(10);
    }
}
void Send(uchar c)
{
    SBUF = c;
    while(TI == 0);                //等待发送结束
    TI = 0;
}
void KeyScan()
{
    if(K1==0)
    {
        while(K1==0); LED_flash();   Send('A');
    }
    if(K2==0)
    {
        while(K2==0); LED_flash();   Send('B');
    }
    if(K3==0)
    {
        while(K3==0); LED_flash();   Send('C');
    }
    if(K4==0)
    {
        while(K4==0); LED_flash();   Send('D');
    }
    if(K5==0)
    {
        while(K5==0); LED_flash();   Send('E');
    }
}
void main()
{
```

```
    SCON = 0x40;                 //串口工作在方式 1
    TMOD = 0x20;
    PCON = 0x00;
    TH1 = 0xf4;
    TL1 = 0xf4;                  //T1 工作在模式 2,8 位重载
    TI = 0;
    TR1 = 1;
    while(1)
    {
        KeyScan();
        Delay(100);
    }
}
```

电机驱动端的程序由液晶显示器 LCD1602 的驱动程序文件 LCD1602.C 和主程序 MAIN.C 组成。主程序中设置了两个的全局变量 DS 和 SPEED,DS 代表电机运行状态,0 代表停止,1 代表正转,2 代表反转,SPEED 代表电机的转速级别,共 10 级。定时器 T0 工作在方式 2,定时时间为 10 微秒,其中断函数 timer0( )根据 DS 和 SPEED 这两个全局变量控制电机运行的状态。主程序 main( )函数运行时,先设置好定时器 T0 与电机的参数,再反复调用 S_Scan( )函数和 LCD_Display( )函数,其中 S_Scan( )函数负责接收串口发来的电机操作指令,然后根据指令修改全局变量 DS 与 SPEED 的值,LCD_Display( )函数负责将电机的运行状态送到 LCD1602 上实时显示。

电机驱动端的 LCD1602 的驱动程序文件 LCD1602.C 的内容与第 11 章例题 11-6 中所讲文件的内容一样,在此就不再重复了。电机驱动端的主程序 MAIN.C 源码内容如下:

```
#include <reg52.h>
#define uint unsigned int
#define uchar unsigned char
sbit MA   = P1^0;                //A 点
sbit MB   = P1^1;                //B 点
sbit PWM  = P2^3;                //PWM 点
uchar DS;                        //DS 代表电机状态 0 停止 1 正转 2 反转
uchar SPEED;                     //SPEED 代表转速级别,1~10
uchar count;                     //PWM 占空比控制 0 ~ 9
void Delayms(uint ms);
void Initialize_LCD();
void ShowString(uchar x,uchar y,uchar * str);
void s_to_str(uchar s, uchar * p)    //将速度数据转换为字符串
{
    uchar ws[2];
    s=SPEED;                     //获取当前速度
    ws[0]=s/10;
    ws[1]=s%10;
    if(DS==2)
        p[0]='-';                //如果反转则显示负号
```

```
    else
        p[0]=' ';
    p[1]=ws[0]+'0';
    p[2]=ws[1]+'0';
    if(ws[0]==0)p[1]=' ';              //十位为零则不显示
}
void S_Scan()                          //串口扫描
{
    if(RI)                             //如果接收数据完毕
    {
        RI=0;
        switch(SBUF)
        {
            case 'A':                  //正转
            {
                if(SPEED==0)SPEED++;   //如果初速为零则加 1
                DS=1;break;
            }
            case 'B':                  //反转
            {
                if(SPEED==0)SPEED++;   //如果初速为零则加 1
                DS=2;break;
            }
            case 'C':                  //停止
            {
                SPEED = 0;
                DS=0;break;
            }
            case 'D':                  //加速
            {
            if(SPEED<10 && DS! =0)SPEED++; break;
            }
            case 'E':                  //减速
            {
                if(SPEED>1 && DS! =0)SPEED--;break;
            }
        }
    }
}
void Display()                         //LCD1602 显示函数
{
    uchar str1[16]=" System Status  ";
    uchar str2[16]="  Speed:";
    ShowString(0,0,str1);
```

```
        s_to_str(SPEED,str2+8);
        ShowString(0,1,str2);
}
void main()
{
    DS = 0;                         //电机初始状态为停止
    SPEED = 0;                      //初速为零
    count = 0;
    SCON = 0x50;                    //串口工作在模式 1,允许接收
    TMOD = 0x22;                    //T0、T1 工作在模式 2,自动重载初值
    TH1 = 0xf4;
    TL1 = 0xf4;
    PCON = 0x00;                    //波特率为 2400 b/s,同甲机
    RI = 0;
    TR1 = 1;
    TMOD = 0x02;                    //T0 方式 2 自动重载初值
    TH0 = (256-100)/32;
    TL0 = (256-100)%32;             //定时 100 μs
    EA = 1;
    ET0 = 1;
    TR0 = 1;
    Initialize_LCD();
    ShowString(0,0,"System Starting ");
    ShowString(0,1,"Please wait.    ");
    Delayms(3000);
    while(1)
    {
        S_Scan();
        Display();
        Delayms(100);
    }
}
void timer0()interrupt 1
{
    if(++count>9)count = 0;
    switch(DS)
    {
        case 0:  MA = 0;            //停止
                 MB = 0;
                 break;
        case 1: MA = 1;             //正转
                 MB = 0;
                 if(count < SPEED)
                     PWM = 1;       //PWM 调压
```

```
    else
        PWM = 0;
    break;
case 2: MA = 0;              //反转
    MB = 1;
    if(count < SPEED)
        PWM = 1;             //PWM 调压
    else
        PWM = 0;
    }
}
```

14.2.3　项目实现(Implement)

在 Proteus 中加载程序代码并运行仿真,通过操作按键观察程序功能。电机的不同状态如图 14-2-3(a)~图 14-2-3(c)所示。

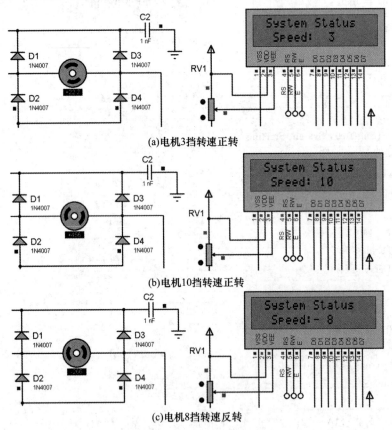

(a)电机3挡转速正转

(b)电机10挡转速正转

(c)电机8挡转速反转

图 14-2-3　程序运行片段仿真图

14.2.4　项目运作(Operate)

我们利用两个 AT89C52 单片机、一个正反转可控的电机模块、光发射机、光接收机和光纤等外围器件,设计与开发出一套电机正反转调速遥控系统。该系统采用常见的电子元件,成本低,操作简单,可以满足企业批量生产的需求。该系统采用了光纤通信技术,相比红外遥控与无线遥控系统,该系统具有抗干扰能力强、传输损耗低,可实现超长距离遥控等优点。另外本项目不仅成本低、性能稳定,而且改造空间巨大,可替代任何需要双向控制的系统,如远程温度采集系统等,具有广阔的应用前景。

14.3 光控数字温度时钟

基于单片机控制的数字时钟在工业和日常生活领域有着极其广泛的应用。目前智能家居系统正在高速发展,对传统的家居电器提出了更高的要求。

14.3.1 项目构思(Conceive)

传统的数字时钟不能显示温度,也不能根据环境的光强动态改变发光强度,造成了白天不够亮看不清,晚上太亮刺眼的弊端。本节内容计划设计与开发一套基于 51 单片机的光控数字温度时钟系统,要求操作简单、功能强大和实用性强。

本项目以 AT89C51 单片机为主控芯片,并辅以 4 个 1 in 的大数码管、时钟芯片 DS1302、A/D 芯片 TLC1543、D/A 芯片 DAC0808 以及相应辅助电路来构成这套新型的光控数字温度时钟,其结构如图 14-3-1 所示。

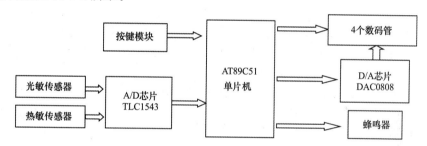

图 14-3-1 光控数字温度时钟系统的结构

时钟系统首先必须准确,为此可采用专用时钟芯片 DS1302,并辅以高精度的晶振和纽扣电池,不仅走时精确,而且还具有断电保护功能。为提高实用性,必须采用大尺寸的数码管。为降低成本,我们可巧妙地将第三个数码管倒立放置,这样不仅可以显示温度的"℃",还可以构成小时与分钟之间的冒号":"。要实现系统的光控功能,可采用光敏电阻来测量,为此需配上 A/D 芯片来采集光强,再通过 D/A 芯片来控制数码管的驱动电压,从而实现数码管的亮度调节。而温度的测量既可以采用数字温度传感器,也可以采用热敏电阻,由于本系统已经具有A/D 芯片,为节省成本,可采用后者。为实现时钟和闹钟的调节功能,需设置按键模块,为简化硬件的设计,只需设置两个按键,一个为功能键,另一个为调节键。另外为实现报时和闹钟功能,还需设有蜂鸣器模块。

14.3.2 项目设计(Design)

1.硬件电路设计

根据项目构思,我们设计的系统电路如图 14-3-2 所示。我们采用模块化设计与开发,整个硬件系统由 AT89C51 单片机最小系统模块、时钟模块、数码管显示模块、光/热采集模块、按键模块和蜂鸣器模块等 6 大模块构成。下面主要介绍以下五种模块。

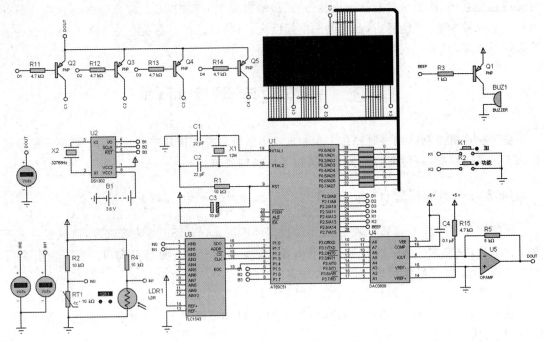

图 14-3-2　光控数字温度时钟系统电路

（1）时钟模块。该模块的核心为 DS1302 芯片，并配以高精度的晶振，为系统提供时间数据。3.6 V 的纽扣电池为系统提供了断电保护功能。DS1302 的 I/O 接口、时钟和复位引脚分别与 AT89C51 单片机的 P1.5、P1.6 和 P1.7 引脚相连。

（2）数码管显示模块。我们选用的 4 个数码管为共阳型大尺寸数码管，其以动态显示方式工作，其 8 位字形码与 AT89C51 的 P0 口相连，位选端由 AT89C51 的 P2.0～P2.3 口控制，其驱动电压由 D/A 芯片 DAC0808、运放和 4 个 PNP 三极管提供。DAC0808 为 8 位并行的 D/A 芯片，与主控 AT89C51 的 P3 口相连，用户可通过改变 P3 口的输出值来控制 4 个数码管的发光强度。另外我们巧妙地将第 3 个数码管倒立放置，这样其 DOT 发光点就在数码管的左上方了，这样不仅可以和第 2 个数码管的 DOT 发光点组成小时与分钟之间的"："号，而且还在温度显示时可以作为"℃"符号的点号。不过要注意显示数字时要单独设置相应的"倒码"。

（3）光/热采集模块。该模块主要由光敏电阻、热敏电阻和 A/D 芯片 TLC1543 组成。光敏电阻和热敏电阻均与 10 kΩ 的电阻进行串联分压，其电压值经 TLC1543 采集后送至主控 AT89C51。TLC1543 为 10 位的 10 路输入的串行 A/D 转换芯片，其第 0 路输入信号 IN0 为热敏电阻的电压信号，其第 1 路输入信号 IN1 为光敏电阻的电压信号，其数据输出、地址、片选、时钟和转换完成引脚分别与主控 AT89C51 的 P1.0～P1.4 口相连。

（4）按键模块和蜂鸣器模块。为简化系统的设计，按键模块只设置了两个按钮，一为功能键，一为加键，分别由主控 AT89C51 的 P2.4 和 P2.5 引脚控制。蜂鸣器由主控 AT89C51 的 P2.6 引脚控制，用于整点报时和闹钟功能。

2. 软件设计

系统软件程序采用 C51 语言在 Keil uVision4 集成开发环境下开发。源程序由 TLC1543 的驱动 TLC1543.C、DS1302 的驱动 DS1302.C 以及主程序 MAIN.C 三个文件组成。我们采用结构化编程思想进行编程开发,主程序文件 MAIN.C 主要由按键扫描函数 Key_Scan()、光敏电阻与热敏电阻的电压值扫描函数 V_Scan()、闹钟扫描函数 Alart_Scan()、温度显示函数 Wendu_Display()、5 个时间显示函数 Time_Display1()~Time_Display5()和主函数 main()构成。我们在程序中设置一个全局变量 Adjust_Index,其初值为-1,代表正常显示模式,每按下一次功能键,其值增 1,代表着不同的显示模式,对应着不同的 Time_Display()函数。Main()函数中设置一个 while(1)循环,进行按键扫描、电压扫描、闹钟扫描和时间温度显示。另外,定时器 T0 中断函数用来控制时钟芯片 DS1302,读取当前日期与时间数据。定时器 T1 中断函数用来控制小时与分钟之间的“:”号,让其亮 0.6 s,灭 0.4 s,形成闪烁效果。

(1)TLC1543 的驱动文件 TLC1543.C 的内容如下:

```c
#include<reg52.h>
#include<intrins.h>
#define uint unsigned int
#define uchar unsigned char
sbit ADout=P1^0;
sbit ADin=P1^1;
sbit CS=P1^2;
sbit CLK=P1^3;
sbit EOC=P1^4;
uint readAD(uchar port)
{
    uchar ch,i,j;
    uint ad;
    ch=port;
    for(j=0;j<3;j++)              //循环三次,确保转换数据准确
    {
        ad=0;
        ch=port;
        EOC=1;
        CS=1;
        CS=0;
        CLK=0;
        for(i=0;i<10;i++)          //TLC2543 可改为 12
        {
            if(ADout)ad|=0x01;
            ADin=(bit)(ch&0x80);
            CLK=1;
            CLK=0;
            ch<<=1;
            ad<<=1;
        }
    }
    CS=1;                         //转换和读取数值
    while(!EOC);
```

```
        ad>>=1;
        return(ad);
}
```

(2)DS1302 的驱动文件 DS1302.C 的内容如下：

```c
# include <reg52.h>
# include <intrins.h>
# define uint unsigned int
# define uchar unsigned char
sbit IO = P1^5;                          //DS1302's I/O
sbit SCLK = P1^6;                        //DS1302's clock
sbit RST = P1^7;                         //DS1302's Reset
void Write_A_Byte_TO_DS1302(uchar x)
{
    uchar i;
    for(i=0;i<8;i++)
    {
        IO=x&0x01;SCLK=1;SCLK=0;x>>=1;
    }
}
uchar Get_A_Byte_FROM_DS1302()
{
    uchar i,b=0x00;
    for(i=0;i<8;i++)
    {
        b |= _crol_((uchar)IO,i);
        SCLK=1;SCLK=0;
    }
    return b/16 * 10+b%16;               //返回 BCD 码
}
uchar Read_Data(uchar addr)//从 DS1302 指定位置读数据
{
    uchar dat;
    RST = 0;SCLK=0;RST=1;
        Write_A_Byte_TO_DS1302(addr);
    dat = Get_A_Byte_FROM_DS1302();
        SCLK=1;RST=0;
    return dat;
}
void Write_DS1302(uchar addr,uchar dat)
{
    SCLK = 0; RST = 1;
    Write_A_Byte_TO_DS1302(addr);
    Write_A_Byte_TO_DS1302(dat);
    SCLK = 0; RST = 0;
```

```
    }
    void GetTime(uchar  * DateTime )              //读取当前日期时间
    {
        uchar i,addr = 0x81;
        for(i=0;i<7;i++)
        {
            DateTime[i]=Read_Data(addr);addr+=2;
        }
    }
    void SET_DS1302(uchar  * DateTime)
    {
        uchar i;
        Write_DS1302(0x8E,0x00);                  //写控制位,取消保护
        for(i=1;i<7;i++)
        Write_DS1302(0x80+2 * i,(DateTime[i]/10<<4)|(DateTime[i]%10));
        Write_DS1302(0x8E,0x80);                  //加保护
    }
```

（3）主程序 MAIN. C 文件内容如下：

```
# include <reg52. h>
# include <intrins. h>
# include <string. h>
# define uint unsigned int
# define uchar unsigned char
sbit dot = P0^7;
sbit DS1 = P2^0;
sbit DS2 = P2^1;
sbit DS3 = P2^2;
sbit DS4 = P2^3;
sbit K1 = P2^4;
sbit K2 = P2^5;
sbit BUZZER = P2^6;
uchar code LEDData1 [ ] = { 0xc0,0xf9,0xa4,0xb0,0x99,0x92,0x82,0xf8,0x80,0x90,0xff };
//正立的 LED 数码管 0~9 共阳码
uchar code LEDData2 [ ] = { 0xc0,0xcf,0xA4,0x86,0x8B,0x92,0x90,0xc7,0x80,0x82,0xff };
//倒立的 LED 数码管 0~9 共阳码
uchar DateTime[7];                //日期与时间 [1]分钟,[2]小时
uchar Time[4];                    //当前时间 0 1 小时 2 3 分钟
uchar second;
uchar k1push;
uint T,L;                         //温度,光照
uchar alart,aH,aM;                //闹钟指示 小时、分钟
char mode=0;                      //显示模式:0 正常,1 小时调节,2 分钟调节,3 闹钟小时,4 闹钟分钟
void GetTime(uchar  * DateTime );
void SET_DS1302(uchar  * DateTime);
```

```
uint readAD(uchar port);
void Delayms(uint ms)
{
    uchar i;
    while(ms——)
        for(i=0;i<120;i++);
}
void Key_Scan()                          //按键扫描函数
{
    if(K2==0)                            //功能键被按下
    {
        while(K2==0);
        TR0=0;
        mode++;
        if(mode==3 && k1push)SET_DS1302(DateTime);
        if(mode==5){mode=0;k1push=0;TR0=1;}
    }
    if(K1==0)                            //加 1 键被按下
    {
        while(K1==0);
        k1push=1;
        switch(mode)
        {
        case 4: //调节闹钟分钟
            aM=(++DateTime[1])%60;
            aH=DateTime[2];
            alart=1;
            break;
        case 3: //调节闹钟小时
            aH=(++DateTime[2])%24;
            aM=DateTime[1];
            alart=1;
            break;
        case 2: //调节 分钟
            DateTime[1]=(++DateTime[1])%60;
            break;
        case 1: //调节 小时
            DateTime[2]=(++DateTime[2])%24;
            break;
        }
    }
}
void V_Scan()                            //光强、温度扫描
{
```

```
    T=readAD(0x00)*5*0.9814;              //获取热敏电阻电压值,温度值还需另外定标
    Delayms(5);
    L=readAD(0x10)*5*0.9814;              //获取光敏电阻电压值
        if(L>3180)P3=180;                 //弱光在 10 流明以下
    else if(L>2030)P3=210;                //中光在 10~30 流明
    else P3=240;                          //强光 30 流明以上
    Delayms(5);
}
void TIME_Display0()                       //正常显示时间
{
    Time[0]=DateTime[2]/10;                //小时十位
    Time[1]=DateTime[2]%10;                //小时个位
    Time[2]=DateTime[1]/10;                //分钟十位
    Time[3]=DateTime[1]%10;                //分钟个位
    DS1=0;DS2=1;DS3=1;DS4=1;
    P0=LEDData1[Time[0]];
    dot=1;  Delayms(5);
    DS1=1;DS2=0;DS3=1;DS4=1;
    P0=LEDData1[Time[1]]-0x80;
    Delayms(5);
    DS1=1;DS2=1;DS3=0;DS4=1;
    P0=LEDData2[Time[2]]-0x80;              //第 3 个数码管,采用反码
    Delayms(5);
    DS1=1;DS2=1;DS3=1;DS4=0;
    P0=LEDData1[Time[3]];
    if(alart){TR1=0;dot=0;}
    Delayms(5);TR1=1;
}
void TIME_Display1()                        //小时调节模式,小时 2 位闪烁
{
    uchar i;
    Time[0]=DateTime[2]/10;                 //小时十位
    Time[1]=DateTime[2]%10;                 //小时个位
    Time[2]=DateTime[1]/10;                 //分钟十位
    Time[3]=DateTime[1]%10;                 //分钟个位
    for(i=0;i<12;i++)
    {
        DS1=0;DS2=1;DS3=1;DS4=1;
        P0=LEDData1[Time[0]];
        Delayms(5);
        DS1=1;DS2=0;DS3=1;DS4=1;
        P0=LEDData1[Time[1]]-0x80;
        Delayms(5);
        DS1=1;DS2=1;DS3=0;DS4=1;
```

```
        P0=LEDData2[Time[2]]-0x80;      //第 3 个数码管,采用反码
        Delayms(5);
        DS1=1;DS2=1;DS3=1;DS4=0;
        P0=LEDData1[Time[3]];
        Delayms(5);
    }
    for(i=0;i<6;i++)
    {
        DS1=0;DS2=1;DS3=1;DS4=1;
        P0=0xff;
        Delayms(5);                     //灭
        DS1=1;DS2=0;DS3=1;DS4=1;
        P0=0xff-0x80;
        Delayms(5); //灭
        DS1=1;DS2=1;DS3=0;DS4=1;
        P0=LEDData2[Time[2]]-0x80;      //第 3 个数码管,采用反码
        Delayms(5);
        DS1=1;DS2=1;DS3=1;DS4=0;
        P0=LEDData1[Time[3]];
        Delayms(5);
    }
}
void TIME_Display2()                    //分钟调节模式,分钟 2 位闪烁
{
    uchar i;
    Time[0]=DateTime[2]/10;             //小时十位
    Time[1]=DateTime[2]%10;             //小时个位
    Time[2]=DateTime[1]/10;             //分钟十位
    Time[3]=DateTime[1]%10;             //分钟个位
    for(i=0;i<12;i++)
    {
        DS1=0;DS2=1;DS3=1;DS4=1;
        P0=LEDData1[Time[0]];
        Delayms(5);
        DS1=1;DS2=0;DS3=1;DS4=1;
        P0=LEDData1[Time[1]]-0x80;
        Delayms(5);
        DS1=1;DS2=1;DS3=0;DS4=1;
        P0=LEDData2[Time[2]]-0x80;      //第 3 个数码管,采用反码
        Delayms(5);
        DS1=1;DS2=1;DS3=1;DS4=0;
        P0=LEDData1[Time[3]];
        Delayms(5);
    }
```

```c
    for(i=0;i<6;i++)
    {
        DS1=0;DS2=1;DS3=1;DS4=1;
        P0=LEDData1[Time[0]];
        Delayms(5);
        DS1=1;DS2=0;DS3=1;DS4=1;
        P0=LEDData1[Time[1]]-0x80;
        Delayms(5);
        DS1=1;DS2=1;DS3=0;DS4=1;
        P0=0xff-0x80;                    //灭
        Delayms(5);
        DS1=1;DS2=1;DS3=1;DS4=0;
        P0=0xff;                         //灭
        Delayms(5);
    }
}
void TIME_Display3()            //闹钟小时调节模式,小时两位闪烁,最右数码管小点亮
{
    uchar i;
    Time[0]=DateTime[2]/10;          //小时十位
    Time[1]=DateTime[2]%10;          //小时个位
    Time[2]=DateTime[1]/10;          //分钟十位
    Time[3]=DateTime[1]%10;          //分钟个位
    for(i=0;i<12;i++)
    {
        DS1=0;DS2=1;DS3=1;DS4=1;
        P0=LEDData1[Time[0]];
        Delayms(5);
        DS1=1;DS2=0;DS3=1;DS4=1;
        P0=LEDData1[Time[1]]-0x80;
        Delayms(5);
        DS1=1;DS2=1;DS3=0;DS4=1;
        P0=LEDData2[Time[2]]-0x80;    //第 3 个数码管,采用反码
        Delayms(5);
        DS1=1;DS2=1;DS3=1;DS4=0;TR1=0;
        P0=LEDData1[Time[3]]-0x80;    //最右数码管小点亮
    Delayms(5);TR1=1;
    }
    for(i=0;i<6;i++)
    {
        DS1=0;DS2=1;DS3=1;DS4=1;
```

```
        P0=0xff;
        Delayms(5);
        DS1=1;DS2=0;DS3=1;DS4=1;
        P0=0xff-0x80;
        Delayms(5);  //灭
        DS1=1;DS2=1;DS3=0;DS4=1;
        P0=LEDData2[Time[2]]-0x80;     //第 3 个数码管,采用反码
        Delayms(5);
        DS1=1;DS2=1;DS3=1;DS4=0;TR1=0;
        P0=LEDData1[Time[3]]-0x80;     //最右数码管小点亮
        Delayms(5);   TR1=1;
    }
}
void TIME_Display4()                    //闹钟分钟调节模式,分钟两位闪烁,最右数码管小点亮
{
    uchar i;
    Time[0]=DateTime[2]/10;             //小时十位
    Time[1]=DateTime[2]%10;             //小时个位
    Time[2]=DateTime[1]/10;             //分钟十位
    Time[3]=DateTime[1]%10;             //分钟个位
    for(i=0;i<12;i++)
    {
        DS1=0;DS2=1;DS3=1;DS4=1;
        P0=LEDData1[Time[0]];
        Delayms(5);
        DS1=1;DS2=0;DS3=1;DS4=1;
        P0=LEDData1[Time[1]]-0x80;
        Delayms(5);
        DS1=1;DS2=1;DS3=0;DS4=1;
        P0=LEDData2[Time[2]]-0x80;      //第 3 个数码管,采用反码
        Delayms(5);
        DS1=1;DS2=1;DS3=1;DS4=0;TR1=0;
        P0=LEDData1[Time[3]]-0x80;      //最右数码管小点亮
        Delayms(5);   TR1=1;
    }
    for(i=0;i<6;i++)
    {
        DS1=0;DS2=1;DS3=1;DS4=1;
        P0=LEDData1[Time[0]];
        Delayms(5);
        DS1=1;DS2=0;DS3=1;DS4=1;
```

```c
            P0=LEDData1[Time[1]]-0x80;
            Delayms(5);
            DS1=1;DS2=1;DS3=0;DS4=1;
            P0=0xff-0x80;                  //灭
            Delayms(5);
            DS1=1;DS2=1;DS3=1;DS4=0;TR1=0;
            P0=0xff-0x80;                  //灭
            Delayms(5);  TR1=1;
    }
}
void WD_Display()                          //温度显示函数
{

    uchar a,b;
    a=T/1000;                              //此处显示的是热敏电阻的电压值,实际温度还需定标换算
    b=T%1000/100;
    TR1=0;                                 //关闭 T1
    DS1=0;DS2=1;DS3=1;DS4=1;
    P0=LEDData1[a];
    dot=1;   Delayms(5);
    DS1=1;DS2=0;DS3=1;DS4=1;
    P0=LEDData1[b];
    Delayms(5);
    DS1=1;DS2=1;DS3=0;DS4=1;
    P0=0xf0;                               //第 3 个数码管,C 的倒立码
    dot=0;
    Delayms(5);
    DS1=1;DS2=1;DS3=1;DS4=0;
    P0=0xff;
    dot=1;   Delayms(5);
    TR1=1;
}
void Alart_Scan()                          //闹钟检测函数
{
    if(alart && aM==DateTime[1] && aH==DateTime[2] && mode==0 && second==0)
    //检查闹钟
    {
        BUZZER=0;                          //启动蜂鸣器
        Delayms(6000);
        BUZZER=1;                          //停止蜂鸣器
        alart=0;                           //取消闹钟
```

```
    }
    if(DateTime[2]>7 && DateTime[2]<23 && DateTime[1]==0 && DateTime[0]==0)
    //8:00~22:00 整点报时
    {
        BUZZER=0;
        Delayms(3000);
        BUZZER=1;
    }
}
void Display()
{
    switch(mode)
    {
    case 4: //调节闹钟分钟
        TIME_Display4();
        break;
    case 3: //调节闹钟小时
        TIME_Display3();
        break;
    case 2: //调节 分钟
        TIME_Display2();
        break;
    case 1: //调节小时模式
        TIME_Display1();
        break;
    case 0://正常模式
        if((second>5 && second <10)||(second>35 && second <40))
        WD_Display();
        else
        TIME_Display0();
        break;
    }
}
void main()
{
    mode = 0;
    alart=0;   k1push=0;
    BUZZER=1;   P3=200;
    TMOD=0x01;                        //T1 方式 0,T0 方式 1
    EA=1;ET1=1;ET0=1;
    TH0=(65536-50000)/256;
```

```
    TL0=(65536-50000)%256;          //T0 定时 50 ms
    TH1=(8192-100)/32;
    TL1=(8192-100)%32;              //T1 定时 0.1 ms
    TR0=1;TR1=1;
    while(1)
    {
        Key_Scan();
        Alart_Scan();
        V_Scan();
        Display();
    }
}
void Timer0_INT()interrupt 1       //定时器 T0 的中断服务函数,从 DS1302 读取时间
{
    TR0=0;
    TH0=(65536-50000)/256;
    TL0=(65536-50000)%256;
    if(mode==0)
    {
        GetTime(DateTime);
        second=DateTime[0];
    }
    TR0=1;
}
void Timer1_INT()interrupt 3       //定时器 T1 的中断服务函数,控制冒号闪烁
{
    static uint count=0;
    TR1=0;
    TH1=(8192-100)/32;
    TL1=(8192-100)%32; //0.1ms
    if(++count==10000)count=0;
    if((DS2==0||DS3==0)&& count<6000 )dot=0;
    else dot=1;
    TR1=1;
}
```

14.3.3　项目实现(Implement)

在 Proteus 中加载程序代码并运行仿真,通过操作按键观察程序功能。LED 数码管的不同状态如图 14-3-3(a)、图 14-3-3(b)和图 14-3-3(c)所示。

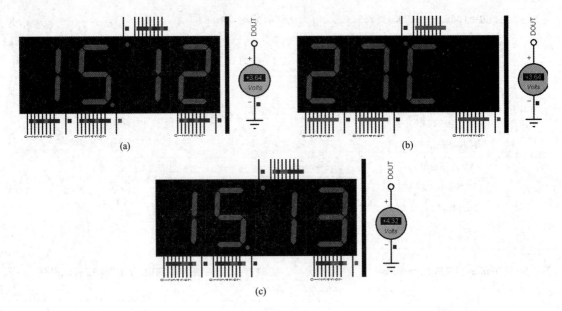

图 14-3-3   程序运行片段仿真图

14.3.4   项目运作(Operate)

本项目利用 AT89C51 单片机、4 个大数码管、时钟芯片 DS1302、A/D 芯片 TLC1543、D/A 芯片 DAC0808、按键和蜂鸣器等外围器件设计与开发出一套功能完善,操作简单,并具有光控功能的数字温度时钟系统。该系统的创新与特色点如下:加入了光敏传感器使该时钟能根据环境的光强动态改变发光强度;加入了热敏传感器,具有温度显示功能;巧妙地将第 3 个大数码管倒立放置,不仅简化了硬件设计,而且可以方便地进行温度显示。经实物测试,该系统不仅温度时钟显示准确,而且光控功能实用性非常强,深受用户喜爱。

本章小结

1.单片机应用系统的基本设计原则主要是以下四个方面:

(1)可靠性高。

(2)性能价格比高。

(3)操作简便、维护方便。

(4)开发周期短。

2.单片机应用系统的设计过程如下:

(1)系统总体设计。包含需求分析、确定技术指标、方案论证、主要器件的选型。

(2)硬件设计。包括程序存储器、数据存储器和 I/O 接口、地址译码电路、总线驱动能力、系统速度匹配等硬件设计。

(3)软件设计。包含软件方案设计、建立数学模型、软件程序流程图设计、编制程序、软件检查等设计。

(4)系统调试、硬件调试、软件调试、系统调试、现场调试。

3. 基于光纤通信的电机遥控系统：该系统由电机遥控端与电机驱动端组成。由电机遥控端发出的控制指令，经光发射机转换为光信号后送至光纤中传输，电机驱动端的光接收机将光信号转变为电信号，然后根据指令对电机进行加速、减速、正转、反转与停止等操作。

4. 光控数字温度时钟：传统的数字时钟不能显示温度，也不能根据环境的光强动态改变发光强度，造成了白天不够亮看不清，晚上太亮刺眼的弊端。该时钟系统以 AT89C51 单片机为主控芯片，并辅以 4 个一英寸的大数码管、时钟芯片 DS1302、A/D 芯片 TLC1543、D/A 芯片 DAC0808 以及相应辅助电路，具有设计精妙，操作简单，实用性强等优点。

思考与练习题

14-1　设计与开发一套电子密码锁系统，该系统采用矩阵键盘进行输入操作，具有 LCD1602 液晶显示功能，具有密码存储功能，采用继电器实现开锁与上锁功能。

14-2　设计与开发一套电子音乐门铃系统，该系统采用单片机播放音乐，具有 LCD1602 液晶显示功能，具有温度显示功能，能记录来访者次数。

14-3　设计与开发一套多功能电子台历系统，该系统采用 DS1302 时钟芯片，能显示时间、日期与星期，具有闹钟功能，具有温度显示功能。

14-4　设计与开发一套温控调速电机系统，该系统具有温度传感器，能测量环境温度，具有 LCD1602 液晶显示功能，具有温控模式功能，能根据环境的温度动态调节电机的转速与方向，具有手动模式功能，能手动调节电机的转速和方向。

14-5　设计与开发一套智能花卉浇灌系统，该系统采用 LCD12864 显示温度、湿度和水位等信息，设置一个按键，供用户选择花卉的种类，能根据花卉的种类、环境的温度及土壤的湿度智能浇水，具有断点保护功能，断电重启后数据不丢失。

参考文献

[1]   牛军.MCS-51 单片机技术项目驱动教程(C 语言).北京:清华大学出版社,2015

[2]   曾屹.单片机原理与应用(第 2 版).长沙:中南大学出版社,2012

[3]   佟巳刚.单片机 C51 应用编程与实践.北京:高等教育出版社,2017

[4]   张毅刚.单片机原理及应用——C51 编程＋Proteus 仿真(第 2 版).北京:高等教育出版社,2016

[5]   张志良.80C51 单片机实用教程——基于 Keil C 和 Proteus.北京:高等教育出版社,2016

[6]   张毅刚.单片机原理及应用(第 3 版).北京:高等教育出版社,2016

[7]   毋茂盛.单片机原理与开发.北京:高等教育出版社,2015

[8]   姜波.单片机原理及 C51 应用设计.北京:高等教育出版社,2014